La Résistance des matériaux

François Médéline

La Résistance des matériaux

la manufacture de livres

Si vous souhaitez recevoir notre catalogue
et être informé de nos publications,
envoyez vos coordonnées en citant ce livre à :

La Manufacture de livres, 101 rue de Sèvres, 75006 Paris
ou
contact@lamanufacturedelivres.com

ISBN 978-2-38553-049-5

www.lamanufacturedelivres.com

À mes fils,
Mathias et Hugo,
comme je vous aime.

PREMIER ROUND

Explosion

4-10 décembre 2012

1

DJAMILA GARRAND-BOUSHAKI.
Privas, 4 décembre 2012.

On l'envoie dans la préfecture de l'Ardèche bavasser avec des gens en reconversion professionnelle. Elle est sûre d'en être capable.

Le voyage en Renault Vel Satis, c'est les Rhônalpins qui paient. Modèle luxe, sièges chauffants. Le comptable public ponctionnera une ligne budgétaire de la deuxième Région de France. Personne n'en a vraiment conscience. Pas même Aurélien, assis sur le siège avant passager, un grand rouquin à cravate étroite.

À l'extérieur de la berline, tout le monde se dirait pourtant :

À quoi ça rime ? Rendez-nous le blé !

Le trajet est sans histoire. Le chauffeur avale l'A7 à 150 kilomètres par heure. Tout schuss. Il s'appelle Pascal. C'est un taiseux au crâne glabre, bon mec populo qui n'aime pas les Arabes et qui mourrait pour *elle*.

Dehors, il fait 4 degrés Celsiuss. Météo France annonce la neige pour demain. Elle arrive des Ardennes.

Djamila a la nausée depuis le réveil. Ça a empiré à la sortie de Lyon. Djamila déteste l'hiver.

Djamila ingurgite la note qu'Aurélien a placée dans une sous-pochette rose puis dans la pochette rouge du mardi. Chaque jour a sa couleur et les week-ends sont bleus.

Aurélien la surveille du coin de l'œil. Il a peaufiné le déplacement aux petits oignons. Le président de la Région est ami avec le président de l'association. Sa patronne sera en terrain conquis.

Djamila opère méthodiquement. Elle qui laboure chaque patelin. Elle qui s'empiffre d'inaugurations. Elle qui constitue ses réseaux à coup de subventions et de sourires sexy.

Djamila devrait siéger au palais Bourbon ce mardi. Elle y est d'habitude jusqu'aux jeudis. Elle consacre ses vendredis à la Région et ses week-ends à la circonscription. Mais Djamila a séché les bancs de l'Assemblée nationale. Une première depuis bientôt six mois.

Les députés discutent la loi de finances rectificative. C'est de la pantomime. Djamila l'a découvert en suppléant Serge Ruggieri.

L'Assemblée est une chambre d'enregistrement. Seule la salle des Quatre-Colonnes compte : monuments aux morts de la République, bustes de Jean Jaurès et d'Albert de Mun, magnétophones, micros, caméras.

La loi de finances se décide entre fonctionnaires zélés à Bercy. Les ministres ne transigent avec le secrétaire général de l'Élysée qu'en cas de litige. Le cabinet du président de la République est à la ramasse et n'a pas été formé pour ça.

Le secrétaire général adjoint met son grain de sel partout. Il sort de la banque Rothschild et se pense omniscient. C'est un connard arrogant avec les dents du bonheur. Il s'appelle Emmanuel Macron.

Serge Ruggieri est ministre de l'Intérieur du gouvernement Ayrault. Djamila est un bon soulier de marche du président qu'on dit le moins taillé de la Ve République. François Hollande a pourtant avalisé des opérations homos dès son entrée au Château. François Hollande tue partout où nécessité fait loi.

Djamila se rend à Privas pour contenter le patron de l'exécutif régional. *De facto*, c'est une façon de ménager la chèvre et le chou. Serge Ruggieri et lui se détestent.

Aurélien l'observe dans le miroir du pare-soleil, baba. Il lui a fallu trois heures de coups de fil en tout genre et de compilation de notes de service pour boucler la séquence.

Djamila n'a besoin que de sept minutes pour traiter les informations. Elle est rapide. Elle a développé cette aptitude sur les terrains de football.

Le président du Département sera absent. Il fut ségoléniste opportuniste mais Ségolène Royal est mort-née. Il a rallié Bertrand Delanoë puis François Hollande, ne négligeant pas la voie Strauss-Kahn jusqu'à ce que l'autre obsédé de la queue se fasse sucer dans un hôtel new-yorkais. Viol ou pas : le président du Département s'en fout.

Le président du Département est aussi sénateur et sa directrice de cabinet a fait des pieds et des mains pour décaler la visite de DGB, l'acronyme que la presse a donné à Djamila et qui sonne moins bougnoule que son nom de famille. « DGB », Djamila aime bien. C'est aussi neutre que ses cheveux mi-longs.

La directrice de cabinet n'a pas réussi à faire décaler sa visite. Le maire de Privas pense avoir réussi un coup. Il n'y aura vraisemblablement que lui sur la photo du *Dauphiné Libéré*.

Aurélien n'a circonscrit que des rancœurs politiques. Djamila connaît les rivalités intestines. Elle demande :

– C'est quoi l'histoire, déjà ?

Djamila évacue la pression d'un ricanement cynique. Le pouvoir monte toujours trop vite aux amygdales. Le chauffeur n'en perd pas une miette. Il sait pourquoi le président du Département et le maire de Privas ne peuvent pas s'encadrer. Les chauffeurs de la République savent tout. Djamila dit :

– Il va paumer Privas en 2015, comme il l'a paumée elle. Et l'autre n'y sera pas pour rien, encore une fois…

La concurrence libre et non faussée n'existe qu'à l'intérieur du parti. Ailleurs, le marché est régulé par les élections. Avec le camp ennemi, on accepte les règles du jeu. Dans le parti, on se hait sans foi ni loi. Djamila referme la pochette.

Djamila avance sur la banquette. Sa naïveté de façade est son cheval de Troie. Elle tend le dossier à Aurélien.

Aurélien est en saturation émotionnelle H24. Djamila sait tout principalement grâce à lui. Ainsi va la vie.

Le chauffeur les débarque devant un immeuble années 70 sur l'avenue Paul Riou. Le président et la directrice de l'association font le pied de grue. Le maire de Privas est radieux.

Djamila par-ci, Djamila par-là. Le maire de Privas se permet les embrassades. Il a gagné la ville grâce aux écolos. Il s'est fait désosser aux législatives par le député UMP sortant à qui il avait ravi la préfecture en 2008. Sur une vague rose. Djamila le gère à la va-vite. C'est un illuminé des étages inférieurs.

Djamila survivra grâce à son agressivité génétique. La

violence est la tasse de thé dans laquelle elle ne s'est pas noyée et ne se noiera jamais. Elle a été sélectionnée parce qu'elle est née à Bron-Terraillon.

Djamila se tape un énarque. Elle l'a marié. L'énarque ne le sait pas mais elle va le quitter.

Pourtant, Djamila l'a aimé. Oui, elle l'a aimé. Surtout, elle n'aurait pas dû.

Djamila croyait que les règles étaient différentes chez les riches et les Blancs. Elle est subrepticement tombée dans le piège des sentiments. Elle sait désormais que les règles sont les mêmes partout : la réussite sourit spécialement aux voleurs, aux vicieux et aux fils de putes.

Le président de l'association porte un futal en velours assorti à sa coupe presbytérienne. Il est indiqué dans la note que les fondateurs sont liés au *Diaconat protestan*t, une association valentinoise qui fait dans la charité.

Djamila tend la main et dit :

– Monsieur le Président.

Le président de l'association rétorque :

– Appelez-moi Christian. Vous avez fait bon voyage ?

Elle ne dit pas :

Djamila Garrand-Boushaki, vice-présidente de la Région Rhône-Alpes en charge de la formation professionnelle et députée de la deuxième circonscription du Rhône.

Djamila aurait préféré les lycées. Le président de la Région l'aime bien mais il se méfie quand même. Elle est du giron Ruggieri, le grand adversaire inculte. Le président de la Région est persuadé que ce dernier utilise la mairie de Lyon et l'agglomération principalement contre lui. Cette vérité lui permet de rationaliser son acrimonie.

Le président de la Région a un capital culturel hors-norme. Le capital culturel est l'arme de soumission massive de la gauche. Il est moins odorant que le capital économique.

Opprimer les dominés par le savoir qu'on possède, d'accord. Se laisser bouffer par la thune qu'on n'a pas, hors de question. Aurélien sait tout ça.

Djamila ne le sait pas totalement. Elle n'a pas vraiment de colonne vertébrale idéologique. Elle fait de la politique à l'empathie et à l'instinct.

La politique a moins à voir avec Karl Marx et la constitution de la Ve République que ses hérauts le prétendent. C'est d'abord une bataille séculaire et *ad hominem* pour savoir qui a la plus grosse. Lorsque les femmes s'en mêlent, il leur pousse des bourses plutôt que des ailes.

Djamila répond :

– Oui, merci. Désolée pour le retard.

Djamila ne veut ressembler à personne. Elle est la vice-présidente qui monte qui monte qui monte. Son portefeuille manque de glamour mais elle pèse cent cinquante millions d'euros de budget. Elle obtempère pour le mieux.

Djamila fera vite oublier qu'elle n'est que la suppléante de Serge Ruggieri. Son poste à la Région lui permet de baliser une distance réglementaire avec le titulaire du poste. Elle est une parlementaire de la République.

Le maire de Privas tente encore de l'alpaguer. Djamila n'a pas une minute à lui accorder. Il la joue copain-copine mais ils ne se connaissent pas. Il s'excuse :

– J'ai une réunion importante pour mon PLU. Je suis venu t'accueillir mais je dois y aller. Mon cabinet a dû t'informer. On se retrouve à dîner ?

Le maire de Privas dit *plu*. Quand il était rocardien, il disait *psu*[1] pareil. Son plan local d'urbanisme pèse moins de voix que la communauté protestante, peut-être même que les salariés de l'association. Pour gagner une élection, les dossiers ne pèsent rien, les poignées de main et l'attention jouent beaucoup. La sangsue finit par se carapater.

La directrice de l'association fait une tête de chat qui chie. Djamila a enregistré son prénom en lisant la note. Elle s'appelle Corinne.

Corinne les précède. Elle traverse la cour intérieure. Elle pénètre dans le bâtiment et l'introduit dans une salle de cours glaciale et tapageuse.

Corinne admoneste. La semonce est ridicule. Les douze élèves rigolent. La plus jeune a trente-trois ans.

Le président de l'association bégaie trois mots et demi. Une formatrice *flower-power* bidouille le vidéoprojecteur. Ça ne fonctionne pas. Elle est rouge écarlate. Corinne l'inspecte férocement.

Corinne fait ses calculs. La Région Rhône-Alpes verse chaque année 450 000 euros à l'association *Socrate* qu'elle dirige. Sans compter qu'ils décident aussi de l'agrément quinquennal. L'autre pomme baba cool va foirer la projection.

Corinne prend les choses en main. Elle coupe l'alimentation

1. *Le Parti socialiste unifié*, créé en 1960, est l'organisation politique qui incarne la « deuxième gauche ». Proche de la CFDT, le parti milite pour l'autogestion. Il est dirigé par Michel Rocard de 1967 à 1973.

de l'ordinateur portable. Le ventilo ronfle. Djamila distribue les sourires effarouchés.

Aurélien se cale en fond de salle. Un gars le détaille. Coupe mulet, quarante ans, anneau doré à l'oreille gauche.

Corinne obtient une connexion par l'opération du Saint-Esprit. Elle souffle et se ronge les ongles. Elle a bouclé le PowerPoint la veille au soir. Elle prie pour que la formatrice fasse défiler les slides au bon rythme. Elles auraient dû répéter.

Djamila ignore le fauteuil que lui propose la formatrice. Elle s'assoit à côté d'une dame dont l'œil droit dit merde à l'autre. Quarante-cinq berges, fringues dépareillées, écharpe tricotée.

La dame rentre le menton et planque ses chicots caramel sous ses lèvres. Elle n'est pas du genre à demander une photo souvenir, plutôt à se terrer dans un deux-pièces merdique et à becter des conserves maison.

Corinne énumère : organigramme de l'établissement, nombre de formateurs et d'élèves, membres du personnel administratif, formations dispensées, ventilation budgétaire. Le regard de Djamila longe le trépied de l'écran. Elle bâille dans sa paume de main.

Djamila questionne sur le parcours des élèves. Ils sont tous en reconversion professionnelle. Un cinquième a un job. 40 % sont au chômage. 10 % au revenu de solidarité active.

Corinne a préparé le coup. Pourtant, il en manque. Elle a l'humanité du pourcentage. Les élèves sont les variables d'ajustement de son budget de fonctionnement.

Aurélien s'agite. Il s'appelle Aurélien Vernochet. Plume, concierge, homme à tout faire. Il est salarié de la Région mais bosse aussi pour la députée et le Parti socialiste.

Aurélien tutoie nombre de parlementaires et certains ministres. Il connaît les entrailles de Solférino. Et il ne voudra jamais la baiser : Aurélien est pédé.

Aurélien fait des va-et-vient, pianote sur son iPhone. Il sort dans le couloir. Ça fait du vacarme. Djamila entend : *C'est quoi ce bordel ?*

C'est le moment que Corinne redoute et que Djamila Garrand-Boushaki attend. Le président de l'association roupille. La formatrice range le matos. Corinne n'a plus d'ongles. Elle dévore ses petites peaux.

Tout se passe bien depuis que Djamila a pénétré dans les locaux de l'association, une boutique spécialisée dans les cas désespérés du marché du travail. Corinne dit :

– Si vous avez des questions à poser à Madame la députée et vice-présidente de la Région Rhône-Alpes ?

Corinne est conne comme un manche de pioche. Elle n'a pas préparé le moment. Elle s'en veut passablement.

Djamila se lève. Elle s'assoit sur le plateau du bureau low cost réservé aux formateurs. Elle fait face à la promotion de huit femmes et quatre hommes. Elle évalue. Tous sont plus vieux qu'elle.

– Vous pouvez m'appeler Djamila.

Djamila porte un tailleur-pantalon noir, des bas-chaussettes chair, des escarpins de couleur. Pas de bijoux, un soupçon de fard à joues.

Djamila s'est fabriqué une façade. La façade est son armure. Les gens en oublient qu'elle est arabe.

Le gloss luit sur ses lèvres gercées. L'orange de la résistance

Djamila a un mauvais goût dans la bouche, comme une saveur de bidoche. Son mari vit derrière le ministère. Il se prend pour une machine sexuelle. Il la trompe avec des conseillères ministérielles et des députées baisables.

Djamila sera toujours seule. C'est la loi. Elle jurerait que Jean-Michel Garrand l'a aimée. Cependant, elle est cocue, la putain de sa race.

Djamila passe l'ongle de son index sur une incisive inférieure. Elle roule des poussières de crasse sur sa langue. Elle déglutit.

Le coupe mulet verse sa bile sur le Parti socialiste. Djamila tripote son alliance. Comment Hollande peut faire confiance à Ruggieri ? Certes, Ruggieri est le seul à incarner l'autorité aux yeux de l'opinion mais l'opinion se fabrique. De plus, tous ceux qui règnent place Beauvau savent avec qui couche le président de la République.

Le coupe mulet accélère : *Hollande, Hollande, Hollande, Hollande.* Évidemment, il ne nomme pas toujours. En gros : « Pépère[1] » n'est pas seulement un traître, c'est le fossoyeur du socialisme. Grand ennemi de classe, gros enfoiré.

Le coupe mulet cogne. Il est le roi de la petite assemblée. Il balance sa bombe : *social-libéral.* A priori, c'est une insulte.

Djamila patiente. Dans le fond, elle ne comprend pas plus que lui. Personne ne comprend Hollande. Il n'avait qu'à nommer Martine Aubry à Matignon et la larguer lessivée au bout de trois ans. Au lieu, il a choisi Jean-Marc Ayrault.

---

1. Surnom donné à François Hollande par ses collaborateurs, devenu public durant son mandat.

Ayrault a une tête d'endive, il est de Nantes. Psychologie papier alu et combi VW. Un prof d'allemand. Son patronyme n'entrera dans aucun livre d'histoire.

Djamila pince sa langue entre ses dents. La salive mouille sa bouche. Serge Ruggieri le lui a appris quand elle était conseillère à son cabinet municipal. C'est là qu'elle a rencontré son mari. *Là*, c'est loin loin loin.

Djamila prépare son accroche même si le coupe mulet n'a pas posé de question. Il fera d'ailleurs un mauvais moniteur-éducateur. Il n'aura aucune sympathie pour les enfants handicapés ou les vieilles Alzheimer dont il croit vouloir s'occuper.

Le coupe mulet n'est qu'un mauvais qui la méprise parce qu'elle est une femme et qu'elle s'appelle *Djamila,* Djamila Garrand-*Boushaki.* Il a voté Mélenchon. Il finira rouge-brun, petit communiste des mots et vrai fasciste dans l'âme.

Djamila se répète le prénom : *Didier.* L'accroche matinale sera basique : *Didier, vous permettez que je vous appelle Didier ?*

Djamila a comme un mauvais pressentiment. Son pied joue avec l'air. Il dessine des demi-cercles. Aurélien s'est évaporé pour de bon.

Le mauvais pressentiment dure depuis l'investiture de François Hollande. La pluie sur les Champs Élysées, la foudre sur Air Sarko One. Mal commencer et mal finir.

Comment a-t-il pu devenir président de la République ? Personne n'en sait trop rien. Au Château, on affirme qu'il appelle plus de dix mille personnes par leur prénom. Voilà comment il aurait fait et pourquoi d'autres n'occuperont jamais sa place.

Balladur ne doit même pas connaître les prénoms de

baptême de ses petits-enfants. Juppé ne sait la valeur que du sien. Pépère est différent.

On prétend qu'il aime les gens. C'est le seul point positif de son image. Et on tombe vite fait dans le panneau.

Hollande aime bouffer. Hollande fait des blagues. Hollande est forcément empathique. Il a bien nommé Fabius, son ennemi de toujours, ministre d'État et numéro deux du gouvernement.

Djamila retient un sourire. Hollande en a plaisanté devant Ruggieri. Ruggieri en a plaisanté devant son mari. Son mari en a plaisanté devant *elle*.

En vérité, Hollande a nommé Laurent Fabius au Quai d'Orsay parce que le ministre des Affaires étrangères est le valet de chambre du président lors des déplacements officiels. Fabius n'est là que pour le présenter aux hauts dignitaires du monde avec un sourire figé. Il répète par-dessus son menton servile : « *Monsieur le président de la République* », l'homme qu'il ne sera jamais.

Hollande est rancunier. Le pouvoir n'a pas de cœur. Pour le conquérir, il faut des montées d'hormones et de la mémoire. Quant aux prénoms, Djamila sait mieux faire que les petits ponts.

La silhouette d'Aurélien réapparaît derrière une fenêtre. Aurélien met un coup de latte dans un bâton. Le bâton roule jusqu'à deux poubelles.

Ses lèvres s'agitent. Il mitraille dans le micro de son iPhone. Il n'a pas mis ses écouteurs. Il met toujours les écouteurs. C'est un problème.

Aurélien allume une cigarette. Il pompe fort. Il balance un shoot dans le vent.

Djamila saura vite. Aurélien n'a pas la mentalité des courtisans. Il lui a même dit qu'elle en est là parce qu'elle est une femme et que ça aurait été mieux si elle était d'origine marocaine. Les autres pensent que c'est *grosso modo* grâce à son petit cul.

Aurélien raccroche. Djamila tente de choper son regard. Aurélien vaporise une raie de fumée dans le vague. Il ferme les yeux.

Djamila doit parler. Didier pense l'avoir nettoyée. Il veut savoir si le Conseil constitutionnel validera la tranche d'impôt à 75 %[1] ? Dans l'absolu, il fanfaronne devant ses copines. Sûrement qu'il bande depuis que Djamila est entrée dans la pièce.

Djamila fait ça sur les Blancs. Les Arabes la trouvent trop maigre mais elle excite le Gaulois. Les électeurs de Marine Le Pen sont de plus en plus nombreux. Leur expansion est proportionnelle aux vues de la catégorie *beurette* sur YouPorn.

Djamila compte les femmes. Elle attend, deux secondes. Elle sourit, une seconde. Djamila change son fusil d'épaule. Elle se tourne ostensiblement vers le tableau blanc, là où il n'y a personne.

– Un instant, j'ai cru que vous me confondiez avec le président du Conseil constitutionnel ou que Jean-Louis Debré était dans la pièce !

1. Imposer les très hauts revenus à 75 % est une mesure phare du candidat Hollande qu'il a certainement improvisée sur un plateau de télévision.

Djamila appuie son sourire. Trois des femmes ricanent. La contamination est instantanée. Toute la promotion rigole, surtout ceux qui n'ont pas compris. Sauf Didier.

Djamila hoche la tête et achève l'abruti.

– Didier, vous permettez que je vous appelle Didier ?

Djamila déroule. Elle n'est pas ici pour parler politique nationale. Elle souhaite que la promesse de campagne soit tenue. Elle espère que la loi passera sous les fourches du Conseil constitutionnel.

Djamila précise que ce n'est pas le président de la République qui a saisi le Conseil mais ceux qui ont instauré un bouclier fiscal en 2007. Elle est assez maline pour glisser que les revenus du capital sont désormais taxés au même niveau que les revenus du travail et que ça rapportera parce que ça coûtera à ceux qui possèdent.

Djamila suscite la question suivante. C'est une femme qui la pose, Hélène. La vie l'a brisée jusqu'aux yeux. Sa voix chevrote.

Hélène parle du cinquième risque de la Sécurité sociale, la dépendance de nos vieux, un sujet qui lui importe. Djamila répond avec le prix exorbitant payé par les familles aux Ehpad, ces nouvelles machines à cash du capitalisme financier. Les maisons de retraites, la silver économie, l'or gris des marchands de vie éternelle. Coûte que coûte.

Djamila sait que Myriam Ruggieri possède une ribambelle de maisons de retraite. Le ministre de l'Intérieur et sa femme sont blindés aux as. Serge Ruggieri adore l'argent.

Une demi-heure d'échanges sans incise sur la politique partisane. On parle parcours de vie. On parle allocation logement. On parle de la pluie et du beau temps.

Djamila a un petit mot pour chacun. Elle argumente par l'exemple. Elle ne déprécie personne. Les voix se prennent une par une. Si elle devait se présenter à une élection, elle en aurait gagné cinq.

Le président de l'association conclut sur le statut du bénévole. On pourrait récompenser l'engagement de celles et ceux qui œuvrent dans les associations culturelles et sportives ou d'aide à la personne. Ça tombe bien, Djamila pense comme lui. L'État pourrait leur attribuer des trimestres pour la retraite. Elle relaiera auprès du président de la République.

Aurélien est toujours à l'extérieur, adossé à un mur sale. Il fume une nouvelle cigarette. Il scrute la grisaille.

Djamila adorerait fumer. Elle devrait arrêter mais elle ne peut pas. Elle aimerait aussi qu'Aurélien note sur son cahier à spirales et petits carreaux l'engagement qu'elle vient de prendre. C'est à lui d'écrire ce foutu courrier à Hollande et à la ministre des Affaires sociales et d'envoyer la copie au président de l'association et à Corinne, la directrice.

On conquiert les foules démocratiques avec des courriers officiels, des copies de courriers officiels, des copies de réponses ornées du sceau de la République. Les courriers ne coûtent rien. Les ors de la République contentent l'estime de soi.

La réunion s'achève. La formatrice invite la petite assemblée à passer dans la salle 3. Elle a préparé un encas, boissons chaudes et pâtisseries.

Djamila s'excuse. Elle fait mine de localiser les toilettes. Elle ne va pas aux toilettes. Elle sort dans la cour.

Aurélien n'est plus contre son mur. Il est en face d'elle. Il est blanc comme un œuf. Il lui tend son iPhone.

– C'est *Mediapart*. Si c'est vrai, il est mort.

– File-moi une clope.

Djamila place une Dunhill entre ses lèvres. Elle aime bien le filtre blanc. Ça distingue.

Aurélien allume la cigarette. Djamila tire une taffe, profond. Elle souffle la fumée par-dessus son épaule. Elle ausculte les poubelles.

Par-delà le nuage de fumée rapplique Nassim. Nassim doit toujours être employé chez Pizzorno, ramasseur de poubelles.

Djamila fume encore et son frère disparaît. Nassim est son épée de Damoclès. Djamila le sait depuis toujours. On peut avoir un frère dealer. Mais un frère islamiste, en politique, c'est comme un père flic au quartier.

– Fais-moi penser à te parler d'un courrier pour le président de l'asso dans la voiture.

Aurélien n'écoute pas. Il fait ses yeux de soucoupe volante. Il veut qu'elle lise l'article prestement.

Djamila lit le titre et relève le menton. *Le compte luxembourgeois du ministre de l'Intérieur Serge Ruggieri.* Djamila fait comme si de rien n'était. Nassim n'a pas été arrêté par le renseignement intérieur pour un attentat terroriste. Ruggieri est juste dans la merde. Djamila a l'intime intuition qu'elle survivra.

– Va boire un thé avec eux, je vais l'appeler.

Djamila n'a pas besoin de préciser le destinataire. Aurélien sait qu'elle doit joindre son mari. En revanche, il ne sait pas que Djamila voulait le quitter et que, désormais, elle ne peut plus.

Djamila ajoute :

– Annule le dîner avec le maire, on se tire.

Ce soir, la République française peut sauter. Ruggieri, Hollande, tout le monde.

Lorsque tout menace de s'effondrer, Djamila entrouvre les lèvres, comme sa mère. C'est ainsi qu'elle se fabrique une mémoire.

Alors, Djamila le fait. Elle aspire un filet d'air pour la faire venir en elle. C'est bon et elle a mal.

Badaboum.

2

COMMANDANT ALAIN DUBAK.
Lyon, 4 décembre 2012.

Voilà le travail. Quatrième étage du service régional de la police judiciaire. Dubak relit le PV de garde à vue avec son œil.

Dubak est borgne de naissance. Il a la cinquantaine déclinante. Il ne doit plus être vraiment beau gosse.

Le bâtiment est en apoplexie depuis le 29 septembre 2011. Ce jour-là, la fierté des troupes a baissé en flèche. Les Parisiens se sont payé la province à moindre coût.

Le directeur adjoint a commencé sa chute libre. Michel Neyret est tombé comme un château de cartes. Le château était haut. Les cartes volent encore.

Il fait 23 degrés Celsius. Les deux fenêtres sont entrouvertes H24 pour faire partir le chaud. C'est toujours mieux que l'été, quand le bâtiment étuve.

Gérard Dalmaro a le teint blafard et les yeux rouges. Dalmaro est le directeur général de la société Eau Noire, un fabricant lyonnais de sent-bon. L'affaire des parfums a débuté il y a dix-huit mois sur une délation anonyme.

Le bureau fait douze mètres carrés. Un poster du film *36 quai des Orfèvres* est suspendu derrière le futur prévenu. C'est la nouvelle qui l'a scotché sous les dalles du faux plafond. La nouvelle s'appelle Peggy.

Peggy pénètre dans le bureau. Dalmaro ne relève pas le menton. Il est K.-O. assis. Peggy se sent légère bien qu'elle pèse quinze kilos de trop. Super Woman a circonscrit une entourloupe à huit millions d'euros.

Peggy Guilleminot a vingt-six ans. Elle vit chez sa mère avec qui elle a noué une relation visiblement incestueuse. Ses clefs de bagnole pendouillent à une tétine.

Peggy ne sait pas que Neyret a en partie dévissé sur le plateau de tournage des *Lyonnais*, du réalisateur Olivier Marchal. Elle se persuade que le film *36 Quai des Orfèvres* est représentatif du job. Daniel Auteuil et Gérard Depardieu y sont pourtant moins vraisemblables que Pikachu en flics. Les lunettes de soleil du premier et la moustache du second sont des boniments clownesques.

Les condés ne carburent pas au lyrisme potache. Officier au SRPJ induit un boulot routinier et merdique. Peggy porte un semi-automatique SIG-Sauer P228 sous l'aisselle. Le mensonge fait vivre.

Peggy est lieutenant de police. Elle est sous les ordres du chef de groupe le moins chattard de l'histoire. Commandant Alain Dubak, brigade financière. Elle ne l'aime pas mais elle le trouve beau. Elle adore la cicatrice qui part de son oreille et remonte jusqu'à son front.

La direction des affaires économiques et financières est la moins dotée du SRPJ. Cinq groupes, un spécialisé en faux-monnayage. Le seul qui vaille.

Dubak est le chef d'un groupe généraliste composé de trois hommes. Lui, le capitaine Joseph Filippo, la lieutenant Peggy Guilleminot. Ils devraient être six.

Le ministère de l'Intérieur a été dégraissé sous Sarkozy et ça continue depuis. Les flics n'ont pas les moyens de pression des militaires. Dubak gère les moyens qu'il n'a pas à bord.

Dubak a calmé la nouvelle dès son débarquement. La brigade financière, c'est de la paperasse. Les peines relèvent du tribunal correctionnel. Les gros bonnets ont de gros avocats. Ils prennent rarement des périodes de sûreté.

Peggy ne veut pas l'entendre. Elle nie intérieurement l'évidence. C'est plus fort qu'elle. Peggy écoute les légendes éparses distillées sur Michel Neyret. Elle n'est pas un cas isolé.

Une grosse moitié du bâtiment est persuadée que c'était un bon flic. Une petite moitié l'a toujours redouté ou détesté. Dubak est neutre.

Neyret ne l'a jamais calculé. Neyret a sauté à cause de ses méthodes qui enfantaient des résultats mirobolants et des jalousies bestiales. Il a fini trop attiré par les paillettes et les belles bagnoles.

La direction nationale a feint d'ignorer les moyens mobilisés pour son ascension tonitruante. Elle les a retenus contre lui pour cornaquer sa chute. Le pouvoir a ses raisons que le cœur ne peut comprendre.

Dubak aurait dû être un concurrent à la gloriole. Il devait faire acteur de cinéma, top model. Il était programmé par sa mère depuis ses quatre ans. Il n'a pas su faire autrement.

Neyret est une vedette déchue. C'est lui qui aurait mieux fait d'embrasser la carrière cinématographique. Il a un nez rond et le menton qui rentre. La mère de Dubak aurait aimé avoir un fils comme ça.

Dubak n'a jamais eu de charisme. Le charisme n'est que de l'ambition projetée sur le front et reconnue par des interlocuteurs serviles. Dubak a toujours eu la beauté fadasse. Comme s'il ne savait pas quoi en foutre, que ça le dérangeait presque d'en être. Dubak est devenu flic contre sa mère, un genre de mec inutile au fil de l'eau.

Ça a commencé avec la coke. Ça s'est terminé avec l'Ange rouge, une affaire extraordinaire traitée par des flics ordinaires. Et ça continue encore et toujours.

La coke est l'héritage de son passage aux Stups. La mort est l'héritage de son passage à la Crim. La haine de soi est l'héritage de sa naissance.

Dubak a toujours joué la carte de la morale. Il a perdu. L'Ange rouge a anéanti ses désirs sous des litres de sang.

Aujourd'hui, le job est presque meilleur que les autres jours. Dubak a fait craquer Dalmaro en fin de matinée. Au bout de vingt-trois heures de garde à vue dont cinq encagé au sous-sol. Après une barquette de riz à l'eau glissée sous la porte.

Dalmaro porte un col roulé, des baskets Stan Smith, un pantalon en toile. Il est venu à la cool. Dubak l'a passé à l'essoreuse. Mille deux cents tours minute adoucis à la sueur.

Tout est consigné dans des rapports entassés dans deux caissons métalliques. Une bonne partie des documents est stockée sur le serveur central.

Jusqu'à ce matin, Dalmaro a nié en bloc. Il était simple directeur. Il recevait les ordres d'un certain Maroun Assaf, actionnaire franco-libanais invisible. Dalmaro ne l'avait jamais rencontré.

On lui demandait de signer des papiers. Dalmaro les signait. Il était là pour gérer les quarante-neuf employés d'Eau Noire et rien d'autre. C'était la version de couverture : *monsieur Assaf m'a bien embauché mais monsieur Assaf n'est plus mon patron*. Le nouvel actionnaire principal s'appelle Thierry Javoux, résident luxembourgeois.

La version vient de changer *subito*. Dubak se concentre. Son nerf optique brûle le fond de son œil gauche. Peggy n'a jamais remarqué qu'il était borgne.

Joseph le sait. Joseph sait tout. Joseph était déjà son renard sur l'affaire de l'Ange rouge qui a secoué la capitale des Gaules en 1998.

L'ophtalmo a prescrit à Dubak des lunettes pour la presbytie. Dubak doit limiter son temps d'écran et de lecture. L'ophtalmo lui a conseillé de demander une nouvelle affectation. Le filtre à lumière bleue ne sauvera pas sa vue.

Dubak laisse couler. Le soir, il éteint la lumière, ferme les yeux et pense. Là, il lit, contrôle l'orthographe de caractères chiures de mouche. C'est écrit :

– Vous confirmez avoir passé quinze jours à Saint-Domingue en mars 2009 ?

– C'est ma vie privée.

– Je ne suis pas de la police des mœurs. On a le droit de tromper sa femme…

L'assertion était grossièrement insidieuse. Dubak a demandé les dates exactes à Peggy sur leur boîte de dialogue. Peggy a répondu en sept secondes.

– Ton ex va te foutre sur la paille. La tromper pourquoi pas mais t'aurais pas dû divorcer… Elle est sacrément roulée, la nouvelle !

Dubak lui a innocemment glissé un cliché sans équivoque sous le nez. C'est Joseph qui a gratté la photo sur le profil Facebook d'une pouffiasse prénommée Clémentine. On y voit les palmiers de Boca Chica. On y voit des gros seins, Dalmaro en chemise hawaïenne. On y voit Thierry Javoux et son joli bridge.

Dubak s'en carre que Facebook existe. Joseph se shoote au Nouveau Monde. Thierry Javoux a une propriété à Saint-Domingue. Dubak a demandé :

– Comment s'appellent vos enfants ?

Une stratégie pour pénétrer le problème par la périphérie. Joseph a immédiatement quitté le bureau. Le renard est incommodé quand son butin s'offre à la lumière.

Joseph a été affecté au groupe numéro 3 il y a quatre ans. Dubak le commande pour la deuxième fois. La première, c'était à la brigade criminelle. Joseph l'a aidé à faire tomber un ponte du SRPJ. Voilà comment Dubak est dans un placard et voilà pourquoi Joseph s'y trouve aussi. Rien ne se perd et tout se paie.

Dalmaro a le regard hagard. Il a lâché. Javoux est aussi l'actionnaire majoritaire de la holding Quality First, basée à Zurich, Suisse. Monsieur Assaf est un prête-nom. Quality First détient 100 % du capital de la filiale lyonnaise, via une société-écran immatriculée à Singapour et capitalisée par des fonds indonésiens. Dalmaro a donné le nom de la banque par laquelle transitent les fonds au Liechtenstein. Il a filé le numéro du compte en banque : IBAN, code BIC.

Peggy s'assoit derrière son écran. Elle est tout sourire. Dubak n'en a rien à foutre. Il avait une carrière pépère aux Stups. Il avait un avenir serein à la brigade criminelle. Il a cinquante-six ans et tout est parti à vau-l'eau.

Dubak trimbale son œil vivant sur des procès-verbaux relatifs à des fraudes en tout genre : arnaque à la TVA, détournement de fonds publics, abus de biens sociaux. Séfarades de la taxe carbone, édiles de seconde zone, patrons bling-bling. Un boulot de chien qui nécessite une coordination internationale.

L'argent véritable est une essence volatile. Il n'est qu'un flux qui traverse les océans à la vitesse de la lumière grâce à des connexions sécurisées.

Un tableau de Modigliani est un instrument de mesure de la puissance et de conservation de la valeur. La monnaie est un outil pour échanger illégalement des services et des biens. Le fric rebondit de niches en paradis fiscaux. Les législations nationales achoppent sur les mers, les fleuves et les montagnes.

Dubak dit :

– Relisez et signez. Votre garde à vue est levée. Vous pouvez rentrer chez vous.

Dalmaro ne relit rien. Il saisit le stylo-bille et signe. Dubak répète :

– Vous pouvez y aller, monsieur Dalmaro.

– Je suis libre ?

Dalmaro sonde Peggy. La gamine confirme et il obtempère. La gamine dit :

– Nous avons prévenu votre avocat. Je vous raccompagne.

Dalmaro traîne des pieds et fuit dans le couloir.

L'affaire des parfums s'ankylosait. Elle n'explosera pas. Ça fera un article dans *Le Progrès*. Dalmaro est un gars finalement sympathique. Un rouage placé là pour péter quand la machine s'enraye.

Personne ne gagne contre les Javoux. Le temps de la condamnation, ils ont déjà fait des millions et créé une dizaine de sociétés-écrans. Les maisons d'arrêt n'aiment que les détrousseurs aux mains sales.

Javoux roule en allemande. Il a une résidence secondaire à Biarritz, un chalet à Méribel. Il s'est marié trois fois. Sa dernière concubine est une jeune Bulgare pulpeuse. Dalmaro prendra plus cher que lui.

Dubak regroupe ses affaires. Clefs d'appartement, paquet de cigarettes, Beretta 9 millimètres.

Peggy reste au troisième étage. Ses épaules ronflantes appren dront à s'affaisser. Dubak s'étire et se lève. Il lui tend le PV. Peggy tape déjà sur son clavier. Dubak dit :

– Ils sont faits.

Peggy ne relève pas. Dubak est un empêcheur de tourner en rond. Un instable isolé par la hiérarchie dans le cadre d'une politique zélée de prévention des incendies. Il dit :

– J'y vais.

Dubak passe sa parka en cuir. Il la porte depuis vingt-cinq ans. Elle a la forme d'un sac à patates.

– Tu as fait ta demande d'affectation, au fait ?

– Oui.

– La Crim, alors ?

– Non, les Stups.

– Ah, les Stups… Ton dossier n'est pas encore arrivé pour que j'y colle mon appréciation.

Peggy cesse de taper. Elle quitte ses lunettes gigantesques et se frotte les yeux. Elle n'est pas de Lyon. Elle vient de Dunkerque.

– Tu veux me demander quelque chose ?

– Pas vraiment.

Peggy le trouve encore plus beau dans sa parka. Elle kiffe son air à la Bill Murray. Elle aurait aimé avoir un père comme lui.

Peggy dévie le regard. Elle tripote son ruban au poignet qui fait office de doudou. Elle attrape le PV de garde à vue.

– Ça veut dire que tu veux me demander quelque chose…

Peggy n'hésite plus. Elle saisit la perche promptement. Elle dit :

– On dit que tu as déconné au début de ta carrière, c'est vrai ?

On dit ça ?

– On dit que tu as déconné à la Crim, aussi.

– Sans blague ?

– On dit que tu es responsable de la mort d'une coéquipière.

Dubak déglutit. La gamine n'a pas la langue dans sa poche. Ça lui jouera des tours et ça lui permettra de survivre. Il aurait aimé avoir une fille comme elle.

Dubak bouffe la cicatrice à l'intérieur de sa joue. La coke, la coke, la coke. Toujours la coke. Vingt ans après, ça ne s'oublie pas.

– On dit tout un tas de trucs, dis donc ! Mais toi, tu veux dire quoi au juste ?

– Rien. Je suis dans ton équipe.

– Tu es inquiète ?

Peggy fait ses yeux de cocker anglais. Elle avale sa réponse.

– Tu sais pourquoi j'ai été nommé chef ici alors que je n'avais aucune compétence en matière fiscale ou en droit des affaires ?

– Non.

– Justement parce que je n'ai pas les compétences. Et que je suis un branque de la procédure.

– J'ai du mal à suivre.

– Tu seras une très bonne procédurière. Tu es douée pour ça.

La gamine pique un fard. Peggy est la deuxième meilleure procédurière que Dubak ait jamais eue. La meilleure s'appelait Véronique Martinod. C'est *elle* qui est morte.

– Nous sommes trois, un véhicule de service pas plus, ma bite et notre couteau suisse, Joseph.

Peggy bascule sur sa chaise. Elle soupire. Elle se dirige vers la photocopieuse. Elle place le PV dans la machine. Peggy appuie sur *marche*.

– Pourquoi tu parles toujours aussi mal ?

– Pourquoi tu poses des questions quand tu as tes réponses ?

– J'en sais rien. Par loyauté ?

– Tu connais le dossier Hexagone-Balard, le pentagone français ?

– Oui. Mais je ne vois pas le rapport.

– Le marché du siècle, 3,5 milliards. Bouygues l'a remporté il y a deux ans.

– Je sais, Alain.

– La fille qui bosse dessus est une copine. Tu le sais ça aussi ?

– Abrège, c'est bon.

– Elle est seule face au témoin de mariage de Sarkozy. *Une* enquêtrice, une seule. Tu le savais pas, ça ?

Sa langue glisse sur la cicatrice. Dubak enchaîne :

– Elle a fait les calculs. Ça lui a pris un mois. Elle n'a pas fait un BEP maçonnerie mais elle connaît le prix du mètre cube de béton. Le marché a été surévalué. Le gros machin vaut 1,5 milliard, pas plus.

Peggy retourne à son bureau. Elle s'affale, ouvre un logiciel.

– Je vois toujours pas le rapport.

– Je ne suis pas le seul responsable de notre situation précaire. Les moyens ne sont pas à la financière et n'y seront jamais.

– Et ?

– Et je suis bien responsable de la mort de ma coéquipière. Il y avait le ministre à son enterrement.

– Des fois, je suis contente de me tirer, tu sais.

– En toute objectivité, je comprends. Je n'ai aucune autorité sur rien ni personne. Casse-toi le plus vite possible, éloigne-toi de moi.

Le smartphone de Dubak vibre. Il décroche. Le substitut du proc' lui met la pression. Dubak le calme :

– C'est bon. On a tout ce qu'il faut. La garde à vue vient d'être levée.

– On parle du détournement de huit millions d'euros d'aides publiques à l'emploi, commandant !

– Je sais.
– Grouillez-vous.
Dubak raccroche. Il dodeline de la tête.
– Il s'est cassé où Joseph ?
Peggy recommence à taper sur son clavier. Dubak est devenu un mauvais flic et il a besoin d'elle. Elle dit :
– À Paris.
– Comment ça, à Paris ?
– Il est allé chercher les docs à Pôle Emploi, sinon, on les aura jamais.
– Et il fallait monter à Paris ?
– Tout est centralisé là-bas, sans compter qu'il y a un bug informatique ici.
– Il ne pouvait pas solliciter le siège pour ça ?
Peggy hausse les épaules. Elle écrase la touche *entrée* ostensiblement. Elle inspire profond.
– Si ta copine est seule sur un dossier à 3,5 milliards, je suppose que c'est pareil pour les autres…
Joseph a toujours du bol. C'est la preuve qu'il se le fabrique.
– Tu peux adresser le PV à l'autre casse-couilles ?
– C'est déjà fait.
– Comment ça, c'est déjà fait ?
– Je viens de le scanner et de l'enregistrer sur le serveur devant toi. C'est la procédure dématérialisée.
– Ils utilisent ça, au parquet ?
– En théorie. Mais le substitut est vieux jeu et Maryline est en vacances.
– C'est qui Maryline ?
– Sa secrétaire.

– OK. T'es super efficace. Tu iras loin. À demain.

Dubak lui souffle un baiser ridicule. Les pupilles de Peggy deviennent des lances d'incendie. Elle lui adresse deux *kchi-kchi* avec les doigts.

Dubak s'installe au volant de sa Peugeot 408. Il allume une Chesterfield. Il entrouvre la vitre électrique. La radio FM balance France Info.

Dubak laisse le Crayon de la Part-Dieu. Le véhicule file en direction de la Presqu'île.

La rue de l'Université bouchonne. Dubak aimante le gyrophare sur le toit et trace par la voie des bus. Les véhicules s'écartent pour laisser le champ libre.

Les lampadaires hachurent la nuit de pointillés blancs. La fumée s'épaissit dans sa gorge et s'évapore par son nez. La 408 est sur pilote automatique.

La radio débite le flash info. Il sort par les baffles en stéréo.

Le porte-parole du gouvernement n'a pas souhaité s'exprimer durant son déplacement en Meurthe-et-Moselle sur les allégations du site d'information Mediapart *qui accuse Serge Ruggieri d'avoir possédé un compte au Luxembourg. Le ministre de l'Intérieur devrait s'exprimer demain devant la représentation nationale.*

Dubak entend. Son processeur mouline à Mach 4 sur du vide depuis bientôt vingt ans. Dubak n'écoute pas.

Dubak change de fréquence. Virgin Radio crache « Titanium » de David Guetta. Dubak jette son mégot par la vitre entrouverte. Son mégot rebondit sur le bitume. Dubak augmente le volume jusqu'à saturation.

La ville est une rivière de béton. La Confluence est le plus gros chantier d'Europe après les Jeux olympiques de Londres. Serge Ruggieri pilote tout depuis le ministère de l'Intérieur.

Ruggieri veut que les gones goûtent à la Skyline. Il en a rêvé pour eux. Son remplaçant à la mairie est un Arménien à sa solde. Le jeune président qu'il a placé au Grand Lyon le trahira sous peu.

Nous sommes le 4 décembre 2012. Il est 18 h 48. Derrière son volant, le commandant Alain Dubak ferme les yeux. Quand ses paupières s'ouvrent, son menton bat la mesure.

Dubak relève l'interrupteur du lève-vitre. La vitre couine et se referme. La 408 dévale le pont de l'Université. Les lampadaires illuminent un Rhône nerveux.

Dubak se fraie un chemin sur la rive droite parmi les véhicules entassés jusqu'au Sofitel. Il passe la place Gailleton. Il descend la rue Sainte-Hélène. Il gare le véhicule banalisé sur la rue pavée Victor-Hugo. Il ne met pas les warnings.

Le gyrophare est bien visible sur le tableau de bord. Le pare-soleil indique *Police*. Les piétons dévient leur trajectoire. Trois jeunes à capuches le matent de traviole.

Dubak appuie sur le bouton poussoir d'un interphone doré. Il pénètre dans un immeuble de la rue Sala. Il monte dans un ascenseur minuscule.

Dubak ne sait plus si madame Grasset est sexologue, psychanalyste ou psychiatre. Il scrute le miroir et se sèche les yeux.

Dubak a débuté son analyse quand Mamy a quitté ses fonctions. Mamy était son numéro 2. Une bucheronne accro aux bonbecs Haribo et à la violence. Son œil mort ne voit pas mais cela n'empêche pas les larmes de s'en échapper.

Dubak patiente dans la salle d'attente. Le petit bout de femme vient le chercher à 19 h 28. Dubak pénètre dans son cabinet. Il s'assoit sur le sofa en velours.

Ils parlent de sa mère et ils parlent de la mort.

Récapitulons. *Vous n'avez plus de rapports sexuels depuis le mois d'avril 1998. Vous êtes intimement convaincu que trois anciens partenaires sont morts par votre faute. Vous n'êtes pas croyant mais vous avez la foi. Pourriez-vous circonscrire chaque moment pour le déconnecter d'un tout ?*

Enfonçons les portes ouvertes. *Vous vous masturbez depuis quinze ans sur des vidéos pornographiques. Vous privilégiez les scénarios à trois, deux hommes, une femme. Vous pensez qu'Alexandra vous a quitté car vous n'arriviez pas à la contenter mais aussi pour satisfaire sa mère possessive qui vous a attribué un rôle de concurrent. Pensez-vous que les femmes ont des attentes spécifiques et que les hommes doivent disposer de compétences nécessaires ?*

Marchons sur des charbons ardents. *Votre meilleur ami s'est noyé après vous avoir fait une fellation que vous avez acceptée à contrecœur. Votre dernier rapport hexogène est une masturbation par le suspect principal d'un triple homicide. Vous avez pratiqué une pénétration sur votre coéquipière qui est décédée dans les jours suivants. Qui aurait bien pu vous jeter un tel sort ?*

Dubak a toujours les paupières closes. Sa respiration est régulière. Ses mains accompagnent le soulèvement de son ventre.

– Vous venez de prononcer le mot *fellation*. C'est la première fois depuis douze séances. Pouvons-nous faire le point sur votre âge à l'époque ?

– Oui.

– Quel âge aviez-vous ?

– Neuf ans.

– Très bien. Êtes-vous vous bien sûr qu'il s'agissait d'un rapport *sexuel* ?

– Pardon ?

– Votre partenaire avait le même âge que vous. Diriez-vous que c'était un rapport sexuel ou alors plutôt… une expérience ? Il s'agit bien de votre meilleur ami qui est mort ?

– Je dis que c'était du sexe.

3

GÉRALD HÉBERT.
Rueil-Malmaison/Paris, 4 décembre 2012.

Dernier étage. Le centre névralgique des opérations.

Un bureau Directoire au cuir marqueté, trois collages colorés Henri Matisse, des bonsaïs verts comme du sang de martien.

Gérald Hébert décrypte le nœud de cravate Windsor du directeur international de la sécurité. C'est un bon filloniste qui croit en Dieu et au travail. Il s'appelle Hugues Corvoisier.

Le groupe qui l'emploie fait dans la construction, la concession et l'énergie. Il pèse près de cinquante milliards et plus de deux cent mille salariés.

La première fois que Gérald Hébert a travaillé avec eux, il officiait pour le compte de l'État. Un viaduc au Bahreïn. Hébert a obtenu une privatisation de deux cents mètres de littoral au Cap-D'Ail pour un membre de la famille royale.

Hébert a pigeonné le dignitaire au cas où. Fournitures de filles et ébats sodomites en cinémascope. Hébert n'a pas eu besoin de faire chanter le pigeon. La vidéo appartient toujours à la France.

Ceinture ET bretelles. Son mentor lui a tout bien appris. Il a recruté Hébert à sa sortie de l'orphelinat. Il était son embuscade et il fut son ange gardien.

Hugues Corvoisier a un accent du Sud-Ouest. Il pèse plus de cent kilos. Il a dû mesurer un mètre quatre-vingt mais ses vertèbres s'affaissent dangereusement. Il dit :

– Gérald, les chefs sont échaudés et j'ai besoin de les rassurer.

Hébert chique son chewing-gum. Il attrape son verre d'eau et crache la pâte à mâcher dedans.

Hugues Corvoisier décroche un sourire alarmiste. Il a commencé par le gigot bitume et se trouve désormais tout en haut, sous les toits. Il mourrait pour la boîte. Hébert rétorque :

– Votre PDG a soutenu la taxe à 75 % de Hollande. Il s'est acheté la tranquillité à bas prix.

– J'ai toujours apprécié votre franc-parler sarcastique et vos tournures populaires.

Hébert n'a jamais eu le moindre diplôme. Il préférait sniffer du trichlo et se palucher sur le catalogue des 3 Suisses.

Hébert est entré à la DST[1] en deux coups de cuillère à pot. Personne n'aurait parié gros sur son irrévérence de trottoir. Il s'est révélé bon poseur de mouchards et brillant analyste. Son mentor n'en espérait pas tant.

Hugues Corvoisier se lève. Il se dirige vers les plantes vertes. Il vaporise ses bonsaïs.

– Nous avons toujours été satisfaits de votre action, Gérald. Nous vous sommes redevables même si nous n'avons pu empêcher votre départ. Qui a demandé votre tête, exactement ?

1. Direction de la surveillance du territoire.

– Villepin était dans la même promotion à l'ENA que le secrétaire général de l'Élysée. Je dis ça, je dis rien.

– Villepin ? C'est pas vrai !

Hébert a la bouche de Jacques Brel et les oreilles en deltaplane. Il accommode avec son sourire à grandes dents.

Hugues Corvoisier glousse. Il passe un doigt entre deux boutonnières de chemise. Il se gratte le nombril.

– Vous êtes un vrai serviteur de l'État, Gérald. C'est incompréhensible !

– Vous ne m'avez pas convoqué pour me passer la brosse à reluire et dresser le tableau chaotique du renseignement. Passons aux choses sérieuses.

Hugues Corvoisier ouvre un pot en nacre. Il éponge les feuilles de ses arbustes centenaires avec un coton à démaquiller.

– Sacré Gérald ! Nous avons plus que jamais besoin de sagesse et de stabilité… et d'hommes comme vous.

Hébert sort sa boîte de cigarillos Davidoff de sa veste à ronds-de-cuir. Il en flambe un avec son Zippo. Il referme son briquet d'une seule main. Hugues Corvoisier poursuit :

– J'ai un petit problème.

– Effectivement. Vous remportez 80 % des marchés lyonnais…

– C'est-à-dire que

– Vous avez besoin de moi pour une raison qui dépasse l'entendement.

– Gérald…

– Votre correspondant à la DCRI n'en sait pas plus que ce qu'il dit.

– Comment ça ?

– Personne n'a connaissance des éléments en possession de *Mediapart*. J'ai sondé mes informateurs.

Hugues Corvoisier arrête de bichonner ses plantes. Il traîne la patte pour approcher son quintal. Il vise Hébert avec son pschitt-pschitt.

Hébert fait claquer sa langue de manière provocante. Hugues Corvoisier demande :

– Vous pensez qu'ils ont quelque chose ?

– J'avais un doute jusqu'à votre appel pressant.

Hébert ajoute :

– On est dans les chiottes, mon très cher Hugues, faut pas se tromper.

– Vous sous-entendez quoi, Gérald ?

Hébert aspire une taffe de brun.

– Ça va chiffrer.

– Comment ça, ça va chiffrer ?

– Vous me demandez une intrusion.

– Je ne demande rien du tout !

– Le PS n'a sûrement pas approvisionné ce compte en banque…

– Oh, vous savez, il en a approvisionné d'autres !

– Nous devons procéder à une intrusion, n'est-ce pas ?

Hugues Corvoisier avoue :

– Oui, sans doute.

Hugues Corvoisier embraie :

– Mais, ne serait-ce pas ajouter de l'huile sur le feu ?

– Ils penseront que ce sont les sarkozystes qui profitent de l'occasion. Ils ne rendront pas l'intrusion publique.

– Comment peut-on en être sûr ?

– On ne peut absolument pas. Mais ils penseront que Hollande est coincé et qu'une intrusion commanditée par le Château lui retomberait dessus. *Mediapart*, ce sont des trotskos lambertistes, n'oubliez jamais ça.

– Gérald…

– C'est une mission de haute voltige. L'appartement de Ruggieri, c'est de la gnognotte. Le compte en banque est le problème majeur. Si c'est établi, ils chercheront la source originelle. Et ceux qui ont approvisionné ce putain de compte, c'est vous. Vous voulez juste savoir s'ils vous tiennent par les couilles.

– Bordel de merde !

– Votre bureau n'est pas sur écoute, restez calme.

– Il n'est jamais fait mention de l'approvisionnement dans l'article, seulement du compte et de l'appartement. Un appartement…

Hébert le coupe :

– Sauf qu'ils ont glissé un élément biographique… Rien n'est anodin, hein ?

– Gérald…

Hébert sort une impression de la poche intérieure de sa veste. Il la déplie. Il la secoue exagérément.

– « Membre du cabinet de trois ministres des Transports successifs sous le gouvernement de Michel Rocard, entre 1988 et 1990, Serge Ruggieri a noué à cette époque des liens étroits avec les industriels du secteur des travaux publics. » Chaque mot a été pesé plutôt cent fois qu'une. C'est un avertissement et ça sera trente-cinq mille. Vous êtes la cible.

– Gérald… Je déteste qu'on me mette la pression !

– Je n'ai pas vocation à être un anxiolytique. Vos patrons sont cités entre les lignes d'un article sur une affaire qui peut faire péter la République. Quarante mille !

Hébert s'esclaffe. Il souffle un rond de fumée opalescent. Le rond se dilate et explose. Hugues Corvoisier dit :

– Arrêtez vos gamineries, s'il vous plaît.

– Vous pourriez monter jusqu'à cent mille. Je suis le seul à pouvoir faire ça en quarante-huit heures. On ne parle pas de l'assassinat d'un péquin par un Roumain, là. Sans compter la suite. C'est une mission au long cours, vous le savez mieux que moi.

– Mais qui parle d'assassinat, bon sang ?

Hébert l'ignore :

– J'ai moi aussi un petit problème.

– Pardon ?

– Mes anciens employeurs.

– La DCRI ?

– Ils pourraient intervenir avant.

– Vous avez des informations qui le laissent présager ? Vous venez de dire qu'Hollande est coincé et qu'il ne fera jamais ça.

– J'ai dit que *Mediapart* le penserait, ne transformez pas.

– Hmm, hmm…

– Vous ne devriez pas sous-estimer l'Élysée à ce point, Hugues. Ils ne sont pas complètement débiles.

– Mais…

– Ruggieri est ministre de l'Intérieur.

– Il ne peut donc pas prendre ce risque, lui non plus ?

– Il n'a pas trop de morale. Sans compter que la DCRI pourrait agir de son propre chef pour le contenter.

Les tempes d'Hugues Corvoisier gonflent. Il lâche un coup de pschitt-pschitt dans le vent. La vaporisation calme sa colère nauséeuse. Il enchaîne :

– Voyons ce que *Mediapart* détient, déjà…

– Ils ont appâté. Nous ne savons pas qui est leur cible ultime. Peut-être Hollande, peut-être vous, peut-être les deux. Nous devons installer un cordon sanitaire avant que la bombe fragmente votre chiffre d'affaires aux quatre coins de la planète. Aucun contact avec qui que ce soit chez Ruggieri, désormais.

Hébert soutient le regard d'Hugues Corvoisier. Le gros bonhomme finit par baisser les yeux. Hébert jette son cigarillo dans le verre d'eau. Il coule à pic sur son chewing-gum mâchouillé.

– Donnez-moi un crayon.

Hugues Corvoisier s'active. Il se rend à son bureau. Il lui tend un stylo-bille Chopard. Hébert sort une carte de visite vierge.

Il écrit : *Nord Europe Private Bank – Luxembourg – compte n° 190907270309 – titulaire : Orphanos*

Hébert a toujours trois sociétés d'avance. C'est la règle que lui a fixée son mentor. Ne jamais utiliser une société pour deux opérations distinctes. Hébert écrit : *50 kilos de patates douces.* Il souligne le nombre quatre fois.

Hugues Corvoisier déchiffre. Il manque de s'étouffer. Il hurle :

– Vous auriez pu choisir autre chose que le Luxembourg !

– Prenez-le comme une preuve d'implication totale.

Hugues Corvoisier avance jusqu'au panoramique. Il observe une péniche. L'embarcation touristique ressemble à un sapin de Noël ambulant.

– Nous nous connaissons depuis combien de temps, Gérald ?

– Vous auriez dû me solliciter plus tôt.

Hébert place le stylo Chopard sous le rai lumineux d'un spot du faux plafond. Il le glisse dans la poche intérieure de sa veste. Il déglutit.

– Vous avez remporté un marché à soixante-dix millions pour construire sous la colline de la Croix-Rousse un second tunnel parallèle au premier, et visiblement inadapté puisqu'il ne servira qu'aux piétons et aux vélos…

Hébert ajoute :

– Je suis Lyonnais…

Hugues Corvoisier serre le poing et cogne le triple vitrage. Il a une tête de talonneur mais il jouait trois-quarts aile à Pamiers jusqu'à ses vingt ans.

– Le tunnel a été construit pour les bus, bon sang, vous le savez ! Les bus !

Hugues Corvoisier demande :

– Vos parents vivent là-bas ?

– Mes parents sont morts quand j'étais adolescent.

– Je suis désolé mais ça ne fait pas de ce tunnel une escroquerie…

– Vous allez signer la construction du nouveau stade de foot de l'Olympique lyonnais. À ce rythme, Ruggieri vous confiera bientôt la gestion de l'aéroport Saint-Exupéry.

Hugues Corvoisier desserre son nœud de cravate. Il entrouvre la baie vitrée. Il respire de l'air frais. Hébert dit :

– Si vous avez recours à un autre prestataire, ne serait-ce que sur un élément annexe, considérez que notre contrat est rompu. Les fonds ne seront évidemment pas restitués.

– Vous étiez plus souple quand vous travailliez pour l'État.
– Il n'y a plus d'État depuis longtemps, Hugues. C'est vous, l'État.

Hébert enfile son manteau moyenne gamme. Il marmonne un salut par-dessus son épaule. Il descend au rez-de-chaussée.

Hébert passe la porte tambour. La soufflerie ventile de l'air bouillant. Il relève le col de son manteau et monte dans un van Mercedes-Benz aux vitres fumées.

Hébert scrute la Seine, large et grise. Il s'adresse au chauffeur. Hicham est un ancien du SPHP[1] vidé pour une histoire de cannabis marocain trimbalé dans un Falcon de la République. Hébert dit :

– Tu me poses chez moi et on se rejoint à l'entrepôt. Après, tu vas chercher Philippe. Il sera notre pilote.

– C'est pour quoi ?

– Intrusion.

– Où ça ?

– Paris 12. Demain.

– C'est vite là.

– J'ai les plans.

– Tu as les plans de *Mediapart* ?

– Je sais que tu es malin, pas la peine de me le prouver. Moins tu en sais, mieux c'est pour moi.

Hébert se recoiffe dans le miroir du pare-soleil. Il lisse ses mèches plates derrière ses grandes oreilles. Le van Mercedes-Benz démarre.

1. Service de protection des hautes personnalités.

Hébert était un fonctionnaire de la DCRI désargenté. C'est un joueur de Stud à cinq cartes. Il joue prudemment.

Hébert allume son BlackBerry. Il fait défiler les mails. Une nouvelle dépêche vient de tomber sur son abonnement AFP.

Serge Ruggieri répondra aux accusations de Mediapart *mercredi 5 décembre sur RTL*

Hébert descend du véhicule à proximité de la gare Montparnasse. Il marche jusqu'à la rue de la Gaîté. Il accélère quand les 6 degrés Celsius lui cinglent les joues.

Hébert passe le Holiday Inn. Il s'engouffre sous un porche futuriste et monte au septième étage. Comme à chaque fois, il redevient Gérald. Le caméléon compartimente son besoin de mort et sa soif d'amour.

Les portes coulissantes de l'ascenseur s'ouvrent sur une odeur de détergent et de chou-fleur. Gérald pend ses affaires au portemanteau encombré. Delphine s'agite dans la cuisine. Elle charge le lave-vaisselle.

Delphine est une espèce de foldingue qui donne des cours de yoga et mange des carottes. Elle prétend que les pets de vaches dérèglent le climat.

Gérald l'a rencontrée dans un bar grenoblois. Il a aimé ses yeux vairons et son mordillement coquin de lèvres. Ils ne sont pas mariés.

Gérald l'enlace par derrière. Delphine pivote et le rembarre. Gérald la serre contre son torse. Delphine abdique et lui octroie un baiser mou.

– Je dois repartir, une urgence.

Delphine fait sa bouche en cul de poule. Elle reprend ses activités domestiques. Gérald se sert un verre d'eau gelée au frigo américain.

Les gosses se chamaillent dans la salle de bains. Des cris par-dessus l'écoulement d'eau. Louis a treize ans, Maximilien douze. Louis et Maximilien ont seize mois d'écart. Gérald dit :

– Je suis désolé.

– Tu avais dit que ton nouveau travail serait moins contraignant…

– Je vais devoir m'absenter deux, trois jours, max. J'y suis pour rien, chérie. Et ce nouveau travail paie mieux. On va enfin pouvoir changer d'appart.

Les assiettes s'entrechoquent. Gérald file dans leur piaule décorée hindouiste. Il boucle sa valise à roulettes.

Gérald traverse le salon. Canapé en rotin, meubles Ikea, mur de photos avec les pitchouns. Il se rend à la salle de bains.

La porte est fermée à clé. Le moteur du sèche-cheveux bourdonne. Gérald frappe trois coups. La serrure se déverrouille à la cinquième tentative.

Son grand fait du rugby. Sur le pré, il a le mental de John Rambo. Ailleurs, c'est un timide colérique.

Maximilien est de dos. Il se tape sur les fesses et entame la danse du ventre. C'est le photogénique de la famille. Irrévérencieux, yeux de biche, bégé.

Louis veut faire architecte ou pompier ou rugbyman professionnel. Maximilien veut faire avocat fiscaliste. Il a inventé ça à huit ans pour faire chier sa grand-mère, une emmerdeuse gauchiste.

Louis fixe une serviette éponge autour de sa taille. Gérald dit :

– Ça va, mec ?

Louis checke son père. Il passe une main sur son torse rebondi.

– Tu fais quoi, Max ?

Maximilien glousse. Louis lui frite le gras des fesses. Maximilien le bourre.

– Y a papa, gros !

– Tu m'appelles pas *gros* !

– Ben quoi, t'es gros, non ?

Maximilien répond du tac au tac.

– Je sais pas si je suis gros mais toi, avec tes notes, tu vas finir maçon, pas architecte !

Gérald les rabroue. Il empêche Louis de basculer Maximilien dans la baignoire. Maximilien remonte le couloir à toute berzingue. Il beugle des *hou-hou-hou-hou-hou* comanches.

Gérald aimerait mieux s'occuper d'eux. Il ne sait pas être autre chose que leur pote. Il fourre sa brosse à dents dans sa trousse de toilette qu'il a reçue en cadeau chez Sephora.

Gérald pourrait partir en Alaska pour le reste de sa vie, Louis s'en foutrait. Louis est *in love* avec une gamine qui s'appelle Julie, en pré-couple.

Gérald farfouille dans le placard. Il dégote son flacon d'*Égoïste* et le stick déodorant assorti. Il récupère son rasoir électrique. Louis dit :

– Attends, j'en ai besoin.

– Hein ?

– C'est pour mes pattes.

Gérald va aux toilettes. Les deux gosses sont dans la cuisine. L'un à moitié à poil, l'autre qui se prend pour Tarzan. Delphine fait sa grosse voix.

– Ça suffit maintenant, les garçons !

Gérald raffole de son côté sainte-nitouche et de ses seins plats. Il se rembraille. Il se marre intérieurement.

Maximilien entraperçoit la valise. Il serre son père dans ses bras. Gérald embrasse sa concubine. Il murmure dans son oreille :

– Je rentre sous peu, Desoiffons.

Gérald l'appelle par son patronyme pour l'offusquer. C'est une chieuse érotomane. Il a toujours envie de la sauter. Delphine tourne la tête.

Gérald sort sur le palier. Maximilien crie :

– Mouins, mouins !

Ça veut dire qu'il lui fait des bisous. Ça veut dire qu'ils forment une petite famille. Ça veut dire qu'il l'aime.

Gérald a les larmes aux yeux. La porte claque.

Nous sommes le 4 décembre 2012. Il est 22 h 37. Gérald Hébert appelle l'ascenseur pendant qu'un sourire monumental barre son visage.

DOCUMENT EN ENCART : *04/12/2012. Transcription mot pour mot d'une écoute téléphonique de la NSA*[1]*.*
ENREGISTREMENT À LA DEMANDE DU DIRECTEUR - CLASSEMENT : CONFIDENTIEL 1-A ; DESTINATAIRES : LE DIRECTEUR / LE PRÉSIDENT DES USA ; Interlocuteurs : François Hollande, président français ; Stéphane Le Foll, ministre.

FH - Alors ?
SLF - Alors, si j'étais à Beauvau, ça serait plus commode.
Silence (2 s)
SLF - J'aurais viré les sarkozystes. Il y en a partout, au château aussi d'ailleurs.
FH - T'es paranoïaque.
SLF - Un jour, ça va nous péter à la gueule.
FH - Je suis contre la chasse aux sorcières.
SLF - À deux contre un, ça vient de lui !
FH - Arrête avec ça ! Si ça venait de lui, il m'aurait visé directement. Sarko est sous statut de témoin assisté dans le dossier Bettencourt... et il s'en tirera d'ailleurs...

1. La National Security Agency est un organisme gouvernemental du département de la Défense des États-Unis en charge du renseignement d'origine électromagnétique.

SLF – Je te comprends pas.
FH – Y a rien dans le dossier pénal. Même Woerth s'en tirera.
SLF – C'est des escrocs, putain.
FH – On fait durer Sarko tout le mandat. On a besoin de lui.
SLF – Mais ça vient d'où alors ? Des Strauss ?
FH – Les soutiers de Strauss-Kahn sont avec nous désormais.
SLF – Tu parles de Cambadélis et Borgel ? *NOUVELLES CIBLES – PRIORITÉ 3*
FH – Ils s'occupent du parti, eux, le seul truc qui sert à rien quand tu as le pouvoir. Reste Mosco. Il faut bien l'encadrer, là. Ils sont proches avec Ruggieri. Essaie de le voir.
SLF – Tu veux vraiment placer Moscovici à la Commission européenne ?
FH – Il voyagera et travaillera peu. Il adorera.
SLF – Tu l'as pourtant nommé directeur de campagne à ma place...
Silence (3 s)
SLF – Et Marisol Touraine ?
FH – Marisol qui ?
SLF – Ruggieri leur a piqué leur ligne et leurs électeurs, aux Strauss.
FH – Il est de chez eux.
SLF – Il est rocardien, c'est pas pareil.
FH – Ils ont toujours pesé 5 % du parti et Ruggieri pèse 5 % du parti. Les gens de gauche n'aiment pas les gens de droite.
SLF – Tu veux pas savoir d'où ça vient ?
FH – Je veux savoir si c'est vrai.
SLF – Tu ne crois pas ton ministre de l'Intérieur ?
FH – J'ai aucune raison de pas le croire et j'ai aucune raison de le croire.
SLF – Edwy Plenel t'aime bien. Et qu'on le veuille ou non,

Mediapart balance pas une bombe sans preuve. *CIBLE DÉJÀ ACTIVE - À PASSER EN PRIORITÉ 1*
FH - *Mediapart* fait dans la tambouille immobilière. L'histoire de l'appartement, c'est du pipi de chat... Ruggieri a un dossier carré de son notaire, il dit. Le seul problème éventuel, c'est le compte au Luxembourg.
SLF - J'ai essayé d'appeler Jean-Pierre (Jean-Pierre Mignard, avocat de *Mediapart,* ami intime de François Hollande CIBLE À ACTIVER - PRIORITÉ 1). Tu l'as eu toi ?
Silence (2 s)
SLF - T'es encore là ?
FH - Oui.
SLF - Tu l'as eu ?
Silence (3 s)
SLF - Qu'est-ce qu'il veut Plenel, en fait ?
FH - T'occupe pas de ça.
SLF - Mais tu as fait le bouquin avec lui. Et il était au théâtre Dejazet avec Jean-Pierre et toi en février quand tu as fait tes propositions sur la justice (6 février 2012, conférence du candidat François Hollande).
FH - C'est Jean-Pierre qui a filé un coup de main. Plenel est un trotskiste et rien ne sert de comprendre ses objectifs sauf à se dévorer la cervelle. Il doit vouloir se prouver son indépendance à lui-même.
SLF - Il a son problème de TVA[1].
FH - Tu as les mêmes arguments que Ruggieri.

1. Dès sa création le 16 mars 2008, le journal *Mediapart* milite pour l'égalité de droits entre presse imprimée et presse digitale, au nom de la neutralité du support technologique (le taux de TVA pour la presse écrite a toujours été avantageux à seulement 2,1 %). *Mediapart* refuse de payer la TVA et n'est donc pas en règle avec l'administration fiscale en 2012. Le litige porte sur plusieurs millions d'euros.

SLF – Non mais je l'aime plutôt bien, moi, Plenel…
FH – Tu devrais avoir moins de sentiments.
Silence (2 s)
FH – Nous avons intérêt à ce que le soufflé retombe rapidement.
SLF – Il t'a proposé sa démission ?
Silence (2 s)
SLF – J'ai déjeuné avec Jean-Michel Garrand. *NOUVELLE CIBLE – PRIORITÉ 1*
FH – Et ?
SLF – Il dit que c'est un tissu de conneries. Tout ça viendrait de l'agent du fisc à Lyon, une espèce de givré. J'ai aucune raison de pas le croire. Mais j'ai aucune raison de le croire non plus. Ils vont publier le dossier de l'appart sur le blog de Ruggieri.
FH – Je le connais mal Garrand, en définitive.
SLF – Il bouge pas une oreille sans l'accord de son maître. Un esclave…
FH – Et Jean-Philippe ?
SLF – Heu… Tu parles de Blanchin ? À Lyon ?
FH – Oui, l'instit.
SLF – Tu connais le nom de tous les premiers fédéraux de France ?
FH – Premier secrétaire du Parti socialiste restera la plus belle fonction que j'ai occupée.
SLF – Tu devrais arrêter les blagues.
FH – Tu es le seul à me parler ainsi…
SLF – J'étais aussi le seul en 2008. Blanchin pipe pas mot.
FH – Évite les sous-entendus graveleux avec les homos. C'est un conseil.
Silence (2 s)
SLF – Il aime pas Ruggieri.

FH – Il est jaloux. Il m'aime bien en revanche.
SLF – Il m'a parlé de la campagne municipale de 2008. Ça aurait pas été tout à fait recta. Ils avaient la grosse pression.
FH – *Mediapart* ne parle pas de financement électoral...
SLF – C'est toi qui m'as interrogé sur Blanchin.
FH – Je voudrais pas que de la merde remonte d'en bas, c'est tout.
Silence (3 s)
FH – Bastien Gobert et Geoffrey Lanty... *NOUVELLE CIBLE – PRIORITÉ 2*
SLF – Il m'a effectivement parlé d'un Gobert. Tu le connais ?
FH – J'ai la mémoire des gens.
SLF – J'ai pas les infos de la DCRI surtout, moi !
FH – La DCRI n'a pas ces infos. C'est deux militants de la section du 9e arrondissement. Ils ont une boîte de com et font ses campagnes.
SLF – À Lyon ?
FH – Ils sont pas à Cayenne, je suppose...
SLF – Ils disent quoi à la DCRI ?
FH – Rien ! Je veux pas qu'on parle de cette affaire à l'Élysée. Je veux pas de rapports de la DCRI. Je mobilise aucun moyen de l'État. J'ai d'autres chats à fouetter. Ça chauffe sur Florange. Montebourg commence à faire chier avec sa nationalisation. Et Jean-Marc est vite dépassé. Ils perdent un peu les pédales, tous les deux...
SLF – S'ils étaient que deux...
Silence (3 s)
SLF - Ça monte la Manif pour tous (militants anti-LGBT) sur le terrain, aussi, tu sais...
FH – C'est le vrai visage de la droite. Ça me va.
Silence (2 s)

SLF – Mais tu les connais d'où ces deux gugusses, Gobert et Lanty, là ?
FH – On s'en fout ! On est à la tête de la France maintenant. On gère pas des fédés...
SLF – Tu les connais ou pas ?
FH – Je les ai rencontrés lors de la campagne pour le référendum européen, en janvier 2005.
SLF – Tu veux dire que tu les as vus une fois, il y sept ans ?
FH – Oui. On a pris une photo.
SLF – Mais...
FH – Oui ?
SLF – Non, rien. Il faudrait peut-être la trouver. Je vais gérer. Au cas où.
FH – Trouver quoi ?
SLF – Cette putain de photo.
FH – Va pas mettre du bordel là où il n'y en a pas.
Silence (2 s)
FH - Tu sais pourquoi t'étais un bon dircab ?
SLF – Oui.
FH – Pourquoi ?
SLF – Parce que je disais non quand les gens quittaient ton bureau.
FH – Et moi ?
SLF – Toi, tu leur disais « oui, oui, oui ; oui, oui, oui ». C'est ta façon de dire non.
FH – T'as fait ta licence de hollandais dans quelle université, déjà ?
Silence (2 s)
SLF – On fait quoi si c'est vrai ? Ruggieri a collecté le fric de la campagne de Rocard qui doit être en Suisse ou au Luxembourg, justement. *INVESTIGATION – PRIORITÉ 1*
FH – Fais plus jamais allusion à ça !

Silence (3 s)

FH – Je sais pas de quoi tu parles et je veux pas le savoir.

SLF – Le nom de Rocard est cité dans l'article de *Mediapart*. Il faut se préparer à tout. C'est pour ça que tu es conciliant ?

Silence (2 s)

FH – Tu as une très mauvaise analyse de la situation. Fais regarder du côté de sa femme.

SLF – Tu sais qu'on appelle Lyon « Winterry Land » ?

FH – Sa femme, je te dis.

SLF – Pardon ?

FH – Ils ont entamé une procédure de divorce.

SLF – Tu plaisantes ? Comment tu sais ça ?

FH – Regarde leurs maisons de retraite avec Jean-Marc si tout est correct.

SLF – Mais pourquoi sa femme l'aurait balancé ?

FH – Il aime les jeunettes.

SLF – Tu crois aux ragots sur Djamila Garrand-Boushaki ?

FH – Quels ragots ?

SLF – Il a jamais niqué Djamila Garrand-Boushaki. C'est la femme de son chef de cabinet !

FH – Surveille ton langage. Et fais regarder. Il drague Aurélie, aussi.

SLF – Pardon ?

FH – Il a fait des avances à Filippetti.

SLF – Tu déconnes ?

FH – Il a été trop insistant. Complètement déplacé.

SLF – Il a quand même un vrai problème, le garçon. Non mais, Aurélie... Je l'aime bien Aurélie, elle est mimi, mais de toi à moi, elle est...

FH – Tu devrais avoir plus d'estime pour notre ministre de la Culture. Elle vient de la base, elle mérite.

Silence (2 s)
SLF - Aphatie demain, c'est pas du tout une bonne idée. C'est Plenel qui l'a embauché au début. Il lui est redevable !
Silence (2 s)
SLF – C'est Fouks et la bande d'Havas qui vont encore gérer ça...
Silence (2 s)
FH – Salut.

DOCUMENT EN ENCART : *05/12/2012. Transcription mot pour mot de l'interview de Serge Ruggieri par Jean-Michel Aphatie à « RTL Matin ».*

JMA – Bonjour Serge Ruggieri.
SR – Bonjour Jean-Michel Aphatie.
JMA – Le site *Mediapart* écrit ceci vous concernant : « Le ministre de l'Intérieur Serge Ruggieri a détenu durant de longues années un compte bancaire non déclaré à la Banque de Luxembourg. » Ceci est-il vrai, Serge Ruggieri ?
SR – Non ça ne l'est pas. La difficulté que j'affronte, c'est que je dois prouver que quelque chose n'existe pas. C'est la raison pour laquelle je vais en justice...
JMA – Vous déposez plainte ?
SR – Je déposerai plainte et aujourd'hui je dois prouver mon innocence. En justice, mes accusateurs devront prouver que leurs allégations sont fondées, ils auront du mal.
JMA – Le site *Mediapart* assure posséder à propos de ce compte, je cite, « de nombreux témoignages et des éléments documentaires probants ». C'est au pluriel, « des éléments documentaires probants ».
SR – Le premier article publié sur ce sujet apporte quelques

éléments que ces journalistes qualifient de probants. Le premier élément qualifié de probant est un rapport, un document, envoyé par un inspecteur des impôts du Rhône. Je vais d'ailleurs vous donner, vous voyez, on est en direct, là, maintenant, ce document me concernant et dans lequel il est dit par exemple que je possède une villa à Marrakech, dans lequel il est dit que j'ai une résidence en Corse, et dans lequel il est mis en cause les modalités de financement de l'appartement que j'ai acquis en 1994. Pour faire litière de tout cela, parce que ça, c'est objectif, je vais publier sur mon blog le plan de financement de cet appartement qui démontrera que ce qu'affirme *Mediapart* à ce sujet est factuellement inexact.
JMA – *Mediapart* évoque un agent du fisc de Lyon qui s'appelle Patrice Grangé qui a été poursuivi par son administration pour avoir consulté votre dossier fiscal en 2008 sans raison apparente. À l'époque, vous étiez donc en 2008 maire de Lyon et député de la deuxième circonscription du Rhône, et cet agent agissait justement dans cette zone géographique... Vous connaissiez son existence et ses agissements ?
SR - Son existence oui, mais j'étais à mille lieux de savoir que, profitant de ses fonctions, il consultait les dossiers fiscaux non seulement du député de telle circonscription mais également de ses collègues ! Car dans le document qu'il a envoyé au ministère de l'Économie et des Finances, chacun en prend pour son grade, ses supérieurs, ses collègues – tous accusés soit d'incompétence, soit de frauder le fisc –, c'est un document insensé qu'on a fini par retrouver hier et j'en remercie l'administration, un document qu'aucun ministre des Finances n'avait, heu...
JMA - Ce n'est pas *Mediapart* qui vous l'a communiqué ?

SR – Bien sûr que non puisque j'ai reçu les journalistes en question, je leur ai demandé de me montrer ce qu'étaient les preuves à l'appui de leurs allégations...
JMA – « Nombreux témoignages et éléments documentaires probants... »
SR – Oui, je leur ai demandé « Quelles sont vos preuves ? » et ils ont refusé de me les montrer.
JMA – Les témoignages non plus, ils vous en ont pas parlé ?
SR – Rien. Ils ne m'ont montré aucun élément probant écrit. Aucun document. Je trouve d'ailleurs étrange que dans le cadre d'une procédure qu'eux-mêmes qualifient de contradictoire, que la contradiction pour eux, se résume à poser des questions et d'attendre les réponses qu'ils pourraient espérer dans un sens ou dans un autre. Il me semble que la loyauté dans la procédure contradictoire, c'est au moins de montrer à celui que l'on accuse les éléments factuels, les preuves éventuelles qui pourraient exister. Rien de tout cela.
JMA – Toujours concernant votre compte au Luxembourg que *Mediapart* dit que vous possédez, *Mediapart* cite une conversation que vous auriez eue à la fin de l'année 2000, dit le site, conversation dont il existe une trace dit *Mediapart*, et vous auriez dit lors de cette conversation, ceci, je vous cite selon *Mediapart* : « Ce qui m'embête, c'est que j'ai toujours eu un compte ouvert à la Banque de Luxembourg, la Banque de Luxembourg, ce n'est pas forcément la plus planquée des banques. » Cette conversation, voyez-vous quel était votre interlocuteur par exemple ?
SR – Non mais c'est une plaisanterie, enfin d'ailleurs...
JMA – Elle a existé cette conversation ?
SR – Non mais c'est une plaisanterie ! D'ailleurs, les mots qui me sont prêtés, ceux qui me connaissent ne voient pas

que c'est le vocabulaire que je peux utiliser car, vous êtes pudiques, vous ne citez pas tous les propos...

JMA - « Ça me fait chier d'avoir un compte ouvert là-bas. »

SR – Voilà, voilà, vous ne citez pas tous les propos que je serais censé avoir tenus...

JMA – Cette conversation, vous voyez à quoi elle fait référence ou pas? Cet interlocuteur vous le connaissez, vous voyez qui c'est?

SR – Mais enfin à aucun moment je n'ai eu à travailler avec des gens comme cela, enfin c'est une... D'ailleurs, ils indiquent, je crois qu'ils l'ont confirmé, ils disposent des traces, un de vos confrères m'a demandé: « Mais c'est un enregistrement? » Non, non, c'est une trace. Moi je vais prétendre avoir une conversation avec tel ou tel, prendre des notes, et voilà ça sera une trace pour étayer une supposée accusation?

JMA – C'est de la calomnie de la part du site?

SR – Écoutez, la justice décidera précisément ce qu'il en est...

JMA – C'est une cabale contre vous? Comment vous expliquez, on raconte, puisqu'on vous entend ce matin sur RTL vous défendre, que des journalistes racontent des choses qui selon vous n'ont pas le moindre début de commencement d'existence?

SR – Écoutez, la vie politique est parfois rude mais il est exact que je ne m'attendais pas à vivre ça, oui.

JMA – Et donc les journalistes inventent tout?

SR – J'ignore ce qu'il en est de leurs intentions et des éléments dont ils disposent...

JMA – Mais ils inventent tout, nous sommes d'accord?

SR – ... mais j'aimerais qu'ils les montrent.

JMA – De votre point de vue, ils inventent tout...

SR – Dans le premier article qui a été publié, ils se fondent pour appuyer leurs accusations sur un rapport d'un agent dont je viens de vous donner quelques éléments qui montrent que ces accusations sont, passez-moi l'expression, délirantes.
JMA – Le compte est faux, le compte n'existe pas ?
SR – Et ils se fondent sur un deuxième élément, j'aurais payé mon appartement en 1994 selon des modalités douteuses. Ces modalités ne sont pas douteuses, ce qu'a écrit *Mediapart* à cet égard est factuellement inexact, je le démontrerai en publiant le point... le plan de financement de cet appartement qui a été l'objet de prêts, heu... et d'un apport propre de ma famille, de moi-même. En gros pour acheter cet appartement, j'ai dû débourser immédiatement et de ma poche un peu moins de 15 %, quand on achète un appartement, c'est assez banal.
JMA – Le compte luxembourgeois n'existe pas...
SR – Le compte luxembourgeois n'existe pas.
JMA – Et la conversation de 2000 n'existe pas, n'a pas existé.
SR – Je ne vois même pas ce à quoi cela peut faire référence.
JMA – Le site dit enfin, pour en terminer, Serge Ruggieri...
SR – Merci, c'est une bonne idée, ah ah ah.
JMA – ... que début janvier 2010, vous avez été au Luxembourg pour précisément clore ce compte. Vous étiez au Luxembourg début 2009, 2010 pardon ?
SR – J'ai effectué un déplacement, d'ailleurs *Mediapart* qualifie ce déplacement de discret, il est tellement peu discret que j'ai dû prendre le billet par le service des transports de l'Assemblée nationale, vous imaginez le niveau de clandestinité auquel j'étais réduit, et donc, il est probable, mais je suis en train de regarder ce qu'il en fut précisément pour la date, il est exact que je recevais des informations

d'ailleurs de nature fiscale en tant que président de la Commission des finances...

JMA – Que Nicolas Sarkozy avait octroyée à l'opposition...

SR – ... de la part d'informateurs qui me paraissaient plus ou moins sérieux, et qu'il est probable que j'ai effectué un déplacement à cette occasion, là ou ailleurs, pour voir ce qu'il en était des accusations qui pouvaient être formées par certains qui peut-être ne souhaitaient pas rentrer sur le territoire français. Mais je regarderai précisément ce qu'il en est, des dates, car sur le fond, ce qui m'avait été dit à l'époque était à ce point dénué de fondement que je n'avais rien repris à mon compte.

JMA – Vous êtes menacé aujourd'hui, Serge Ruggieri ?

SR – Pfffff... On l'est toujours plus ou moins dans la vie, probablement plus souvent dans la vie politique que dans la vôtre, par exemple... Je ne vois pas de menaces... Je vois une épreuve supplémentaire dont, paraît-il, la vie politique est jalonnée.

JMA – Vous envisagez de... mettre vos fonctions entre parenthèses pour pouvoir vous défendre ?

SR – Ah non, absolument pas, pas une seconde, pas une seconde, enfin, je vais quand même pas envisager des extrémités pareilles, et personne d'autre je l'espère, sur le fondement des écrits pour l'instant connus et dont je viens de démontrer qu'ils étaient fondés, un sur une enquête délirante, deux sur des allégations totalement inexactes concernant mon appartement à Paris. Faut quand même pas exagérer !

JMA – Serge Ruggieri répondait aux accusations de *Mediapart* ce matin sur RTL.

4

Lyon/Paris, 5 décembre 2012.

Insomnie et somnifère.

Djamila Garrand-Boushaki est terrée depuis dix heures dans son appart de la place des Célestins. Elle a avalé une soupe lyophilisée. La nuit est bleu égyptien.

Son mari l'a appelée à minuit pile. Jean-Michel Garrand a dit :

– Ils n'ont rien, c'est de la calomnie, tu bouges pas, tu réponds à personne, je te rappelle, tu bouges pas.

Djamila fait les cent pas dans leur cinq-pièces de cent vingt mètres carrés. Elle s'allonge sur le canapé design. L'écran plat du téléviseur fabrique des ombres cramoisies.

Djamila échange des SMS avec Aurélien. Aurélien n'a pas d'infos. Paris fait comme si de rien n'était.

Son mari ne rappelle jamais. Djamila boit un thé chinois. Elle place son MacBook sur ses cuisses. Elle se googlise. Elle fouille sur les vingt-quatre dernières heures.

Il y a dix-huit occurrences. Aucune n'est liée à l'affaire. Rien que du DGB à la fête du village.

Djamila surveille sa page Facebook. Aucun commentaire merdique. Pas de troll, rien.

Djamila lit les quotidiens nationaux en ligne. Elle lit les hebdomadaires en ligne. Elle lit tous les articles consacrés à L'AFFAIRE.

Son mari n'est pas cité. Il doit gérer la communication de crise avec Havas. Les pompiers des grands incendies de la République et du CAC 40. Les mêmes qui ont bordé le naufrage DSK. La bande à Stéphane Fouks et Anne Hommel.

Havas a placé Coralie Bargoud au cabinet de Ruggieri. Elle est attachée de presse. Elle connaît le Tout-Paris journalistique et possède soixante paires de chaussures.

Coralie Bargoud est potelée. Son mari n'aime pas les femmes potelées. C'est juste un connard. Il rédige les communiqués de presse, les posts Facebook, les tweets. Il produit du contenu.

Coralie Bargoud s'occupe des canalisations. Elle harcèle les rédactions. Elle appelle les journalistes un par un.

Les autres conseillers de Serge Ruggieri ont perdu la main. Ils ne l'ont jamais vraiment eue. Le dircab peut se carrer son douzième rang de l'ENA dans l'oignon.

C'est une question de confiance et de cambouis. Jean-Michel Garrand était de la première victoire sur la circonscription. Il était de la conquête en 2001. Il a piloté la campagne lyonnaise de Ruggieri en 2008.

Djamila n'est qu'une pièce rapportée. Jean-Michel Garrand l'a embauchée comme chargée de mission au cabinet municipal en 2004. Elle l'a sucé en 2006. Il l'a pénétrée dans la foulée et l'a placée en position éligible.

Le personnel politique lyonnais est blanc et masculin à

80 %. Jean-Michel Garrand voulait Djamila sur les photos et dans son lit. Serge Ruggieri a reconnu son flair opportuniste. Il a salué son initiative multiraciale.

Jean-Michel Garrand a envoyé Djamila à la Guillotière et dans les quartiers colorés. Djamila s'est laissée faire. Elle n'était pas dupe mais elle l'aimait. Elle a répondu à leurs attentes.

Ruggieri jouait sa peau contre Dominique Perben. Ministre dès 1993, ministre en 1995, encore ministre en 2002. Une campagne à la *muerte* contre un baron de la chiraquie.

La campagne a révélé chez Ruggieri des tendances ouvertement paranoïdes. Ruggieri a gardé Lyon plus facilement que prévu. Six arrondissements dès le premier tour. 50,14 % au second. Les voix ne sont pas les sièges.

Ruggieri a raflé toute la mise. Cinquante-quatre conseillers municipaux sur soixante-treize. Djamila est devenue sa gentille adjointe à la culture. L'incarnation de la diversité dans la ville du cochon.

Djamila avale une gorgée tiédasse à la fleur de lotus. Les articles défilent. Elle ne sera jamais une marionnette. Elle a été biberonnée aux règles de la cité.

Djamila a lutté pour une position éligible sur la liste des régionales en 2010. Elle a amadoué Ruggieri en personne. Ruggieri a vu en elle le moyen de placer un pion entre les lignes adverses.

Le président de la Région était sceptique. Djamila lui a promis de démissionner de la mairie. Elle voulait son autonomie. Elle l'a gagnée en allouant des ronds de jambe.

Ses paupières piquent. Djamila contrôle son iPhone. Son mari ne la rappelle toujours pas. Enfoiré de cafard cosmique.

Les articles se multiplient aussi vite que les petits pains. Les journalistes disent majoritairement : *Mediapart* est un site Internet ; *Mediapart* s'appuie sur le rapport extravagant d'un agent du fisc délirant ; *Mediapart* allègue. Coralie et son mari sont à la manœuvre. L'opération *déstabilisation & discrédit* est partie sur les chapeaux de roue.

Les journalistes ont contacté Eric Woerth. Eric Woerth est empêtré dans l'affaire Bettencourt. L'ancien ministre du Budget jure qu'il n'a pas été alerté du dossier fiscal sur Ruggieri quand il était en poste à Bercy. Il dit que certifier le contraire est un mensonge.

Djamila se remémore l'interview de Serge Ruggieri sur Radio J. Serge Ruggieri avait déclaré : « Il n'y a ni affaire Woerth, ni affaire Bettencourt, Éric Woerth est un honnête homme. » Soutien du président socialiste de la commission des finances à un ministre sarkozyste. Je te donne aujourd'hui et tu me rendras demain. Le premier qui trahit sera cloué au pilori.

Ruggieri est franc-maçon. Les frères ont démarché Djamila. Djamila avait préparé une formule à l'emporte-pièce. Elle a dit : « Je vous dirai oui le jour où vous m'enverrez un maçon de profession. » Les frères ne sont jamais revenus.

Les journalistes picorent dans le communiqué de presse transmis par Ruggieri à l'AFP. Djamila reconnaît le style ampoulé de son mari. Serge Ruggieri déclare : « Je réitère le démenti formel que j'ai apporté directement auprès de *Mediapart* : je n'ai jamais disposé d'un compte au Luxembourg ni ailleurs à l'étranger. Jamais. »

Serge Ruggieri a officiellement donné mandat à ses avocats. Il y aura plainte au pénal dans les plus brefs délais. Le portable de Djamila sonne. C'est la rédactrice en chef du *Progrès*. Djamila ne décroche pas. La rédactrice en chef ne laisse pas de message.

Djamila se perd sur les réseaux sociaux. Les comptes officiels de la République sont muets. Le compte Twitter de Ruggieri est offensif. Djamila reconnaît le ton outré de son mari. Serge Ruggieri a tweeté : « Je ne sais pas de quoi il est question, c'est ahurissant ! »

Djamila ne *like* pas. Djamila ne retweete pas. Djamila fait la morte.

Aurélien lui envoie un message. C'est écrit :

« Essaie de dormir. À demain. »

Les journalistes diffusent le off d'un proche de Serge Ruggieri en masse. Ça ne peut être que son mari. Il compromet le Premier ministre. Il arrose la poule mouillée. Officieusement, Ayrault soutient son ministre de l'Intérieur et vous allez voir ce que vous allez voir.

Djamila va aux toilettes. Elle tire la chasse d'eau. Elle rajuste sa culotte tanga.

Djamila fait claquer l'élastique de son short Olympique lyonnais. Les paroles de son mari remontent par les canalisations.

Jean-Michel Garrand susurre : « Il était logique qu'il en informe le Premier ministre et qu'il démente les faits supposés en s'engageant sur l'honneur. S'il avait eu un compte au Luxembourg, il aurait démissionné sur-le-champ, ça n'aurait servi à rien de faire durer le supplice. »

Djamila lui envoie un cinquième message. Son mari ne répond toujours pas.

Djamila est en marcel. Le thermostat est réglé sur 23 degrés Celsius. Elle est convaincue que le réchauffement climatique est une priorité politique. Elle kiffe le chaud.

Le parquet grince tout seul. Le plafond est crémeux. Au mur, le portrait de Martin Luther King sous le slogan : « *Why we can't wait* ». Un drapeau noir et des étoiles blanches.

Djamila monte sur un tabouret. L'îlot central est en bois massif. La plaque de cuisson à induction. Sa mère cuisinait pour six dans un cagibi de trois sur deux. Elle est partie beaucoup trop tôt. C'est Nassim qui a dû lui raconter ces histoires.

Djamila ferme son MacBook. Elle se caresse le ventre. Elle bouffe un carré de Crunch.

Le chocolat fond sous sa langue. Les grains de riz crépitent. Djamila engloutit la tablette incognito.

Djamila retourne au salon. Elle s'allonge sur le canapé. Elle ferme les yeux.

Djamila entrevoit ses rêves de gloire. Elle les éparpille dans les soubresauts de ses cauchemars. Elle a inventé jusqu'aux souvenirs de sa mère.

Djamila glisse la main sous l'élastique de son short de football. Elle ne se masturbe pas. Elle se détend.

Le massage clitoridien dure huit minutes. Djamila avale le demi-cachet qui traîne sur la table basse. Elle se sert une sixième tasse de thé chinctoque.

Son téléphone vibre. C'est le rédacteur en chef de France 3 Lyon. Djamila ne répond pas. Le rédacteur en chef ne laisse pas de message.

Il est 1 h 21. Le Stilnox la défonce et la sauve. Djamila a la berlue.

Djamila s'endort sur l'écran de son iPhone. Elle rêvasse. Des médecins en blouse blanche lui photographient les orteils. Djamila jongle avec Zinédine Zidane.

Zinédine est pieds nus. Djamila lui roule une pelle. Zinédine lui léchouille les orteils.

Aurélien débarque. Manteau en vison, hache d'or en bandoulière. Son conseiller l'engueule et brandit l'arme angélique. Il va couper le cou du seul dieu qui vaille.

Le volume sonore augmente. Le *bip-bip-bip-bip* annonce une mort infaillible. Djamila entrouvre les paupières. Une barre en fer lui traverse le front. Elle met son réveil sur pause.

Bonjour le monde.

Djamila sort du métro B à la Part-Dieu. Elle cocotte Miss Dior. Elle porte un bonnet en laine à grosses mailles.

Djamila monte dans le TGV à 6 h 34. Elle s'assoit à la place 77 d'un wagon première classe. Le numéro est un heureux présage.

Un type en costume-cravate la reluque. Il la reconnaît à n'en pas douter. Djamila est vice-présidente de la Région et députée. Elle a un petit nom : la beurette qui les inquiète.

Djamila évite de se rendre au bar. Elle lit *Le Progrès* de fond en comble. La rubrique France-Monde.

Djamila apprend que le compte Twitter du pape est à l'origine d'un coup de pub involontaire à une start-up new-yorkaise. Du reste, elle se fout.

Djamila lit *Le Progrès* tous les jours. C'est sempiternellement la même chose. Parfois, Djamila est en photo. Elle ne repère pas d'article sur son opération ardéchoise.

L'hypothétique compte luxembourgeois de Serge Ruggieri est noyé dans un océan d'angoisses et d'infamies.

Aurélien lui envoie le scan du *Dauphiné libéré*. Le mail est accompagné d'un commentaire : « Belle photo et nom dans le titre + pages Région. » Aurélien devance toujours ses envies. Parfois, il les génère.

Djamila survole l'article relatant son escapade en Ardèche. Elle est en photo avec le président de l'association Socrate. Mission remplie.

Sa frimousse a plus d'importance que les faits. Les gens se rappelleront aussi son nom : Djamila Garrand-Boushaki. Sur la photo, elle est magnifique.

Son iPhone vibre. L'émetteur du SMS est enregistré sous ses initiales : JMG. Son mari écrit :

« Je vais aller dormir une heure. *Mediapart* est discrédité. Ça va le faire. À ++. Kiss. »

Djamila pense à son frère. Quand il était jeune, Nassim aurait répondu : « Gros bâtard. » Désormais, elle ne sait plus. Elle sait juste qu'elle le préférerait dealer.

Ces enculés ne la renseignent pas. Ils ne la rassurent pas. Ils ne lui prodiguent aucun conseil et ne lui en demandent pas.

Djamila est la députée suppléante d'un ministre sur le grill. Elle occupe son siège au palais Bourbon. Elle est la femme de son chef de cabinet. Elle porte son nom.

Le TGV s'immobilise en gare de Lyon à 8 h 30. Djamila ajuste ses écouteurs. Elle visse son bonnet par-dessus. Elle est branchée sur RTL. Jean-Michel Aphatie salue Serge Ruggieri.

Trois cailleras la matent sur le parvis. Djamila trace. Son manteau à zip respecte ses formes enchanteresses. Le plus moyen la hèle :

– Hé, mademoiselle !

Djamila sent les regards viandards sur sa chute de reins. Elle allonge le pas. Elle descend les marches jusqu'au boulevard Diderot.

Ruggieri est combatif et désabusé. Djamila le trouve sincère. Elle accélère.

Djamila repère la Peugeot 308 de l'Assemblée nationale. Le chauffeur ouvre le coffre. Il range sa valise cabine dans la malle.

Djamila s'assoit sur la banquette arrière. Ça sent le tabac. Jean-Michel Aphatie cite des propos que Ruggieri aurait échangés sur un enregistrement. Le journaliste dit :

« Ça me fait chier d'avoir un compte ouvert là-bas. »

Djamila a travaillé quatre ans au cabinet de Ruggieri. Tout le monde a vu les parapheurs volplaner par-delà les bureaux. Tout le monde connaît ses colères homériques.

Ruggieri évacue la pression par des invectives. Ses collaborateurs sont des proies. Il les paie généreusement et ils sont à cran. C'est un secret de Polichinelle.

Djamila attend les questions embarrassantes. Les questions embarrassantes ne viennent pas.

Djamila fait défiler ses mails. Le centre d'imagerie médical lui confirme son rendez-vous fin janvier. Djamila crée un événement dans son agenda.

Djamila pianote : Rdv Élodie. Élodie est une copine de fac. Djamila la voit deux fois l'an.

C'est la fin de l'interview. Jean-Michel Aphatie a été dur sur la forme et serviable sur le fond. Il a instillé le doute sur le crédit de *Mediapart*. Ce sont des conneries.

Djamila hésite. Elle écrit un SMS à son mari :

« Je dois te dire un tr… »

Djamila se ravise, efface. Elle demande :

« C'est quoi cette histoire d'enregistrement ? »

Le chauffeur klaxonne. Le pont d'Austerlitz est bloqué. Il insère la berline sur la voie des bus.

Le véhicule est équipé d'une cocarde tricolore sous le pare-brise. Le chauffeur descend les quais de Seine en trombe. Son mari répond quai de Montebello. Il a fait vite. Trop vite. Il a écrit :

« T'es où ? »

Djamila discerne Notre-Dame entre les platanes, derrière les casiers métalliques des marchands du temple. Elle répond :

« Bientôt à l'AN. »

Son mari s'excite :

« Tu fous quoi à Paris ?!!! »

« Mercredi = Q à G[1]. »

« Ne va pas aux Q à G. »

Djamila surprend les yeux du chauffeur dans le rétroviseur central. Le chauffeur détourne le regard. Elle répond :

« Je suis montée pour ça. »

Le jeune Nassim aurait dit : « Va niquer ta mère. »

La berline accélère. Le chauffeur l'immobilise devant un passage piéton. Son mari répond au pont des Arts.

---

1. Questions au gouvernement.

Les cadenas recouvrent la structure. Djamila admire la façade du palais du Louvre. Elle voulait vraiment quitter son mari.

Son mari écrit :

« Caméra dans l'hémicycle. C'est bon pour personne. Tu veux ta gueule au 20 h ? »

Le diaphragme de Djamila se contracte trop longtemps. Elle respire fortement par le nez. Elle écrit :

« Il va dire quoi ? »

« Démentir catégoriquement. Il n'a jamais eu de compte à l'étranger, ni hier, ni aujourd'hui, ni demain. Rentre à Lyon. Merci. »

Jean-Michel Garand lui déroule les éléments de langage. Ruggieri va prononcer les mots qu'il a écrits devant la représentation nationale. Il remontera les bancs du gouvernement en passant assez près du Premier ministre pour que ce dernier lui tende la main.

La berline passe le musée d'Orsay. Djamila est toujours émerveillée. Elle ne s'y habituera jamais.

Son cerveau mouline. *Il n'y a pas de compte au Luxembourg. Tu le saurais. T'es parano.*

Djamila devrait se rendre à l'Assemblée. La pression engloutit le vide. Elle n'est pas trouillarde

Son cerveau accélère. *Ruggieri est drogué au pouvoir. Il a toujours blindé les affaires. Ses collaborateurs posent quelques congés durant les campagnes pour se couvrir.*

Son cerveau turbine. *Il ne trafique pas les marchés publics. Lyon n'est pas Winterry Land. Ce sont des boules puantes lancées lors de la campagne de 2008 pour le déstabiliser.*

Son cerveau prend feu. *Ta gueule, ferme ta gueule! Arrête de penser.*

Djamila demande :

– Vous auriez une cigarette, s'il vous plaît ?

Le chauffeur farfouille dans son vide-poche. Il lui fait passer un paquet de Marlboro. Il lui tend un briquet bariolé.

Djamila entrouvre la vitre arrière. La troisième inspiration lui fait tourner la tête. Elle a envie de dégueuler.

La berline arrive devant le palais Bourbon. Djamila reçoit un SMS d'Aurélien. Il est écrit : « Il a été bon. *Mediapart* a rien. L'agent du fisc = mytho, profil psy super instable. »

Djamila dit :

– Ramenez-moi à la gare, s'il vous plaît.

Djamila débarque à La Part-Dieu en début d'après-midi. Elle prend un taxi. Elle discute un coup avec le chauffeur antillais.

Djamila monte au premier étage de son immeuble pour richeteaux. Gamine, elle grimpait au septième palier d'une tour déshéritée. Elle ne sera jamais plus Mila, la gosse qui tripotait la balle avec les garçons.

Pourtant, Mila était meilleure qu'eux et le quartier le savait. Elle voulait faire du football, rien d'autre.

Tous les jeux de la gloire ont été inventés par des hommes. Les règles sont faites pour eux. La testostérone a la faveur des foules.

Mila s'est fait entuber à la naissance.

Djamila se dessape. Elle bazarde ses fringues. Elle traverse le salon à oilpé.

Djamila entre dans la salle de bains. Elle pénètre dans le bac à douche. Elle monte la température de l'eau jusqu'à avoir mal aux seins.

Djamila ouvre la porte du frigo américain. Elle boit une citronnade. Elle se caresse le bas-ventre.

Son agenda est vidé pour quarante-huit heures. Ça ne lui est plus arrivé depuis bientôt cinq ans.

Aurélien appelle. Le site du *Progrès* a relayé les extraits de l'enregistrement, la trace. *Mediapart* a dévoilé une preuve. Djamila lui dit de rappliquer.

Djamila s'assoit derrière la table carrée du salon. C'est une table en noyer, son mari la tient d'une vieille tante. Djamila se connecte.

Les deux voix principales sont étouffées. Les grésillements masquent les paroles. La première voix est une voix d'homme. Elle est plus claire que la seconde. Elle dit : *« Ce qui m'embête, c'est que j'ai toujours un compte ouvert à la Banque de Luxembourg, mais il n'y a plus rien là-bas, non ? La seule façon de le fermer, c'est d'y aller. »*

C'est un homme. Il soupire.

« Ça fait chier. Y a aucune procuration possible ? Il faut ma signature ? C'est extrêmement chiant. Il faut y aller, moi je ne peux pas y aller, je vois pas comment faire. »

La même voix dit : *« Surtout qu'il n'est pas exclu que je devienne maire au mois de mars, donc je ne tiens vraiment pas du tout à ce qu'il y ait la moindre ambiguïté. »*

Ladite voix conclut : *« D'une certaine manière, les avoirs restent au Luxembourg et d'ici on peut gérer. C'est un jeu d'écriture pur et simple. »*

Djamila reconnaît les intonations. Elle circonscrit la fréquence sonore. Elle sait que c'est Ruggieri.

Djamila cogne son iPhone sur la table. Elle se prend la tête entre les mains. Elle se parle à elle-même.

C'est lui. À trois contre un. Djamila lâche :

– Fais chier !

Djamila réécoute l'enregistrement. La deuxième voix est inaudible. C'est une voix d'homme.

La deuxième voix est lointaine. On ne comprend rien. Djamila se concentre. Elle ne connaît pas cette voix.

La troisième voix est sourde, totalement inaudible. Le débit est mitraillette. Elle ne contrôle pas les aigus. Djamila connaît ces intonations, le rythme. C'est la voix qui lui parle quand elle baise.

Son cerveau disjoncte. Il lui faut des photos sur son profil Facebook. Avec des mioches, des handicapés, de l'intouchable.

Mila voulait être Michel Platini. Mila voulait que *baba* Ahmed soit fier d'elle. Mila voulait que sa mère ressuscite.

À cet instant, la sonnette de son appartement retentit. *Ding-dong.*

5

Lyon, 5 décembre 2012.

Des néons américanisés derrière une vitrine crado. Vingt tables en métal pour flics affamés. Midi – le lendemain – au bowling. Dubak mange seul.

Tous les poulagas l'ignorent. Peggy a repoussé son invitation. Scalp de Dalmaro ou pas, elle becte son Tupperware de pâtes au jambon et compile sa paperasse.

La serveuse du mercredi s'appelle Lucie. Étudiante à tatoos jap et jean moulant. De celles que Dubak a eues et n'aura jamais plus.

Dubak compte : 1998. Il n'a plus embrassé un corps de femme depuis bientôt quinze ans.

Abdel entre dans le bowling. Deux membres de son groupe l'accompagnent. Josy est sa numéro 3, capitaine et procédurière. Juju est son numéro 4, lieutenant et larbin en chef.

Monnaie courante : la nouvelle directrice du SRPJ a décidé de régénérer le bâtiment. Contre toute attente, le tout frais commandant Abdelkader Boushaki vient d'être nommé chef de groupe à la brigade criminelle.

Abdel a été le numéro 5 de Dubak dans une autre vie. Dubak ne l'a jamais pleinement apprécié. Souvent à mauvais escient. Sa ténacité maghrébine forgera sa postérité.

Lucie débarrasse l'assiette de Dubak et ses os de poulet. Elle rapplique avec une île flottante. Dubak nappe de crème anglaise ses blancs en neige caramélisés au chalumeau.

Abdel abandonne ses troupes et vient se planter face à lui. Il ne roule pas des mécaniques. Il a un rictus de traviole.

– Salut, Alain.

Dubak ingère une cuillère de neige carbonique. Il essuie une coulure de crème anglaise vanillée et sourit imperceptiblement. La commissure de ses lèvres colle comme du papier tue-mouche.

– Je peux m'asseoir ?

Abdel noie le poisson. Il interroge Dubak sur ses affaires en cours. Il prend des nouvelles.

Dubak préfère avaler son entremets. Il rétorque *in fine* qu'il pète la forme. Il dit :

– Viens-en aux faits.

Abdel tortille du croupion. Il cligne des paupières. Il s'extrait de sa taupinière.

– Il me faudrait un contact sûr à la financière à Paris.

– C'est pour quoi ?

– Une affaire personnelle.

Abdel le fixe deux secondes. Dubak soutient son regard. Il déglutit.

– Bon, tu as un contact sûr ou pas ?

– C'est à quel sujet ?

– Fiscalité.

– J'ai ma copine Virginie à la DNIFF[1], Nanterre.

– Je peux la contacter de ta part ?

Dubak attrape sa coupe à pleine main. Il sirote sa crème anglaise jusqu'à la dernière goutte. Il se pourlèche les babines.

– Ouais, mais c'est pour quoi ?

Abdel alpague le poignet de Dubak. Dubak se laisse faire comme une mauviette. Abdel relâche l'étreinte.

Abdel inspecte à droite et à gauche. Il rajuste ses cheveux hirsutes. Il fixe Dubak trop longtemps.

– Je veux juste savoir si ça craint pour ma cousine. C'est bon, maintenant ?

Dubak est à la ramasse. Il cherche dans les contacts de son Samsung. Il sort un stylo Bic de la poche de sa parka. Il note le nom et le numéro de Virginie Bauser sur le set de table. Abdel prélève un morceau de papier promotionnel et demande :

– Des nouvelles de Mamy ?

Dubak ne répond pas. Sa seconde éternelle a toujours détesté Abdel et Abdel le lui rendait bien. Abdel hausse les épaules. Abdel décampe.

Le stylo Bic coule. Dubak se tache le pantalon. Il essuie l'encre indélébile avec une serviette rouge. C'est une grossière erreur.

Dubak se lève et va payer au comptoir. Tous les poulagas le reluquent. Il distribue un salut militaire à la cantonade.

Chat noir.

---

1. Division nationale des investigations financières et fiscales.

Le bureau. Peggy s'est évaporée. Joseph est porté disparu. Son groupe est une coquille de noix qui cabote sur un torrent ténébreux.

Dubak trifouille sur Google. Il trouve des photos de Djamila Garrand-Boushaki. Somme toute, la cousine d'Abdel est bonnasse. Cheveux mi-longs, yeux noirs, tailleur-pantalon.

Djamila Garrand-Boushaki a une fiche Wikipédia. Elle a commencé adjointe à la mairie. Elle est devenue vice-présidente de la Région Rhône-Alpes. On la surnomme « DGB ».

Djamila Garrand-Boushaki est la députée suppléante de Serge Ruggieri. Elle est la femme de Jean-Michel Garrand. Jean-Michel Garrand est le chef de cabinet du ministre de l'Intérieur.

Les références biographiques sont succinctes. Née à Bron en 1979, enfance à Bron-Terraillon, maîtrise de droit public à l'université Louis-Lumière – Lyon 2. Elle n'a a priori ni frère ni sœur. Super *strange* pour une bougnoule.

Dubak connecte enfin. Serge Ruggieri est de la tempête qui vient. *Mediapart* a révélé qu'il possédait un compte planqué au Luxembourg.

Dubak ne sonde pas le Taj[1]. Dubak ne sonde pas le Fichier des personnes recherchées. Dubak s'en bat les couilles.

Dubak éteint son ordinateur. Il se taille. Direction : chez lui.

1. Traitement d'antécédents judiciaires : fichier de police judiciaire utilisé lors des enquêtes judiciaires (recherche des auteurs d'infractions), administratives (recrutement à un emploi sensible) et certaines enquêtes de renseignement ; contient des informations sur les personnes mises en cause et sur les victimes.

Fort Apache s'étire en colonnades modernistes sur six étages. Une haute antenne bicolore se dresse sur le toit plat. Les fenêtres sont obscures et le béton purpurin. Les drapeaux tricolores flottent au-dessus du porche pourrave.

Dubak démarre son véhicule banalisé. Il patiente derrière une camionnette remplie de bleu-bites. Un Schtroumpf fait monter la barrière automatique.

La Peugeot 408 survole le fleuve pont de la Guillotière. Le véhicule se noie dans les bouchons de la rue de la Barre. C'est une débilité de passer par la place Bellecour.

Une vingtaine de personnes remontent les quatre files de voitures. Elles portent des T-shirt roses imprimés bonshommes blancs. Les fenêtres des véhicules s'abaissent. Des tracts glissent par les entrouvertures.

La basilique se dresse sur la colline de Fourvière. Le ciel jaunit au-dessus du château de la Belle au bois dormant. La tour métallique est une simili-tour Eiffel. Le relais télévisuel évoque Paris en pacotilles.

Dubak plane. Il reconnaît la fille. Sur sa poitrine, il y a : un papa blanc, deux enfants blancs, une bonne femme blanche. Elle est éternellement resplendissante. Elle dit :

– Venez rejoindre les 200 000 participants de la Manif pour tous. Grande manifestation samedi prochain !

Dubak n'attrape pas le tract. Il attend que leurs regards se croisent. Il bredouille :

– Bonjour, Alexandra.

Dubak ne l'a plus revue depuis trois ans. Alexandra a obtenu une injonction d'éloignement en 2001. Ce fut l'apothéose de sa vie qui partait en sucette. Les chefs s'en sont servi pour l'exfiltrer de la Crim et le placardiser à la financière. L'injonction d'éloignement s'est prolongée cinq années.

La fille est tétanisée. Dubak a bestialement instillé la peine dans ses souvenirs abscons. Il est allé trop loin mais elle se sent coupable.

Les moteurs vrombissent. Les klaxons tintamarrent. Dubak fabrique un téléphone avec son pouce et son index.

– Pardon ?

La fille lui rend un sourire gênant. Elle distribue son regard de chien battu. La fille a vingt ans.

La fille n'est pas son amour perdu. C'est une étudiante et il ne la connaît pas. Dubak lâche la pédale d'embrayage.

Dubak cherche la silhouette dans le rétroviseur latéral. La fille disparaît dans les gaz d'échappement. Dubak a tout bonnement perdu Alexandra durant ses années coke.

Dubak ne rentre pas chez lui. Il file rue Édouard-Herriot, remonte la Presqu'île. Il passe les bijouteries et les magasins chics.

La 408 atteint le 6e arrondissement à 18 h 23. Dubak descend la rue Duquesne. Il se gare rue Vendôme, entre le traiteur haut de gamme et l'école internationale.

Dubak fume clope sur clope. Les mamans du quartier remorquent des poussettes surdimensionnées. Elles le zieutent comme s'il était un clodo.

Dubak appelle Mamy. Mamy ne répond pas. Dubak enregistre un message sur le répondeur. Il dit :

– À quoi ça sert de me faire la gueule puisque ça ne dure jamais ?

Dubak écrase des mégots Chesterfield sur la carrosserie. Il les jette dans le caniveau.

La cloche de l'église de la Rédemption sonne sept coups. Dubak déhotte de l'habitacle. Son amour perdu ne débarque pas de la place Puvis-de-Chavannes. Son amour perdu vit dans les Monts du Lyonnais désormais, elle a deux enfants. Dubak habite dans ses souvenirs.

Dubak cherche un panneau pour y lire l'avenir. Il tombe sur une vitrine de l'autre côté de la rue Duquesne. C'est écrit : boucherie.

Dubak allume le gyrophare. Il dévale les quais plein sud. Il dépasse la piscine du Rhône et les universités.

Dubak a fait trois TS. La dernière tentative remonte à neuf ans. Absorption massive d'antidépresseurs arrosés d'alcool blanc.

Dubak a toujours mobilisé les médocs. Il a donné dans le gin, le rhum agricole et la vodka. Les trois TS ont tourné au fiasco. La providence l'a lamentablement blackboulé.

L'arme à feu nécessite d'appuyer sur la queue de détente. La pendaison induit des préparatifs millimétriques. Les falaises ne supportent pas la peur du vide. Aujourd'hui est un bon soir pour en finir. La noyade provoquera la souffrance qu'il mérite.

Un quart des flics ont des pensées suicidaires. Une cinquantaine passe à l'acte chaque année. Le ratio est deux fois supérieur au reste de la population.

Lui, c'est différent. Dubak voulait mourir avant. Il fait inlassablement volte-face dans la dernière ligne droite.

Dubak carbure aux anxiolytiques. Il va chez le psy chaque quinzaine. Il gobe du Seropram comme une carpe asticomane.

Dubak parque la 408 sous l'autopont. Les pylônes sont couverts de graffitis. Trois bamboulas pioncent sous des cartons. Les autocollants flamme montent à cinq mètres. Les portraits de Marine Le Pen subsistent en lambeaux.

Le grand musée d'Histoire naturelle pousse à la Confluence. Les élucubrations déconstructivistes de l'architecte autrichien ont chaviré dans le fleuve. Le chantier est un fiasco à cent quatre-vingts millions d'euros.

Dubak sait que ça pue. Tout le monde sait que ça pue. Winterry a joué les sauveurs. Winterry a remporté le dernier appel d'offre. Deux grues grincent ce soir dans le vent.

Dubak traverse les voies de circulation. Le stade de Gerland est à quatre cents mètres à vol d'oiseau. Il n'y a pas match ce soir. Le derby contre Saint-Étienne aura lieu dimanche chez l'ennemi. La moitié de la ville raserait bien les arbres à cause de la couleur des feuilles.

Le chantier du musée est interdit au public. Les grilles de protection bringuebalent. Dubak trouve une ouverture. Il contourne le chantier par l'est. Il longe le fleuve miasmatique.

Dubak parvient à la pointe. Ses Timberland s'enfoncent dans la pelouse vaseuse. Il suit les rails émanant de la flotte.

À droite : la Saône bleu nuit. À gauche : le Rhône furtif. En face : un pylône rouge et vert, bientôt lui.

Dubak avance. Il n'y a pas de courant. Ses semelles s'incrustent entre les galets multicolores. L'eau est merveilleusement glaciale.

Dubak n'a pas le choix. Il est bloqué trente ans en arrière. Il est bloqué depuis ses neuf ans. Il est bloqué depuis le jour de sa naissance.

Si tout se passe bien, son corps sera repêché dans soixante-douze heures au barrage hydroélectrique de Pierre-Bénite.

Un pas de plus. L'eau monte aux cuisses. Ça va se passer comme sur des roulettes.

Allez, courage.

6

Paris/Aubervilliers, 5 décembre 2012.

Une virée au poil. Tumultueuse. Phosphorescente. Aphrodisiaque.

Les sirènes éclatent dans la nuit. Hébert sort du bâtiment. Il ne retire pas sa cagoule. Il fourre son masque dans la poche de son blouson à zip.

Philippe patiente devant les garages. Il est son chauffeur attitré. Il a été pilote de rallye et chauffeur de ministre.

Philippe tend le casque à Hébert avec le flegme de ses cinquante-deux ans. Hébert saute sur la selle de la moto BMW.

Un vieux est posté à la fenêtre d'un immeuble merdique. Des cris rebondissent sur le béton insipide. Le vieux gueule :

« Voyous, voyous ! »

La F 800 R démarre *piano*. Philippe s'échappe du passage Brulon. La moto déguerpit sur la rue Crozatier. Le bicylindre crache tous ses bourrins.

Les arbustes sont vert pomme à 164 kilomètres par heure chrono. Le kaléidoscope de lampadaires et de bitume prend feu. Les façades s'incrustent dans le ciel coruscant.

Hébert s'agrippe à son pilote, poings fermés. Il rentre la tête au max. Son sac à dos colle à ses omoplates.

Le programme prévoit qu'ils accosteront dans le 15e arrondissement dans neuf minutes, à peine.

Philippe a neutralisé l'alarme à 22 h 53. Hébert a pénétré dans les locaux de *Mediapart* à 22 h 57. Il est entré par l'issue de secours.

Les locaux étaient vides. Hébert a localisé le bureau de Fabrice Arfi. Il a retourné le bureau d'Edwy Plenel. Plenel est le boss. Arfi est le journaliste qui a dégoupillé la grenade Ruggieri.

Hébert a farci son sac à dos. Quatre liasses de documents. Douze CD-ROM. Deux ordinateurs portables. Un disque dur externe.

Hébert a distribué des coups de latte. Il a sectionné des câbles électriques. Il a arraché une applique murale. Il a retourné deux philodendrons.

Hébert a tagué l'open space à la bombe fluo : PÉDÉS DU CUL – VIVE L'ALGÉRIE FRANÇAISE.

Philippe a réactivé l'alarme à 23 h 12. Hébert a balancé un kick dans la porte de service. Les sirènes ont beuglé dans la nuit aphone.

Dans la foulée : barouf, fenêtre ouverte. En face : un boucan du tonnerre, le vieux.

Le roadster est déjà sur le périph. La trajectoire est chaotique. Le bolide joue à saute-mouton avec les bagnoles.

Hicham appelle à 23 h 18. L'embarcation hurlante détale à 178 kilomètres par heure.

Hébert ouvre la communication. Hicham dit :

– Il est sorti de chez lui en trombe.

Hébert répond dans son micro de casque :

– Reste en position.

Hicham dit :

– Il démarre son scooter.

Philippe actionne le clignotant. Il tombe deux rapports. Hébert assène :

– Bien reçu. Une minute. Top.

La moto s'enfile dans la rue Jean-Lavaud. Issy-les-Moulineaux reste juste derrière. Philippe passe le parc André-Citroën. Il remonte le boulevard Lefebvre.

La moto croise le scooter de Fabrice Arfi à hauteur d'un abribus. Fabrice Arfi a coincé une sacoche entre ses jambes. L'alerte a été donnée beaucoup plus vite que prévu.

Il est 23 h 19. En vue : l'impasse du Labrador. Ça ne s'invente pas.

Le van Mercedes est stationné derrière une Ford Mondeo. Hébert saute de la moto. La porte latérale s'entrouvre. Ni vu ni connu.

Hébert retire son casque. Il monte à bord. Il est toujours cagoulé. Hicham consulte sa montre-bracelet. Il dit :

– Cinquante-huit secondes.

Hicham caresse son fusil d'assaut HK416. Conception allemande, acier français. Sept cents dragées minute.

Hicham était bélier au SPHP. C'est une armoire à glace d'un mètre quatre-vingt-douze qui pèse quatre-vingt-huit kilos. Il n'a besoin que de ses dix doigts et de ses deux pieds.

Hébert laisse pisser. Autant joindre l'inutile au désagréable.

Hicham se croit à Liberty City. C'est le criminel en chef de GTA 3.

Hébert demande :

– C'est propre ?

– Y a personne, sûr.

– Prends le sac.

Le studio est en rez-de-chaussée. Hébert pénètre en tête dans le hall d'entrée. Fabrice Arfi n'est pas référencé sur la boîte aux lettres. C'est indiqué Frédéric Laffame.

Frédéric Laffame est le proprio. Il était aussi de la bande à *Mediapart*. Il est reparti au *Monde*, débauchage. Il sous-loue la piaule gratos.

Hicham place le pied de biche. Arfi s'est précipité. Il a verrouillé la serrure du haut uniquement. La lourde cède sur le champ.

Les lampes-torches coupent la pénombre. Cartons de pizzas, cannettes de Budweiser, sushis en miettes. Ça schlingue comac.

Au fond, une estrade, un matelas, une couette. Dans leurs oreillettes, un grésillement. Philippe dit :

« Véhicule en approche. »

Le ton est doucereux. Hébert avance vers la table à tréteaux qui fait office de bureau. Hicham cale le fusil à hauteur de taille. Il a fumé deux sticks de *weed* mais ça ne suffit pas.

Dans les oreillettes, un grésillement. Philippe dit :

« Voisinage. RAS. »

Hébert pointe la cuisine. Il se précipite sur l'étagère-bibliothèque. Hicham ne cille pas. Hébert dit :

– *Go, go, go.*

Hébert cherche l'ordinateur portable. Il consulte une pile de factures. Il dégote un chéquier. Il balance un livre de von Clausewitz. *De la guerre* vole par-dessus son épaule.

Hicham dégringole le placard à commissions. Les boîtes de pois chiches valdinguent sur le carrelage. Il déverse le pot à sucre dans l'évier. Les grains blancs ressemblent à du déboucheur à chiotte.

Il n'y a pas d'ordinateur portable. Il n'y a pas de documentation compromettante. Il y a peau de zob.

Hébert soulève le matelas à 90 degrés. Il retourne cinq posters punaisés en rang d'oignons.

C'est inutile. Il y mange à peine. C'est juste une turne.

Un aboiement de clébard. Une porte qui claque. Ça vient de l'entrée.

Hébert bloque sa respiration. Hicham bloque sa respiration. Leurs palpitants sont synchrones.

Hébert fait un signe. Hicham ouvre grand la porte. Le HK416 pend le long de sa cuisse.

Hicham aveugle un grand con mal rasé. Le grand con est ébahi dans son T-shirt Iron Maiden. Le taser est déjà sur son sternum.

La décharge électrique lui dresse les poils. Le grand con bascule à la renverse. Il s'effondre sur les boîtes aux lettres. Il perd connaissance.

Hicham le traîne par les pieds. Il repousse la porte d'entrée. Il place le canon du fusil d'assaut sur son front.

Le grand con ne se réveille pas. Hébert repère des boîtes en carton. Il farfouille. Il dégotte trois clés USB. Il les glisse dans l'une de ses poches de treillis.

Hébert ouvre la fermeture Éclair du sac de sport. Il débranche le moniteur TV. Il débranche la chaîne Hi-Fi. Il jette le matos dans le sac, avec le chéquier.

Hébert entre dans la salle d'eau. Il arrache le rideau de douche. Il balance un coup de poing ganté dans le miroir du lavabo. Il vole la bouteille de parfum Armani. Il asperge le sol avec le gel à raser.

Dans le salon, des borborygmes. Le grand con sort des nuages. Hébert dit :

– On déhotte.

Le grand con bafouille. Hicham lui décoche un coup de crosse dans l'estomac. Le grand con s'urine dessus.

Hébert éventre un pouf marocain. Il détruit la table basse. Fabrice Arfi a le cul bordé de nouilles.

Philippe est déjà chez lui. Hicham débarrasse le van dans l'entrepôt. Il quitte ses rangers. Il renfile ses santiags.

Hébert se fait un calendos à l'étage. Il le tartine sur des biscottes. Il le fait passer au jus de pomme bio.

Le local est une ancienne carrosserie. Aubervilliers, nord de Paris. Hébert n'a pas décroché les calendriers Pirelli.

Hébert fait couler un ristretto au percolateur. Le butin est déballé sur la table vitrée. Il mettra quarante-huit heures pour analyser.

Hicham étend ses jambes sur le sofa seventies. Il roule un joint. Il crache des ronds de fumée digne d'un chef indien. Hicham se tire.

Hébert appelle Hugues Corvoisier. Le directeur international de la sécurité de Winterry ne répond pas. Hugues Corvoisier rappelle. Hébert dit :

– C'est fait.

Hugues Corvoisier dit :

– Bravo !

Hébert visualise le butin. Il devrait être salarié d'une grosse boîte. Il pourrait border Louis et Maximilien. Il se pelotonnerait près de sa concubine. Il la réveillerait et ils baiseraient comme des lapins.

Hébert écrit un message sur son téléphone :

« Je t'aime beaucoup, Desoiffons. »

Officiellement, Delphine déteste. Officieusement, Delphine doit savourer. Hébert écrit :

« Tu me manques trop, *miss.* Je te reviens vite. »

Seuls l'alcool et l'amour font adresser des SMS au milieu de la nuit. Delphine fera la moue. Elle se dira que son mec a le béguin.

Hébert évalue sa situation. Il pique un somme. Il ronfle comme un congélateur.

Hébert a craqué le code du premier MacBook. C'est celui d'Arfi. Il avait une chance sur deux. Petite cote.

Hébert a déjà ressuscité les éléments supprimés de la corbeille. Il a déjà repéré un compte apocryphe sur Hotmail. Il murmure :

– Hotmail… Non mais, quel cave !

Hébert déménage l'imprimante laser. Il se fait couler un ristretto. Il l'avale *subito.*

Hébert tape sur le clavier de son PC et sur celui du MacBook avec frénésie. Il pense à sa concubine. Il pense à ses enfants. Il pense à leurs dernières vacances au camping des Îles, à Bunifaziu.

Delphine a loué un bungalow. Hébert a fait du canoë sous les falaises. Delphine a trouvé une pote hollandaise dans la pinède pour ses séances de yoga. Louis et Maximilien ont joué au ping-pong au bar, au football entre les tentes.

C'était du temps des salaires de la fonction publique. Trois mille six cents euros nets par mois. Les choses ont changé. Hébert va faire du pognon. Beaucoup de pognon.

Hébert rêve des îles Lavezzi. Il rêve des marmites de la Solenzara. Delphine a réclamé un cunnilingus par là-bas.

Hébert ne connaît rien de lui-même. Il n'a jamais trop parlé avec ses parents. Ils sont morts bien avant.

Hébert soupèse les trois clés USB. Il caresse les quatre disques durs. Il craque le deuxième MacBook. La routine.

Hébert photographie mentalement les quatre liasses de documents prélevés au siège de *Mediapart*. Pression, chantage, manipulation.

Hébert fait défiler un album photo. Il nage dans la marre aux crocodiles. Subversion, coercition, suppression.

Hébert marmonne :

– C'est bien, mon petit bonhomme.

DOCUMENT EN ENCART : *05/12/2012. Transcription mot pour mot d'une écoute téléphonique de la NSA. ENREGISTREMENT À LA DEMANDE DU DIRECTEUR – CLASSEMENT : CONFIDENTIEL 1-A ; DESTINATAIRE : LE DIRECTEUR ; Interlocuteurs : Edwy Plenel, directeur rédaction* Mediapart*; Fabrice Arfi, journaliste* Mediapart.

FA – (très essoufflé) Ils viennent de passer chez moi ! Ils attendaient que je vienne au siège, j'y crois pas.
EP – Ce n'est jamais agréable d'être violé dans son intimité. Je suis désolé. Ils ont tous les vices…
Silence (2 s)
EP – Ils ont pris quoi ?
FA – Rien mais ils ont tout retourné. Et ils ont tabassé le voisin.
EP – Technique d'intimidation classique, malheureusement. Tu avais doublé ?
FA – Triplé, tu veux dire. Ils ne sont pas venus pour les originaux. Mais c'est qui ? Hollande ?
EP – Les sbires de Sarko, je dirais. À qui profiterait le crime si nous le rendions public ? Si ce n'est à lui…
FA – Tu veux dire…

EP – Qu'ils ont désormais une partie de notre dossier Kadhafi. *DOSSIER SUIVI – PRIORITÉ ÉCARLATE*
FA – Il ne faut pas réagir publiquement ?
EP – Ça polluerait nos révélations sur Ruggieri. Un seul lièvre à la fois.
Silence (2 s)
FA – Ils veulent nous isoler auprès de l'opinion et des autres médias.
EP – C'est le combat de la vérité contre le mensonge. Fouks a sauvé la liberté de Strauss-Kahn, pas sa carrière politique.
Silence (3 s)
FA – T'as vu Aphatie ce matin ? Fidèle à lui-même.
EP – C'était un bon journaliste. Il est devenu le valet d'un système. Mais on ne tape pas sur un homme même s'il mène un combat personnel.
FA - D'accord.
EP – Très bien.
Silence (2 s)
EP – Je réunis la rédaction demain à la première heure.
FA – Mais t'es plus à Madrid ?
EP – Si, si, je suis dans le taxi pour l'aéroport.

DOCUMENT EN ENCART : 05/12/12. *Titre de France TV Info*

RUGGIERI, WOERTH, *MEDIAPART* : COMMENT LES RÔLES SE SONT INVERSÉS

DOCUMENT EN ENCART : 05/12/12. *Titre du Lab - Europe 1*

RUGGIERI VS *MEDIAPART* : ET REVOILÀ STÉPHANE FOUKS

DOCUMENT EN ENCART : 05/12/2012. *Transcription mot pour mot d'une écoute téléphonique de la NSA. ENREGISTREMENT À LA DEMANDE DU DIRECTEUR - CLASSEMENT : CONFIDENTIEL 1-A ; DESTINATAIRES : LE DIRECTEUR / LE PRÉSIDENT DES USA ; Interlocuteurs : Paul Bismuth alias Nicolas Sarkozy, ancien président français ; Brice Hortefeux, ancien ministre.*

NS - Alors mon petit Brice, tu l'avais pas vue venir celle-là !
BH - Nan. Un compte au Luxembourg... Incroyable.
NS - Pour être normal, il est normal, ce président... Mais le changement, c'est pas vraiment pour maintenant !
BH - Rien n'est définitivement acquis, rien n'est figé, tout est possible.
NS - Quand j'y pense... S'ils pouvaient, ils m'accuseraient d'avoir volé les bijoux de la Castafiore. La différence avec nous, c'est que ces gens sont des amateurs.
BH - D'où ça vient ? C'est nous ?
NS - De quoi tu t'occupes ?
Silence (2 s)
BH - C'est véridique, tu crois ?
NS - Bien sûr. Squarcini dit que c'est vrai. À deux contre un.
BH - Mais tu es où là ?
NS - Chez Carlita, sur la côte. Je fais du vélo.

BH – Comment ça, tu fais du vélo ?
NS – Tu devrais faire du sport, mon petit Brice. On doit être prêts.
BH – Nous avons un souci avec Takieddine. *CIBLE ACTIVE – PRIORITÉ ÉCARLATE*
NS – Tu veux me gâcher ma soirée ?
BH – Ben, il pourrait encore être avec nous...
NS – Avec nous ? J'en ai connu des plus avec nous. Il est avec toi peut-être, il est avec Copé et, je vais te dire, ça m'est égal. Il était avec Villepin avant, c'est pour te dire. Je veux pas entendre parler de ce monsieur. *Jean-François Copé : CIBLE ACTIVE - PRIORITÉ 1*
Silence (2 s)
BH – C'est depuis qu'ils l'ont mis en examen pour Karachi. *DOSSIER SUIVI – PRIORITÉ ÉCARLATE*
NS – Bon sang ! Jambes serrées, rênes courtes ! Ton monsieur Takidine là, il a porté plainte contre Édouard, oublie pas. Tu te rends compte, non mais tu te rends compte ? Complicité et recel... Devant la Cour de justice de la République. Tu lui as dit mes fonctions ? *Édouard Balladur : CIBLE À RÉACTIVER – PRIORITÉ 1*
BH – Mais...
NS – Y a pas de mais, mon petit Brice. C'est pas Édouard la cible. C'est moi, la cible, tu le sais bien, toujours. Ils veulent me rayer de la carte. C'est pour ça que *Mediapart* a balancé l'histoire de la Libye en pleine campagne. *DOSSIER SUIVI – PRIORITÉ ÉCARLATE*
BH – Hum, Humrrrr...
NS – Pardon, si tu permets, je voudrais pas donner des conseils inopportuns mais vous allez taper quand sur Hollande à l'Assemblée, partout, chez Bourdin, au 20 h ?

BH – Écoute, moi, je crois... En ce moment, il vaut mieux faire profil bas. Mais, heu, parce que tu sais qu'Éric...
Éric Woerth : CIBLE ACTIVE – PRIORITÉ 1
NS – Il nous enquiquine Woerth ! C'est son copain, Ruggieri, tu le sais bien. Ils se rendent de menus services. On se croirait en chiraquie.
BH – Tout ceci, ce sont des choses compliquées. Je dis juste qu'Éric, c'est un soldat. Je suis convaincu de sa fidélité.
NS – Tu plaisantes ? Tu es un bon soldat, un général cinq étoiles ! T'as vu où il nous a menés avec la mamie, ses histoires de grands donateurs ? *DOSSIER SUIVI – PRIORITÉ 1*
BH – Mais...
NS – Elle donne l'argent qu'elle veut, Mme Bettencourt. Elle a toujours financé mes campagnes et elle l'a toujours fait dans le respect des règlements. Elle finance les campagnes de tout le monde, d'abord, tant que les gens sont de droite. Le juge Gentil, là, eh bien il porte mal son nom. Ils ont aucun cran, ces gens, aucune classe, pas d'honneur. Et tu sais ce qu'il est en train de faire, le juge Gentil, là ? On me l'a dit. Je me suis renseigné. J'ai encore des gens au parquet, moi, ils me prennent pour qui ? Ils m'ont mis en haut de leur mur des cons, ces gens. Mais, je vais te dire, c'est eux les débiles. Ils devraient m'accorder deux neurones d'intelligence plutôt que de gratter dans mon agenda. Voilà ce qu'ils font en vrai. Ils veulent savoir si j'ai rencontré Mme Bettencourt. Non mais c'est qui, ce juge ? Attends 2017, non mais, attends. Ils viendront me manger dans la main et, même, je les pendrai haut et court. Tous.
BH – Tu vas être interrogé un jour ou l'autre.
NS – Comment ça, interrogé ? Ils m'interrogent. Qu'ils nous interrogent les gens, qu'ils essaient, moi je vais les saouler de paroles, tu vas voir.

BH – On est un peu cernés, quand même. Bettencourt, Karachi, la Libye... Je suis désolé de le dire comme ça.
NS – Tais-toi ! Quand ça sera fini, j'irai dire qu'ils m'ont accusé d'avoir volé de l'argent à une vieille dame. Je serai lavé de tout soupçon sur tout, on me rendra mon honneur. On aura un non-lieu, dans un an, deux ans. C'est l'histoire de ma vie. Écoute ça : je suis un Français parmi les Français ; on fait pas tout bien mais j'ai appris de mes erreurs ; mon engagement dans la vie de mon pays est ancré au plus profond de mon cœur ; je veux me mettre au service de la France éternelle. Je rode le discours en petit comité. Ça passe bien auprès des gens. T'en penses quoi, toi ?
BH – J'en pense que tu es en forme olympique !
NS - Ben, c'est bien de pas toujours devoir s'occuper de la France, tu sais, même si je suis Français par chaque centimètre de ma peau. J'ai beaucoup réfléchi à ça et je connais maintenant le panthéon de mes valeurs. Je suis né pour gagner.
Silence (2 s)
NS – Attends, excuse-moi... Carla, Carla !
Silence (15 s)
NS – Mais oui, chérie ! Excuse-moi, Brice. Tu sais ce qu'on fait, là ?
Gloussements (6 s)
NS – On écrit une chanson pour le prochain album de Carlita. Je l'aide sur les textes. C'est phénoménal. C'est un single. Ça s'appelle « Le pingouin[1] ».
Silence (5 s)
NS – Dis bien à ceux qui me doivent tout. On a fait la peau

1. Dernier titre de l'album *Little French Songs* de Carla Bruni sorti le 1er avril 2013, ciblant le président de la République en exercice, François Hollande.

à Fillon au parti. Qu'ils tapent sur Hollande, maintenant ! Fais-leur bien passer le message. Vous tapez comme jamais sur ce pingouin !

DOCUMENT EN ENCART : 07/12/12. *Titre et sous-titre du* Parisien

« JE N'EXCLUS PAS L'INNOCENCE DE SERGE RUGGIERI »
Patrice Grangé, auteur de la note sur laquelle s'appuie *Mediapart* pour affirmer l'existence d'un compte luxembourgeois caché de Ruggieri, conserve une part de doute. mais il nous dévoile des anomalies dans les déclarations fiscales du ministre.

DOCUMENT EN ENCART : 08/12/12. *Titre et sous-titre du* Journal du dimanche

LES COULISSES DE L'AFFAIRE RUGGIERI
Enquête – accusé d'avoir eu un compte au luxembourg, le ministre de l'Intérieur nie en bloc. dans le dossier, un ancien agent du fisc, un rival local UMP... et les détectives de Mme Ruggieri, défendue par maître Isabelle Copé.

DOCUMENT EN ENCART : 10/12/12. *Titre du* Progrès

DJAMILA GARRAND-BOUSHAKI EN VISITE À L'ESAT – LE PENNESSUY

DEUXIÈME ROUND

Collusion

11-31 décembre 2012

7

Lyon, 11 décembre 2012.

Il la roule dans la farine. Monsieur Je-sais-tout-et-mon-ministre-a-rien-fait. Jean-Michel Garrand – son mari.

Jean-Michel Garrand a débarqué la nuit. Djamila a fait semblant de dormir. Là, il déblatère.

Le compte au Luxembourg n'existe pas. L'achat de l'appartement de l'avenue de Breteuil est parfaitement légal. Ruggieri est une cible facile car il a de l'argent. Mais il a travaillé. La société qu'il a montée avec sa femme génère beaucoup de profits, et alors ! La gauche est devenue post-matérialiste, personne n'a vraiment lu *Le Capital*. On a bien le droit d'être de gauche et de manger du caviar. L'objectif du socialisme n'est pas que tout le monde devienne pauvre. Ça, c'est le communisme.

Djamila dégouline. Elle a fait dix bornes de footing. Elle a tiré jusqu'au parc de la Tête-d'Or. Elle avale un demi-litre de Contrex. Jean-Michel Garrand affabule.

Myriam Ruggieri n'a lancé de détectives aux basques de personne. Ce que dit le JDD est *bullshit*. Tout vient de ce taré de Patrice Grangé. L'agent du fisc est de mèche avec cette vieille peau de Béatrice Le Vert. La droite locale ne se remet pas d'avoir perdu Lyon en 2001. *Mediapart* est un torchon. Edwy Plenel a lancé une fatwa contre François Hollande. Ces gens ne veulent pas le pouvoir. Ils ne veulent changer la vie de personne.

Jean-Michel Garrand dit :

– J'ai rendez-vous avec l'avocat de Serge. On va déposer une deuxième plainte en diffamation suite au nouvel article de *Mediapart*.

Djamila n'a pas lu le dernier article de *Mediapart*. Elle monte le ton. Elle gueule :

– C'est lui sur l'enregistrement !

– Non, c'est pas lui. L'enregistrement est un montage grossier.

Djamila dit :

– Ouvre-moi le coffre.

Jean-Michel Garrand est stoïque. Il rajuste le nœud de sa cravate dans le miroir de la salle de bains. Il se racle la gorge.

– J'ai rendez-vous avec maître Dorcel dans moins d'une heure. Le sport t'est monté à la tête.

Jean-Michel Garrand ne lui fait pas l'affront de lui réexpliquer l'embrouille de procédure.

Un flic doit tout connement être en train de constater que *Mediapart* a bien publié un article accusant Ruggieri de détenir un compte au Luxembourg, que Fabrice Arfi est bien journaliste à *Mediapart* et qu'il est le rédacteur dudit article. Cette procédure est une manœuvre dilatoire.

Djamila ne se demande pas comment Christiane Taubira,

qui se bat comme une tigresse à l'Assemblée pour les homos, a pu laisser passer ça. Djamila sue. Elle aboie :

– J'en ai rien à foutre ! Ouvre le coffre !

Jean-Michel Garrand positionne ses mains sur les rebords de la vasque. Il serre vigoureusement.

– C'est quoi ton problème, Mila ?

– Ne m'appelle pas comme ça !

Djamila se calme. Elle s'éponge le front. Elle dit :

– Je veux savoir ce qu'il y a dans ce putain de coffre.

Jean-Michel Garrand dodeline de la tête. Sa langue roule à la commissure de ses lèvres. Il se frotte le nez.

Djamila file dans la chambre. Elle ouvre les portes de la penderie. Elle dégringole les costards.

Jean-Michel Garrand rapplique. Il lui fait une clef de bras. Il la bloque contre le mur attenant. Il la projette sur le lit *king size*.

Djamila pleure. Elle place les doigts de part et d'autre de son nombril. Elle palpe son ventre avec ses paumes.

Jean-Michel Garrand s'assoit sur le couvre-lit turquoise. Il susurre :

– Excuse-moi, excuse-moi, je suis désolé.

Djamila évacue la lampe de chevet d'un revers. La lampe percute le plancher. Le chapeau est plié en deux.

Djamila sèche ses larmes. Elle s'assoit entre les deux oreillers rectangulaires.

– Soit tu ouvres ce coffre, soit je me tire. Compris ?

– Tu fais chier, Mila. J'ai vraiment pas besoin de ça.

Jean-Michel Garrand marche sur ses costumes Hugo Boss. Il soulève une pile de pull-overs. Il visualise le coffre de sécurité.

Jean-Michel Garrand retourne à la salle de bains. Il revient avec une clef argentée. Il s'agenouille devant son placard.

Jean-Michel Garrand insère la clef dans le verrou brillant. Il entre le code. Il déverrouille la combinaison mécanique.

La porte métallique s'ouvre. Jean-Michel Garrand se lève. Il zieute sa femme.

– Voilà. T'es contente ?

Djamila lui jette un regard incrédule. Elle se redresse tout doux. Le coffre est quasiment vide.

Il y a une boîte à bijoux. Il y a une liasse de billets américains. Il y a une pochette cartonnée rouge.

Il n'y a pas de cassettes enregistrées. Il n'y a pas d'arme à feu. Il n'y a pas de livret de famille.

La boîte à bijoux appartient à Djamila. Les mille dollars ont été rapportés de leur voyage de noces. Ils s'étaient jurés de retourner à New-York.

Djamila attrape la pochette. Elle remarque une enveloppe blanche. Elle connaît cette enveloppe. C'est leur contrat de mariage. L'appartement appartient à son mari.

Djamila est une arriviste colorée. Elle grimpe l'échelle vérolée de la République. Tout le monde pense qu'elle s'allonge à qui mieux mieux.

Djamila inspire. Elle se refait la cerise. Elle soupèse la pochette rouge. Elle déchiffre l'inscription. C'est écrit : Municipales 2008.

– C'est quoi, ça ?

– Ma petite assurance-vie. Rien de bien méchant.

– Comment ça, ton assurance-vie ?

– On a eu un dépassement et on a dû le couvrir.

– Mais…

– Tu voulais savoir si j'avais les mains sales ? Voilà, j'ai dû arrondir les angles. Une fois… Est-ce que ça fait de moi une ordure ou un type qui met les mains dans le cambouis pour que des gens comme toi se dorent la pilule ?

Djamila calibre son mari. Jean-Michel Garrand soutient son regard. Djamila se bouffe la lèvre supérieure.

Djamila manque de tourner de l'œil. Elle se dirige vers la salle de bains. Elle s'appuie contre le chambranle de la porte vitrée.

Djamila est dans les cordes. Jean-Michel Garrand en a pleinement conscience. C'est l'heure de l'achever.

– Tu connais les règles. Tu es même allée voir tes petits handicapés en pleine tempête, au fin fond du trou du cul du monde. Une vraie sainte, notre Mila.

Djamila déglutit. Elle serre les poings. Elle contrôle ses nerfs abrasés.

– Tu as atteint un niveau de vulgarité et de cynisme qui me dégoûte.

– C'est du même acabit.

Djamila ne répond pas. Jean-Michel Garrand lui fait signe. Djamila ne lui restitue pas la pochette rouge.

– Tu l'as fait pour contrôler le pouls de l'amertume sur ta page Facebook.

– Mais ça va pas ?

– Comment ça, Mila ? Tu n'as pas surveillé les *likes* et les commentaires en live ?

– T'es vraiment un grand malade !

Djamila a réclamé un déplacement avec des enfants

handicapés et Djamila voulait plutôt un correspondant local qu'un journaliste professionnel et elle a compté chaque *like* Facebook et elle en a recueilli cent-vingt-quatre et elle a visualisé l'identité de chaque *likeur* et elle n'a eu aucun commentaire assassin et ses neurones ont sécrété de la dopamine à gogo.

– Tu te souviens de la campagne de 2008, Mila ?

– Oui.

– Tu as fait une campagne acharnée…

Jean-Michel Garrand ajoute :

– Tu t'en souviens ?

– Va te faire foutre.

– C'est interdit, tu sais.

– Tout le monde fait ça.

La petite Mila agonise et peut-être bien qu'elle est déjà morte.

Djamila ouvre la pochette rouge. Elle feuillette les tableaux de ventilation des dépenses. Elle ne distingue pas les nombres extravagants. Elle déchiffre un nom : Bastien Gobert.

Djamila connaît Bastien Gobert. Elle ne connaît que lui. C'est un militant de la section du 9e arrondissement. Il est associé dans une boîte de com : Licorne.

Licorne a fait toutes les campagnes de Ruggieri. Licorne a fait la campagne législative de juin dernier. Gobert a refusé à Djamila sa chemise blanche tendance garçonne sur les affiches de campagne.

Gobert a suggéré un haut violine. Il a dit : beaucoup de rouge et un peu de bleu. Il a dit : c'est comme ça qu'on gagne.

Jean-Michel Garrand hausse les épaules.

– Voilà, t'es contente ? T'aurais préféré ne jamais le savoir…

Djamila lâche la pochette. Les tableaux de double comptabilité volent. Les comptes de campagne certifiés volent. Les illusions qu'elle n'a jamais eues volent avec.

Jean-Michel Garrand s'accroupit. Il rassemble les papiers. Il replace la pochette dans le coffre.

Djamila dit :

– Ça va pas de garder ça ici ? S'il y a une perquisition !

Jean-Michel Garrand ne répond pas. Djamila entend ses pas. Son mari traverse le salon.

Djamila poursuit son mari. Jean-Michel Garrand est déjà à la machine à café. Il se fait couler un Nespresso.

– Oh, je te parle !

Djamila repère la boîte à bijoux sur l'ilot central. Son mari l'a placée sur la table de cuisson.

– Pourquoi t'as sorti ça ?

Son mari trempe ses lèvres dans la mousse caféinée. Il avale une gorgée. Il se frotte les narines. Djamila dit :

– Tu t'essuies le nez deux cents fois par jour. Tu prends de la coke, aussi ?

– Tu t'y connais, remarque. Il y avait que ça dans ta cité…

Jean-Michel Garrand avale son café de traviole. Il manque de s'étouffer. Il évacue sa tasse dans l'évier en inox.

– Il n'y aura pas de perquisition pour la bonne et simple raison que ça n'existe pas. En procédure pénale, on appelle ça une commission rogatoire. Tu regardes trop de séries policières. Et je suis chef du cabinet du ministre de l'Intérieur. Ça t'avait échappé ?

– C'est lui sur l'enregistrement.

– Sûrement, puisque tu l'as reconnu. Alors que son propre frère ne l'a pas reconnu…

– Lequel ? Le directeur de HBSC ?

– Non, l'autre. Mais celui dont tu parles n'est plus chez HSBC.

Jean-Michel Garrand ricane. Il se dirige vers le portemanteau de l'entrée. Il enfile son trois-quarts en feutre beige.

– Tu devrais faire gaffe, Mila.

– C'est qui la deuxième voix ?

– *Mediapart* dit que c'est André Worms. C'est pour ça qu'on va déposer une autre plainte. Avec constitution de partie civile, cette fois. Tu as un train de retard.

– C'est pas plutôt parce que Taubira a fait chier sur votre tour de passe-passe ?

Jean-Michel Garrand demande :

– Tu connaitrais pas André Worms, par hasard ?

Djamila connaît André Worms. Elle ne connaît que lui. André Worms travaille à la Sainte-Orange, banque privée lyonnaise. Djamila l'a rencontré à ses premiers vœux de Ruggieri à l'Hôtel de Ville. Worms l'a reluquée. Il a continué après.

– Tu crois qu'ils ont donné son nom parce qu'il est juif ?

Jean-Michel Garrand ajoute :

S'il s'était appelé Mohammed ?

– Qu'est-ce que ce vieux pervers fout sur cet enregistrement ?

– Ce vieux pervers, comme tu dis, gère le patrimoine de Serge. Et cet enregistrement est un montage.

Jean-Michel Garrand ajoute :

– Il a filé six mille euros pour ta campagne législative, aussi. Sa femme a filé six mille euros.

– C'était pas ma campagne. C'était la vôtre.
– Tu étais sur toutes les affiches.
– Tu me menaces, en fait?
– Non, car ce n'est pas la voix d'André sur cet enregistrement. Ce n'est pas la voix de Serge. Et la troisième voix, bien que tu en sois persuadée, ce n'est pas moi. Un jour, tu devras t'excuser. Tu entends? Tu devras t'excuser.
– Mais…
Jean-Michel Garrand la coupe:
– Tu n'iras pas aussi loin que ton ambition. Tu n'as pas le sang assez froid.
– Mais…
Son mari la coupe:
– La boîte à bijoux.
– Quoi, la boîte à bijoux?
– Il y a la bague de ta mère, pas vrai?
– Et alors?
– Alors ouvre la boîte.
Djamila hésite. Elle finit par soulever le couvercle du coffret en nacre. Une feuille est pliée en quatre.
Djamila déplie la feuille. C'est une fiche S. Elle est estampillée ministère de l'Intérieur.
Il y a le nom de son frère: Nassim Boushaki. Il y a deux photos de son frère: barbu. Il y a toute la vie de son frère compilée.
Nassim était le plus intelligent, le plus véritable et le plus audacieux.
Sexe: homme – Date de naissance: 16 octobre 1967 – Lieu de naissance: Bron (69) – Nationalité: franco-algérien

– Adresse : 12, rue Émile-Zola, 69310 Pierre-Bénite – Employeur : Pizzorno (collecte déchets ménagers)

Femme : Najat (marocaine) – Enfants : Ahlem, Chemsa, Sana – Parents : décédés – Sœur : Djamila Garrand-Boushaki (députée PS, VP RRA)

Parcours : service militaire 27e BIM (chasseurs-alpins 1987) ; djihadiste (Bosnie-Herzégovine 1992-1994) ; cofondateur cellule islamiste de Chasse-sur-Rhône (démantèlement 1995 : GIA, Khaled Kelkal, Ali Touchent) ; condamnation 6 ans (association de malfaiteurs en relation avec une entreprise terroriste 1998) ; détention 52 mois (Santé, Nanterre, Villepinte)

Surveillance : niveau 2 ; probabilité Taqîya[1] 50 %.

Nassim est nuisible.

Djamila replie la fiche méthodiquement. Elle saisit la bague de sa mère. Elle retient ses larmes.

Djamila marche jusqu'à la fenêtre. Elle scrute la façade du théâtre des Célestins. Derrière les magnolias en berne : colonnes – attique sculpté de guirlandes – les lions et les anges.

Jean-Michel Garrand reçoit un SMS. Serge Ruggieri a écrit :

« Validé. »

Jean-Michel Garrand ouvre le compte Twitter du ministre de l'Intérieur. Il procède par copié-collé. Il recalibre le nombre de caractères. Il valide les hashtags

Jean-Michel Garrand poste les cent vingt signes sur le

1. Taqîya : mot arabe signifiant « prudence » et « crainte ». Au sein de l'islam, pratique de précaution consistant à dissimuler ou à nier sa foi afin d'éviter la persécution. Terme utilisé par l'antiterrorisme depuis les années 90 pour désigner une dissimulation de la foi dans un but de conquête par des djihadistes salafistes (Al-Qaïda et Daech).

compte Twitter officiel : « Tenter de me salir ne prouvera pas ce qui n'existe pas. La justice est saisie. #determination #integrite #interetgeneral. »

Djamila demande :

– T'as fait faire des recherches sur moi ?

Jean-Michel Garrand rétorque :

– Bien sûr que non. Ils les ont faites. Je suis chef de cabinet du ministre de l'Intérieur. Tu crois que ça fonctionne comment ? On n'entre pas là-dedans sans vérification.

– Pourquoi tu m'en as pas parlé ?

– On est mariés. C'était à toi de m'en parler bien avant.

Jean-Michel Garrand insiste :

– Tu m'as dit que tu étais fille unique. Que ta mère était morte quand tu avais six ans.

Djamila a le souffle coupé. Jean-Michel Garrand attrape sa sacoche en cuir. Il approche d'elle.

– Il n'y a aucun compte au Luxembourg. Tu es ma femme.

Jean-Michel Garrand demande :

– On peut compter sur toi, maintenant ?

Djamila ne répond pas. Elle respire pour ne pas se jeter par la fenêtre. Son mari approche trop.

– On peut compter sur toi, Mila ?

Son mari approche encore. Djamila sent son haleine chaude. Il répète tout doux :

– On peut compter sur toi, pas vrai ?

Son mari colle ses lèvres sur les siennes. Il l'embrasse. Il répète frénétiquement :

– On peut compter sur toi maintenant, on peut compter sur toi, on peut compter sur toi…

Sa main libre passe sous le T-shirt de Djamila. Ses doigts montent le bonnet du soutien-gorge en coton.

Jean-Michel Garrand dit :

– J'ai fait retirer ton nom de la fiche S.

Djamila a les yeux grands ouverts. Les muscles de sa mâchoire sont bloqués. Ses autres muscles sont aussi flasques que le mazout, sauf le cœur.

La petite Mila est morte. La petite Mila meurt. La petite Mila mourra.

Vaille que vaille.

Son mari lui broie le sein droit.

8

Lyon, 12 décembre 2012.

Petite bite.

Finalement, c'est le boulot qui le tuera. En attendant, il faudrait qu'il rende son semi-automatique et sa carte de police à la directrice du SRPJ.

La directrice du SRPJ est une bonne femme en tailleur et au front haut. Elle s'appelle Danielle Bernard. Elle a cinquante-six ans.

Danielle Bernard a débarqué de Lille avec le vent du Nord. Elle est missionnée pour que le bâtiment retrouve sa virginité. Elle contrôle chaque ligne du pré-rapport.

Dubak formalisera pour le procureur de la République. C'est l'enquête la plus simple qu'il n'a jamais menée de sa vie.

D'abord, Dubak a dû vérifier que *Mediapart* avait mis en ligne, le lundi 4 décembre 2012 à 11 h 48 GMT +1, un article mettant en cause M. Serge Ruggieri, domicilié à Lyon 4e, sur les belles hauteurs du primat des Gaules, marié à Myriam Ruggieri et père de trois enfants. L'article incriminé et incriminant est la pièce jointe n°1. Son titre est « Le compte luxembourgeois du ministre de l'Intérieur Serge Ruggieri ». Premier étage de la fusée foutage de gueule.

Ensuite, Dubak a dû prouver que monsieur Fabrice Arfi, domicilié à Paris 15ᵉ, 8 impasse du Labrador, chez monsieur Frédéric Laffame, célibataire et sans enfant, était bien le rédacteur dudit article. Son nom est donc surligné en jaune fluorescent sur ladite pièce jointe n°1. Deuxième étage de la fusée enfumage délibéré.

Enfin, Dubak a dû certifier que monsieur Fabrice Arfi, domicilié à Paris 15ᵉ, 8 impasse du Labrador, chez monsieur Frédéric Laffame, célibataire et sans enfant, était salarié au journal *Mediapart,* service de presse en ligne d'information politique et générale reconnu par la Commission paritaire des publications et des agences de presse, dont le siège social est domicilié à Paris 12ᵉ, 8 passage Brulon, et dont le slogan est « Seuls nos lecteurs peuvent nous acheter ». *Mediapart* a refusé de lui fournir le contrat de travail de Fabrice Arfi pour des raisons de confidentialité mais *Mediapart* a accepté de produire une attestation en guise de bonne coopération. L'attestation est la pièce jointe n°2. Troisième étage de la fusée sodomisation d'insectes.

Danielle Bernard annote le rapport en rouge. C'est une déformation familiale avérée. Elle est fille d'un instituteur et d'une assistante sociale.

Danielle Bernard fait glisser le document sur le plateau de la table de réunion. Elle s'attelle à la lecture des deux pièces jointes. Dubak est dubitatif.

Dubak prend connaissance des ajustements qu'il interprète

comme des récriminations. Il doit remplacer le mot « journal » par le groupe nominal « site Internet ». Il doit remplacer le mot « journaliste » par le syntagme « salarié ». Il doit ajouter « ministre de l'Intérieur » après chaque occurrence « monsieur Serge Ruggieri ».

Dubak dit :

– Il n'est pas diffamé en tant que ministre mais en tant que citoyen lambda.

Danielle Bernard lui distribue un sourire bouche fermée. Elle croise les mains comme une politicienne. Elle pèse chacun de ses mots.

– Commandant, nous sommes saisis par le procureur de la République, lui-même saisi par la ministre de la Justice, au titre de l'article 48-1 bis de la loi de 1881 sur la liberté de la presse. Il est clairement stipulé dans la requête que monsieur Ruggieri est diffamé en tant que ministre de l'Intérieur. Dans le cas contraire, il n'aurait pu recourir à cette procédure. De mémoire, l'article indique qu'en cas d'injure et de diffamation envers un membre du gouvernement, la poursuite aura lieu sur sa demande adressée à la garde des Sceaux. Or, monsieur Ruggieri est membre du gouvernement en tant que ministre, nous sommes d'accord ?

– C'est bien le problème, les faits potentiellement délictueux datent d'avant sa nomination.

– Ce n'est pas à nous d'en juger. Le seul fait délictueux sur lequel nous enquêtons relève du droit de la presse : il s'agit d'une diffamation. Si vous voulez mon avis personnel, dans le cas présent, et si diffamation il y a, la date à retenir est le 4 décembre. Mais ni vous ni moi n'avons fait l'École nationale de la magistrature et les avocats de *Mediapart* plaideront. Nous n'avons pas à le faire à leur place.

Dubak lui rend une mimique bouche ouverte. Il s'étire comme un gosse endiablé. Il débite sans réfléchir :

– Il va bien falloir procéder à l'analyse de cet enregistrement un jour où l'autre…

Danielle Bernard répond du tac au tac :

– De quel enregistrement parlez-vous ?

– Celui mis en ligne par *Mediapart.*

Danielle Bernard relit ostensiblement l'article publié par *Mediapart* le 4 décembre. Elle susurre de façon intermittente. Elle prend bougrement son temps.

– Il n'est jamais fait mention d'un enregistrement dans la pièce n° 1 que vous avez vous-même jointe à votre rapport.

– Mais…

Danielle Bernard le coupe. Elle place une main sur son avant-bras. Elle assène.

– Commandant, nous enquêtons sur une diffamation qui aurait eu lieu le 4 décembre 2012, pas le 5 décembre 2012.

– Les deux éléments sont nécessairement liés. Le deuxième article a été publié pour renforcer l'accusation contenue dans le premier.

Danielle Bernard retire sa main. Elle soupire comme un crapaud. Elle se racle la gorge.

– Dans votre esprit sans doute, mais pas dans celui de la procédure. Et la procédure nous contraint. Qu'on le veuille ou non. Il n'y a pas de deuxième article dans la requête du procureur. Le deuxième article n'existe pas dans notre enquête. Il n'y a donc pas d'enregistrement.

Danielle Bernard ajoute :

– Je n'en pense pas moins que vous, commandant. Cependant, soit nous nous en tenons à notre mission et produisons ce que veut le parquet, soit le procureur me jettera votre travail à la gueule. Il est déjà assez lunaire que la garde des Sceaux ait choisi le parquet de Lyon. Nous nous en serions bien passé, même si nous sommes, dans les faits, une juridiction compétente. J'ai d'autres chats à fouetter, vous savez…

Dubak récupère les trois documents. Il se lève. Il se dirige vers la sortie. Il se ravise.

– Vous m'avez choisi de façon délibérée, n'est-ce pas ?

– Pensez bien à virer votre provoc à deux balles, commandant. « Seuls nos lecteurs peuvent nous acheter… » Vous me faites perdre mon temps.

Danielle Bernard se rend à son bureau. Elle se planque derrière sa montagne de dossiers. Elle ajuste ses lunettes sur son nez à deux bosses.

– Félicitations pour l'affaire des parfums. Vous avez rondement mené les choses.

– Si le lieutenant Filippo n'avait pas gratté sur Facebook, Dalmaro n'aurait jamais rien craché.

– Les réseaux sociaux sont la meilleure chose qui soit arrivée à la police depuis l'ADN et la pire pour les libertés individuelles depuis le choléra.

Dubak ouvre la porte. Il reste planté sous l'encadrement. Il répète :

– Vous m'avez choisi moi de façon délibérée…

– C'est mon métier, Dubak.

Danielle Bernard change de ton. Elle le tance comme un petit frère. Elle complète :

– Je vous ai choisi parce que vous ne faites partie d'aucun clan dans cette boutique et que votre groupe est, ce qui est un problème au regard de notre charge de travail, composé de deux éléments seulement. Ça limite les possibilités de fuite à la presse. C'est le plus important : vous ne parlez pas à la presse, le capitaine Joseph Filippo ne parle pas à la presse et la lieutenant Peggy Guilleminot ne parle pas à la presse. Ni à personne d'ailleurs. On se débarrasse au plus vite de la patate chaude. Si l'un de vous trois déblatère, je vous donne ma parole que je réglerai le problème de mes propres mains.

Danielle Bernard dit :

– Il y aurait eu une deuxième plainte déposée hier, encore pour diffamation, avec constitution de partie civile, cette fois. J'attends la notification. Vous serez à nouveau chargé de l'enquête. Malgré votre passif, j'ai confiance en vous, Dubak. Alors, ne me décevez pas.

Danielle Bernard dit :

– Refermez la porte derrière vous, s'il vous plaît.

Dubak gare sa voiture en vrac rue du Bœuf. Il a quinze minutes de retard. La ville est sa seule nostalgie tangible.

Dubak allonge les foulées jusqu'à la montée du Gourguillon. Les pavés sont humides. Les ruelles sont vides.

La ville l'aime. Richard Privas l'attend au café du Soleil, Vieux Lyon.

Une voûte en pierre – des autocollants rouges et verts –, une devanture crasseuse.

Dubak entre dans le café. Richard Privas est au bar. Il sirote un verre de Mâcon. Il lit *L'Équipe.*

Richard Privas décortique un article sur Michel Bastos. Le joueur *do Brasil* a marqué l'unique but de la victoire dans le chaudron stéphanois. Trois jours que Lyon a le sourire. Richard Privas est radieux.

Dubak s'en tamponne du football. Il hoche la tête en direction du barman. Le barman est un soixantenaire trapu au nez rouge. Dubak n'a jamais su s'il était dans le bail ou patron.

Une salle riquiqui – quinze tables –, le meilleur foie de veau persillé de la capitale des Gaules.

Richard Privas prend son air étonné. Il écarquille les paupières. Il fait toujours ça.

– Oh, Alain ! Comment tu vas ?

Dubak lui fait la bise. Ils vont s'asseoir dans un recoin. Dubak commande un sirop de citron.

Richard Privas est reporter au service justice/faits-divers du *Progrès*. Il était très bien servi du temps de Michel Neyret. Ils se respectaient mutuellement. Il demande :

– C'est encore la guerre atomique à Fort Apache ?

– Il y a toujours les pro et les anti. Les pro sont moins véhéments mais ils n'en pensent pas moins.

– Et la nouvelle directrice, rude, non ?

– Main de fer dans un gant de fer.

– Michel a foutu un gros merdier quand même…

– Paris connaissait ses méthodes et voulait du résultat.

– C'est vrai. Tu sais que je l'ai toujours estimé. Mais à un moment, il a déconné. C'est dommage… C'était un bon mec.

– Jamais eu d'avis. Et lui n'en avait pas sur moi.

– T'as eu ton heure de gloire avec l'Ange rouge.

– Merci de rappeler que ça remonte à bientôt quinze ans.

Dubak se touche le front. Il tâte la cicatrice qui lui vient de l'oreille. Il cligne des yeux.

Richard Privas fabrique son air embarrassé. Il sourit. Il fait toujours ça. Il boit une lampée de vin blanc.

– Tu bosses sur quoi en ce moment ?

Dubak a préparé la réponse. Il simule la réflexion. Il rétorque :

– Interdiction formelle d'en parler. Mme Thatcher me l'a rappelé cet après-midi encore.

– Vous la surnommez comme ça, la nouvelle ?

– Non, ça m'est sorti tout seul.

– Politique ?

Dubak demeure silencieux.

– Gros gros ?

Dubak esquisse un sourire.

– Une substitut m'a dit que c'est le parquet de Lyon qui avait été saisi.

– De quoi ?

Richard Privas scrute en direction du comptoir. Le barman prépare sa caisse. Il n'en rate pas une miette.

Richard Privas se penche. Il tord la bouche. Il décompose les trois syllabes dans un chuchotement.

– RUG – GIE – RI.

Il est 18 h 30, le commandant Alain Dubak et le journaliste Richard Privas sont les seuls clients du café-restaurant Le Soleil.

Richard Privas boit un autre verre de Mâcon. Dubak se contente de son citron à l'eau. Il n'écoute que d'une oreille.

Richard Privas tourne en rond. Il balance des généralités sur Serge Ruggieri. Il attend que Dubak lâche son info. C'est le jeu.

Un commandant du SRPJ ne demande pas de nouvelles à un journaliste au petit bonheur la chance. Dubak explique l'entourloupe de la plainte en diffamation. Ruggieri a un avocat en chef, maître Dorcel, Parisien.

Richard Privas dit :

– C'est un coup de génie, quand même. La France entière pense qu'il y a une enquête sur le fond.

Richard Privas commande un autre verre de Mâcon. Dubak dit :

– T'aurais mieux fait de prendre un pot.

– Tu veux pas un verre, toi ?

– Non, merci.

Dubak ajoute :

– Ils ont déposé une deuxième plainte en diffamation, avec constitution de partie civile. Hier…

Richard Privas tient son info. Il passe donc à table. Il détaille les rumeurs sur la campagne municipale de 2008, les marchés publics à Winterry Land, l'acrimonie de Béatrice Le Vert que Serge Ruggieri a démantibulée, l'enregistrement.

Un – Le Secret de La Licorne.

Ruggieri a pris feu durant la campagne de 2008, pressé par la candidature de Dominique Perben. C'est son chef de cabinet qui a géré les opérations avec une boîte de communication détenue par un pote qui était avec lui en fac de droit, Lyon 3. Le chef de cabinet est un loustic, Jean-Michel Garrand. La boîte de com s'appelle Licorne. La rumeur dit que Ruggieri a pété les plafonds légaux.

Sa campagne fut en effet pharaonique. Dubak demande :

– Tu tiens ça de qui ?

– Le secret des sources, tu connais ?

– Donne-moi un nom.

– Blanchin.

– Quoi Blanchin ?

– Philippe Blanchin, premier fédéral.

– C'est quoi ça ?

– La fédé socialiste du Rhône, le seul truc que Ruggieri n'a jamais réussi à pendre. Forcément, c'est un strauss-kahnien…

– Et ?

– Et c'est une fédé hollandaise. Il y a la guerre entre Ruggieri et le président de la Région… Hollande a toujours été un point d'équilibre.

Deux – Le Crabe aux pinces d'or.

Tout le monde connaît les accointances de Ruggieri avec les grosses boîtes du BTP. Ça remonte à son passage au cabinet du ministre des Transport sous Rocard à la fin des années 80. Globalement, Winterry remporte 80 % des marchés lyonnais. Winterry a construit ce satané tunnel sous la colline de la Croix-Rousse. Ils vont construire le nouveau stade. Ça chiffre à quatre cent cinquante millions et le public paiera en sus les accès routiers à hauteur de cent quatre-vingts millions. C'est aussi Winterry qui porte le projet de nouveau building à la Part-Dieu, la tour To-Lyon qui sera plus haute que toutes les autres. Et ils lorgnent évidemment sur l'aéroport Saint-Exupéry qu'ils finiront bien par ramener dans leur giron.

Dubak rigole. Il dit :

– Sacré Richard !

Trois – L'Affaire Tournesol.

Richard Privas a entendu parler de l'enregistrement dès 2007. Tout vient du clan Le Vert, de la droite. Ils ambitionnaient de coller une affaire aux basques de Ruggieri. Richard Privas a toujours pensé que si l'enregistrement existait, c'était un montage. Dès son accession à la présidence de l'Agglomération, Ruggieri a fait péter une zone d'activité dans laquelle le frère Le Vert avait mis trop de billes. Ce fut son premier acte politique.

Dubak dit :

– Ça rigole pas.

Richard Privas dit :

– Arfi est Lyonnais, ils avaient oublié ça.

– Ah bon ?

– Oui.

– T'as bossé avec lui ?

– On avait à peu près les mêmes rapports que toi et Neyret. Il a commencé à la *Tribune de Lyon,* il l'a même cofondée.

Privas prend un air énigmatiquement carnassier. Il ajoute :

– André Worms, vous êtes le maillon faible !

– Tu imites super bien Laurence Boccolini, la vache !

Dubak pouffe. Richard Privas se gondole. Dubak ne l'a jamais vu dans cet état.

Richard Privas circonscrit le cas André Worms, Dédé pour les intimes.

Niveau politique, l'homme de confiance de Ruggieri est Jean-Michel Garrand, son chef de cabinet qui le suit depuis toujours et qu'il a embarqué dans ses bagages au ministère de l'Intérieur. Niveau fric, c'est Dédé Worms. Et montage ou pas, c'est lui la deuxième voix sur l'enregistrement.

Dubak commanderait bien un Gin Gini. Il a envie d'une clope. Il triture son paquet de Chesterfield.

– Dédé, c'est comme Patrice de Maistre pour Liliane Bettencourt. Il gère la tambouille.

– C'est qui ça, de Maistre ?

– Tu sais, le mec qui gérait le fric de l'héritière L'Oréal. Il est marié avec l'ex-femme de Bernard Arnault, d'ailleurs. C'est vraiment consanguin à ce niveau-là. L'affaire Bettencourt, Éric Woerth, les grands donateurs de l'UMP, tout ça…

Dubak plane à quinze miles. Il est dépassé par les événements.

– Autre hasard, Dédé Worms et Serge Ruggieri habitent à deux pas l'un de l'autre, à la Croix-Rousse déjà, mais aussi à Paris. Dédé possède un appartement avenue Pierre-Ier-de-Serbie.

– C'est pas rue de Breteuil, l'appartement de Ruggieri ?

– Si, mais il a un autre appart. Ou alors, on lui prête, je sais pas.

– Putain, c'est le Monopoly, ton truc !

Le barman apporte le verre de Mâcon. Il offre une coupelle de grattons. C'est de la barde de porc en rillettes, farinée et frite. Dubak déteste.

Richard Privas mâche la bouche ouverte. Avec la nappe à carreaux, on se croirait au grand théâtre de Guignol. Il se rince les dents au Chardonnay. Il dit :

– Tu sais que le Monopoly a été créé par une Américaine pour montrer les dérives du capitalisme ? Au début, les joueurs pouvaient nationaliser les banques, l'eau, l'électricité, les gares. C'est pour ça que ces cartes existent.

Dubak perd le fil. Il n'écoute plus vraiment. Richard Privas enchaîne :

– Faut pas oublier son cabinet de conseil ouvert dès que les socialos ont été éjectés du pouvoir. Si *Mediapart* dit vrai, Ruggieri Conseil est la suite des activités menées par Ruggieri en tant que conseiller au cabinet du ministre des Transports. En 94-95, il a déclaré 800 000 francs de résultat net et a distribué 400 000 balles de dividendes. En 98-99, alors qu'il était député et qu'il plaçait des amendements sur la loi de planification des investissements routiers et autoroutiers, le bénéfice de Ruggieri Conseil atteignait encore 160 000 francs. Ça fait chérot les amendements !

Dubak ouvre son paquet de cigarettes. Il place une Chesterfield entre ses lèvres. Il aspire de l'air qui a un goût de chimie.

– Sans oublier la caillasse des maisons de retraite, via sa femme. Le groupe Géros, c'est une quarantaine d'Ehpad, au bas mot…

Dubak recule sur sa chaise. Il en a rien à carrer au fond de lui. Il saisit des bribes de conversation.

– La connerie, c'est qu'il aurait été obligé d'aller lui-même clôturer ce compte au Luxembourg début 2010, pour transférer le pognon à Hong Kong ou je sais trop où… Woerth et Ruggieri se rendent de menus services… Tu sais qui est le professeur de droit qui a aidé sur l'affaire de l'hippodrome de Compiègne ? C'est un prof de Lyon 3, Latoupie, que l'agglo de Lyon avait sollicité en 2001 pour faire sauter le projet du frère de Béatrice Le Vert… Tout se tient… La femme de Jean-François Copé est l'avocate de Myriam Ruggieri… C'est le monde qui devient paranoïaque, pas moi… À ce rythme, Hollande pourra même pas finir son mandat…

Richard Privas se lève. Il serre la main de Dubak. Il déguerpit du café.

Dubak rentre chez lui. Sa Peugeot est toujours garée en vrac. Il devrait monter et se coucher. Mais il ne monte pas et ne se couche pas. Privas l'a trop saoulé. Il lui faut un remontant.

Le véhicule part en trombe sur les ruelles pavées. Dubak traverse Lyon sous une bruine vaporeuse.

Direction les quartiers bicots – Saint-Priest. Chez son père adoptif : Mamy.

Mamy était sa seconde à la Crim. Elle lui a sauvé la vie au sens littéral du terme, et au sens philosophique aussi. Elle s'appelle Nicole Piroli, retraitée de la Police nationale. À bien compter, il n'a plus qu'elle.

Mamy est propriétaire d'une maison Castor. Un carré de moellons construit en kit pour les ouvriers de la SNCF. Elle l'a achetée avec son mari juste avant que Christian se prenne un camion de face.

L'homme qui a donné son nom à Mamy était magasinier chez Intermarché et bénévole au club de foot. Trois gosses sont morts dans l'accident avec le trente-six tonnes. Nicole Piroli a pris vingt kilos depuis. Elle a viré chamanique.

Dubak appuie sur la sonnette. Mamy n'a pas loin de soixante-dix balais. Un golgoth.

Coupe en brosse – queue de rat dans le cou – cent kilos à la pesée.

Mamy dit :

– T'as une tête de cul.

Dubak rétorque :

– Ta langue est toute rouge.

Mamy demande :

– Tu enquêtes sur quoi ?

Mamy fait comme si de rien n'était. La saloperie ne répond pourtant plus à ses appels depuis trois semaines. Elle se dirige jusqu'à la cuisine.

Mamy s'aide de sa canne. Elle ouvre le congélo. Elle dégote une barquette de blanquette de veau et la fourre dans le micro-ondes.

– On fait un Scrabble ?

Mamy est en jogging. Elle porte des Dr. Martens en guise de pantoufles. Elle vient de s'enfiler un paquet de Floppies.

C'est à cause d'elle qu'il ne se tue pas.

Dubak et Mamy se posent dans le salon. Mamy vire ses livres ésotériques de la table basse. Elle déplie le plateau multicolore. Elle place sa canne sur ses genoux.

Le Scrabble, c'est leur dada. Ça dure.

Dubak démarre. Il vire les trois lettres qui l'emmerdent : C, A et P. Il prépare son Scrabble pour le coup d'après.

Mamy l'assomme d'entrée. Elle utilise le A. Elle pause

F, R, A, U, D, E, U, R, avec une lettre blanche. Mamy cherche des signes dans le ciel. Dubak les trouve sur terre. Cinquante points de bonus et treize de malheur.

Dubak avale la première bouchée de blanquette. Il baragouine :

– Suffit d'un S et je fais mot compte triple.

Mamy rétorque :

– T'occupe.

Dubak n'a pas de S. Il lâche :

– Il m'ont refilé le dossier Ruggieri…

Mamy sourit. Elle désigne le plateau du menton. Elle gobe une poignée de Carensac. C'est mauvais signe, Mamy déteste la réglisse.

Dubak se concentre. Il n'y parvient pas. Il voit : FRAUDEUR.

– C'est ton tour, poussin.

– Arrête de m'appeler poussin.

9

Aubervilliers, 13 décembre 2012.

Les décombres du plan de bataille – des papiers punaisés et de la cordelette rouge.

Hébert est en chaussettes. Il récupère une fléchette en plastoc. Il la lance sur le portrait sépia du ministre de l'Intérieur.

La récolte *Mediapart* est dépiautée. Elle est sauvagement tapissée sur les murs du bureau. Des fils apoplectiques formalisent ses extravagances mentales.

Hébert a terminé le traitement des données il y a soixante-douze heures. C'était lundi matin, il était 11 h 30.

Avant, Hébert a établi une correspondance journalière avec son commanditaire. Hugues Corvoisier est défaitiste face à la tournure des événements. Hébert est la soupape d'une Cocotte-Minute ordurière.

Hébert a régulé les impatiences téléphoniques. Il a fait des révélations au compte-gouttes. Il a picolé du rhum.

Hébert n'a pas dormi. Il a fumé deux boîtes de cigarillos. Il a excavé un grain de sable. Il va l'exposer sous peu.

Hébert rédige un blanc. Il y compile les principales

informations sur un feuillet recto-verso. Il brosse son commanditaire dans le sens du poil.

Ses conclusions sont catégoriques. Ruggieri va tomber – Winterry n'est pas encore dans l'œil du cyclone –, il faut préparer un contre-feu.

Au cas où.

Hébert est assis derrière son PC. Ses deux index cognent le clavier. Hugues Corvoisier va en avoir pour son argent.

Hébert ne peut pas se tromper. Il sait désormais que *Mediapart* a deux sources. Ni l'une ni l'autre n'est un agent du fisc branquignole. Patrice Grangé a eu son quart d'heure de célébrité mais Patrice Grangé n'est assurément pas la source.

Hébert est de nature impartiale. Fabrice Arfi pourrait travailler à la DCRI. *Mediapart* pourrait remonter à la fontaine de Jouvence. Hébert est rasséréné. Il tranquillise Hugues Corvoisier et l'inquiète juste assez.

Les données sont croisées. Les données sont authentifiées. Les données sont passées au tamis.

Hébert n'a repéré aucune connexion explicite avec Winterry bien que Maxime Mandelieu apparaisse çà et là. Mandelieu est le lobbyiste bien connu du BTP qui réunit les pontes du secteur tous les ans lors de ses universités d'été à Puyvert, Lubéron.

Max la Menace bouffe à tous les râteliers. Maxou est aussi à voile et à vapeur. Ça ne le rend pas plus sympathique.

Hébert a trouvé sa trace dans l'historique de navigation du MacBook de Fabrice Arfi. Le 15 août, Fabrice Arfi l'a googlisé. Il a fouillé la toile. Il a sondé deux cent vingt-et-une occurrences.

Hébert minimise la trouvaille. Il affirme qu'Arfi a mobilisé tous ses moyens sur le compte au Luxembourg et l'appartement de l'avenue de Breteuil. Il affirme que l'origine des fonds a été reléguée au second plan. Trois journalistes de *Mediapart* bossent pourtant sur les payeurs. Hébert le sait. Il ne le dit pas car Hébert a trouvé le grain de sable.

Hébert vend son plan « Okazou ». Cher – très cher –, le plus cher possible.

Hébert écrit en capitales : BÉATRICE LE VERT / FRANÇOIS-XAVIER DE CLAIRVAL.

Hébert ne peut plus se tromper. Il a pénétré le système de Windows Live Hotmail. Hébert a récupéré les éléments supprimés de la messagerie officieuse de Fabrice Arfi.

Hébert a analysé les deux MacBook. Il a décortiqué les trois disques durs et les trois clés USB. Il a épluché les douze CD-ROM, les quatre liasses de documents.

Hébert a survolé les archives numériques de *Mediapart*. Il a imprimé, imprimé, imprimé. Trois ramettes de papiers – mille cinq cents pages. L'imprimante Brother a chauffé.

Les impressions sont entassées sur une table rectangulaire. Hébert est assis tout à côté. Des renseignements à forte valeur ajoutée – du matos comme jamais.

Hébert a commencé par le commencement. Il a fait craquer la géolocalisation de l'iPhone de Fabrice Arfi. Il a passé des coups de bigo et organisé des rendez-vous. Il a reconstruit les faits depuis la genèse.

Comme au bon vieux temps – le fric en plus.

Hébert supprime, réécrit, surligne. Hébert reformule. Hébert coupe les circonvolutions.

Hébert a besoin de dormir. Mais Hébert tape. Il tape, il tape, il tape. Ses index s'abattent sur le clavier. Il fait d'affreuses fautes d'orthographe.

Hébert ne peut pas se tromper. Il sait même que Fabrice Arfi et Frédéric Laffame sont en froid. Les échanges de mails entre les deux journalistes ne concernaient pas le boulot. La correspondance parlait du studio de l'impasse du Labrador. Frédéric Laffame demandait à Fabrice Arfi de se tirer rapido. Son pote n'était plus son pote.

Hébert se marre. Il dit :

– *Tocayo.*

Hébert a appris ce mot lors d'un séjour en Colombie avec Delphine. C'était avant les mioches. C'est ainsi qu'on désigne les personnes qui portent le même prénom, là-bas.

Hébert abhorre le prénom *Fabrice.* Delphine a baisé avec un *Fabrice*. C'était après Louis et Maximilien. C'était son tranquillisant de la quarantaine. Delphine ne sait pas qu'il sait.

Depuis, Hébert a cessé de gratter les messages de sa concubine. Déjà parce qu'il l'aime. Ensuite parce qu'il l'a trompée avant. Enfin, parce qu'il l'a délaissée.

Une enquête de fouille-merde – quatre mois de boulot ric-rac –, des recoupements en bonne et due forme.

Hébert résume l'historique de navigation de Fabrice Arfi. C'est limpide.

L'origine de l'affaire remonte à juillet dernier. Arfi enquêtait encore sur Éric Woerth et les ramifications occultes de l'affaire Bettencourt. Une liaison cryptique s'est manifestée.

Toutes les recherches ont porté sur la vente de l'hippodrome de Compiègne. La cible prioritaire était un professeur émérite de droit public de l'université Lyon 3, Jean-Jacques Latoupie. C'est lui qui a blanchi Éric Woerth dans un rapport commandé par Bercy et rendu public par *Le Monde*. L'article du *Monde* révélant la supercherie a été publié le 27 juillet par les journalistes Grégoire Jarotte et Frédéric Laffame. Le professeur d'université était par ailleurs fréquemment cité comme expert dans les conflits juridiques opposant l'agglomération lyonnaise à des tiers.

Fabrice Arfi a voulu se mesurer à son ancien pote. Serge Ruggieri était à l'époque président de l'agglomération. Latoupie était la passerelle souterraine entre Éric Woerth et Serge Ruggieri.

Hébert résume l'historique de navigation de Fabrice Arfi. C'est impitoyable.

Serge Ruggieri a soutenu Éric Woerth durant la tempête Bettencourt. Le 21 juin 2010, alors que toute la gauche tombait sur le paletot du ministre du Budget, le député socialiste Serge Ruggieri affirmait sur Radio J : « Éric Woerth est, je crois, un honnête homme. »

Hébert fabrique des acoquinements hallucinés. Une question de savoir-faire et de savoir-être.

Hébert téléphone à son pote Thierry Wespiser. Titi est un collecteur de la DCRI. Il n'y voit pas à plus de trente centimètres et supporte le PSG.

Hébert dit :

– Salut, mec.

Titi répond :

– Salut, mec. Tu branles quoi ?

Hébert demande :

– Éric Woerth est franc-maçon ?

Titi répond :
– Woerth n'est pas franc-mac.
– T'es sûr ?
– Sûr. Pourquoi ?
Hébert demande :
– Alain Bauer, c'est le Grand Orient, c'est ça ?
– C'est ça, ancien grand maître.
– C'est qui, maintenant ?
– Maintenant, c'est José Gulino. Depuis septembre…
– Ils ont exclu Ruggieri, là ?
– Là, non. Ils ne saisissent jamais les instances disciplinaires avant la mise en examen, prétextant la présomption d'innocence.
– Tu l'es, toi ?
– Moi, franc-mac ? Non.
– Merci, mec.
– De rien, mec.
Hébert enterre la piste franc-maçonne. Il écarte les analogies factices. Il repasse les données au peigne fin.

Hébert résume l'historique de navigation de Fabrice Arfi. C'est une mine. Durant l'été, Arfi a lu tous les portraits de Serge Ruggieri en ligne, l'intégralité de ses interviews. Il a passé quinze jours à dépiauter les archives numériques de l'Assemblée nationale. Il a consigné ses interventions au palais Bourbon.

Hébert a besoin de faire une pause. Il n'aime pas rédiger les blancs. Il aime agir. Il doit remettre ses idées à l'endroit.

Hébert descend à l'entrepôt. Il va au vestiaire. Il a conservé les placards métalliques du garage automobile, les photos de meufs à poil.

Fabrice Arfi a rédigé un mémo sur les alliances de Ruggieri au Parti socialiste. Il a reconstitué ses réseaux, son parcours professionnel. Il a révélé des corrélations aventureuses.

Arfi a épluché les archives du *Progrès* que lui a envoyées une consœur lyonnaise via WeTransfer. Il a recueilli moult renseignements sur son patrimoine immobilier à la Conservation des hypothèques. Il a focalisé sur l'appartement de l'avenue de Breteuil, juste à côté des Invalides, six millions de francs lourds. Il a cherché au tribunal de commerce et déterré les actes concernant une société de consulting créée en 1993, Ruggieri Conseil.

Arfi a acheté les bilans de l'entreprise. Il a répertorié les distributions de dividendes. Le fric est tombé illico presto, dès 1994. La quantité est substantielle. Hébert l'a trouvée. C'est de la commission personnelle. Rien à voir avec le volume de fonds nécessaires à une campagne présidentielle.

Hébert saisit les poignées de la corde à sauter. Ses bras moulinent. Il sautille doucement.

Arfi a nommé un dossier « Coopérative Agricole ». Hébert y a découvert un trésor.

Fabrice Arfi a recueilli les confidences d'un certain JYP. Ruggieri a fait interrompre un contrôle fiscal visant une coopérative à Brignais, Rhône, en 2000. Fabrice Arfi est tombé sur le nom d'un certain Patrice Grangé, agent du fisc, à l'origine de l'enquête contre la coopérative.

Patrice Grangé est dans la lessiveuse du grand barnum médiatique depuis neuf jours mais Patrice Grangé n'est pas la source.

Arfi n'a pas creusé la piste Grangé sur-le-champ. Il a

échangé un mail avec le type, complété un fichier Word. Il a écrit : « compte au Luxembourg ? » Il a écrit : « informateur burlesque ». C'était fin août.

Hébert ferme les yeux. Ses bras moulinent. Il accélère.

Arfi a nommé un dossier « Condamnation ». Il a répertorié des patronymes africains. Il a écrit : « travail au noir ».

Hébert a dégoté la condamnation de Serge Ruggieri dans les liasses de documents. La femme Ruggieri a été jugée en 2007 pour avoir fait travailler, dans deux de ses Ehpad, des Noires à tout faire non déclarées et payées en espèces, à des salaires bolchéviquement inférieurs au SMIC. Hébert a déniché les déclarations de revenus du couple Ruggieri. Serge et Myriam ont respectivement déclaré 100 000 et 130 000 euros de revenus en 2001. Les montants sont tragiquement irréalistes.

Hébert ouvre les yeux. Ses cuisses le brûlent. La corde fouette le sol.

Arfi a nommé un dossier « Chocolat ». Hébert n'a jamais pu l'identifier. Chocolat n'est pas nommé autrement que par Chocolat. C'est un informateur capital, un type comme Hébert. À deux contre un, Chocolat est un gradé de la DCRI ou un ancien du renseignement intérieur.

Fabrice Arfi a dû le rencontrer pour lui parler des déclarations de revenus des époux Ruggieri. Hébert a repéré la date et le lieu : Chocolat, 8 octobre, Café de Flore. Fabrice Arfi a dû foutre le compte à l'étranger sur la table. Chocolat aurait dit : « Vous ne trouverez jamais. » La réplique est répertoriée dans un document Word. La réplique vaut confirmation.

Hébert stoppe. Il est en sueur. Son muscle cardiaque crépite à 180 pulsations par minute. Il reprend son souffle et se récite les vers de la fable :

Il crut que, dans son corps, elle avait un trésor.
Il la tua, l'ouvrit, et la trouva semblable
À celle dont les œufs ne lui rapportaient rien,
S'étant lui-même ôté le plus beau de son bien.

Hébert a une mémoire d'éléphant. Il se souvient de ses moindres lectures depuis la nuit des temps. Il retient parfois les notices de médicaments.

Louis est eczémateux et Hébert connaît tout des crèmes à la cortisone. Maximilien est un brin asthmatique et Hébert s'est renseigné sur la dangerosité de la Ventoline et du salbutamol. Delphine est cintrée et Hébert connaît la posologie des boules magiques de l'homéopathie placebo.

Hébert se récite les vers de la fable :

Belle leçon pour les gens chiches :
Pendant ces derniers temps combien en a-t-on vus
Qui du soir au matin sont pauvres devenus
Pour vouloir trop tôt être riches ?

Ruggieri va tomber. Les rodomontades médiatiques n'y pourront rien changer. Ce type a un problème avec le fric.

Hébert a croisé l'agenda numérique et les mails doublement supprimés. La première fois que Fabrice Arfi s'est rendu à Lyon, c'était fin septembre. Le voyage d'étude a duré cinq jours.

Fabrice Arfi s'est innocemment rendu au tribunal administratif. Il a découvert dans les archives que l'agent Patrice Grangé avait été poursuivi par l'administration fiscale pour avoir consulté le dossier de Serge Ruggieri sans raison apparente. Il a découvert que Patrice Grangé avait alerté sa hiérarchie de ses soupçons sur l'existence d'un compte au Luxembourg grâce à des informations recueillies auprès de deux aviseurs. Il a découvert que Patrice Grangé avait adressé une lettre réclamant une enquête approfondie de l'administration à son ministre de tutelle, un certain Éric Woerth. Hébert a trouvé une copie de ladite lettre dans les liasses de documents.

Hébert a repéré la trace physique de Patrice Grangé dans l'agenda électronique de Fabrice Arfi. Il y avait les initiales et le lieu de rendez-vous : PG, Les Francs Joueurs. Hébert connaît les Francs Joueurs. C'est un café d'Oullins, Rhône. Hébert en a déduit que Patrice Grangé avait confié à Fabrice Arfi une copie de son rapport au lance-flammes. Ledit rapport était lui aussi dans les liasses de documents.

Les élucubrations d'un fonctionnaire vicieux – un journaleux revanchard – les méthodes tortueuses du trotskisme internationaliste – l'archéologie du premier de tous les vices.

Hébert se sèche la chute de reins. Il se désodorise les dessous de bras. Il débouche sa bouteille de parfum. Il vaporise ses joues.

Hébert a dépouillé la correspondance interne à *Mediapart.* Toute la clique des mouches à merde – un même pot de confiture.

Hébert a circonscrit leur flair de vieux briscards et leur audace de jeunes premiers. Il s'est ébroué sur leurs stimuli prépubères et leur ardeur andropausée. Il a déchiffré entre les mots la virtualité de grand soir. Il en a conclu que les mouches à merde formaient une ruche rouge d'or.

Ruggieri va tomber et pas qu'un peu. Hébert va calmer Hugues Corvoisier. Hébert va l'affoler.

Hébert prendra l'avion dans une heure rien que pour ça.

Réchauffer la glace – et glacer le feu.

Hébert fait claquer l'élastique de son boxer. Il passe une chemise blanche de chez Zilli. Il enfile un jean bourgeoisement délavé.

Hébert prend l'accent séfarade. Il zieute dans le petit miroir carré. Il se dit :

– Ne vous inquiétez pas, Hugues. Je vous garantis zéro éclaboussure.

Hébert aromatise le col de sa veste en velours à l'*Égoïste*. Il enfile ses bottines en daim vintage. Il renifle ses poignets veineux.

Hébert embaume principalement pour lui-même. Il jauge l'odeur de la coriandre et de la mandarine. Il adore ça.

Hébert remonte à l'étage. Il lance l'impression sur du papier rose. Il hésite avec le vert layette, l'orange sanguine. Le blanc sort en recto-verso.

Hébert relit *piano*. Il rature, amende, annote.

L'agenda de Fabrice Arfi n'a jamais menti. Fabrice Arfi a rencontré le dénommé JYR le 23 octobre. Les initiales et le lieu de rendez-vous étaient indiqués. JYR, toujours, District B. Hébert connaît le District B. C'est un bar lounge branchouille de Bercy, dans un espace de coworking à la noix. Surtout, Hébert a enfin mis un nom sur ses putains d'initiales mystiques.

Jean-Yves Reboulet est un haut fonctionnaire du Trésor, Toulonnais pur jus. Hébert lui a téléphoné. JYR lui a indiqué avec son accent provençal que Patrice Grangé avait été vidé de l'administration fiscale en 2008. Hébert a dit :

– Woerth était ton patron à l'époque, c'est ça ?

JYR a gloussé. Il a dit :

– Il est vraiment perché ce Grangé. Il consultait les dossiers de tout le monde, un vrai fada. Il est encore en procès avec nous mais il va le perdre.

Hébert a promis à Jean-Yves Reboulet une partie de golf dès les beaux jours revenus.

Hébert est sapé comme un vendeur de bagnoles. Il pue l'embrouille à dix mille. Il s'évertue à être lui plutôt qu'à avoir la tête de l'emploi.

Hébert se fait couler un café. Il s'assoit sur un coin de table. Il relit le blanc une troisième fois. Il n'y a ni date, ni initiales, ni lieu et son commanditaire aura exactement ce qu'il veut.

Fabrice Arfi a cherché. Il n'est pas encore remonté jusqu'aux boîtes du BTP. Trois journalistes de *Mediapart* explorent ce volet. Ils ont échangé des mails. C'est une certitude.

Fabrice Arfi a passé huit jours à Lyon en novembre. Hébert ne sait pas où il a logé. Hébert parierait qu'il était chez ses parents. Hébert a écrit qu'il était chez ses parents.

Arfi y a trouvé sa première source. Les initiales sont notées dans l'agenda électronique, avec le lieu de rendez-vous : BLV, Le Vivarais. Hébert connaît Le Vivarais. Le Vivarais est un bouchon tenu par une dame volubile qui cuisine des quenelles au brochet à tuer.

Hébert ne connaissait pas les initiales BLV. Il a appelé une vieille connaissance, un journaliste du *Progrès*, qu'il a rencontré lors de son passage à Lyon, DST.

L'accueil de Richard Privas a été polaire. Hébert a essayé de la lui faire à l'envers. Il a dit :

– Je bosse sur un truc d'espionnage industriel. Ça te dit quelque chose BLV, à Lyon ? Patron, journaliste, administration fiscale, préfecture ou personnel politique, je sais pas ?

Richard Privas s'est vexé. Il a dit :

– Il mobilise son propre ministère, en fait ?

– Je ne sais pas de quoi tu parles, je ne suis plus fonctionnaire…

– Ah ouais ? Pourquoi tu bosses sur l'affaire Ruggieri, alors ?

– Je bosse pas là-dessus. J'ai été vidé.

Richard Privas a rétorqué :

– Tu connais Béatrice Le Vert. Et va te faire foutre par la même occasion.

Richard Privas lui a raccroché au nez.

Hébert a fait des recherches sur Béatrice Le Vert. Béatrice Le Vert est avocate au barreau de Lyon. Elle a été adjointe UDF de Raymond Barre mais n'a pas réussi à prendre sa succession. Elle a perdu les élections municipales de 2001 à cause des divisions locales de la droite, entre l'UDF et le RPR d'abord et à l'intérieur des deux partis ensuite. L'algorithme stipulait que Béatrice Le Vert passerait les doigts dans le nez. Elle a aussi paumé la circo en 2002.

Hébert a conjecturé. La politique a ses logiques qu'un novice ne peut comprendre. L'humiliation y est proportionnelle à la quantité d'honneur. L'honneur fabrique de la haine et la haine fabrique des morts. Les vaincus sont prêts à tout.

La première source de Fabrice Arfi est la principale opposante politique de Serge Ruggieri à Lyon depuis plus de quinze ans. C'est nécessairement Béatrice Le Vert qui lui a confié une copie de l'enregistrement. C'est aussi clair que l'eau de roche.

Hébert a appelé le directeur de cabinet du préfet du Rhône et de la Région Rhône-Alpes, un ancien collaborateur du ministère de l'Intérieur. Il a marché sur des œufs. Il n'a collecté aucune information croustillante.

Hébert a appelé Fafa à l'antenne lyonnaise de la DCRI. Ce n'est pas écrit dans le blanc. Fafa était en poste à la division T avant que l'agence ne la placardise en province. Elle est du genre à avoir raison contre la hiérarchie et à toujours ouvrir sa gueule. Hébert ne sait pas trop pourquoi on l'appelle Fafa.

Hébert a dit :

– Salut Fafa.

Fafa a dit :

– Oh, comment il va le Gérald ? Ça fait une paye…

– Genre six mois, non ?

– Et tu trouves pas ça long, six mois, toi ?

– J'ai besoin d'infos sur Béatrice Le Vert.

– Avocate au barreau de Lyon, vieille France, catho, coincée du cul, ancienne UDF. Et UDI, désormais.

– C'est Le Vert, l'enregistrement ?

– Tu travailles pour qui maintenant ?

– La CIA.

– T'es vraiment con.

– C'est elle ou pas ?

Fafa l'a fait patienter. Elle a dit :

– Elle en parle depuis une dizaine d'années, oui.

– Comment ça ?

– Elle l'aurait même confié à Fougère durant la campagne de 2007.

– C'est qui, Fougère ?

– Fougère, le juge Fougère ! Six mois et tu es déjà rouillé ?

– Tu veux dire le shérif !

– Le shérif, l'amiral, le cow-boy, le proconsul, la double-gâchette, il a une ribambelle de surnoms.

– Mais pourquoi ça ?

– Fougère était candidat aux législatives sur la deuxième circonscription du Rhône en 2007. Il a paumé… Tu savais pas ?

– OK.

– T'as ce que tu voulais ?

– Oui, merci Fafa, t'es un cœur.

– Elle le déteste vraiment à cause de son frère, en fait.

– Elle déteste qui ?

– Béatrice Le Vert, Ruggieri.

– Le frère de Ruggieri ?

– Encore raté, le frère Le Vert.

– T'es la reine du suspense, Fafa. C'est quoi le topo ?

– Bruno Le Vert est un promoteur immobilier bien connu de la place lyonnaise. Il a investi pas mal de blé dans un projet de zone d'activité sur Francheville, fin de siècle.

– Et ?

– Et, dès que Ruggieri a été élu à la tête de l'Agglo, il a fait péter le projet.

– C'était si gros que ça ?

– Genre trente mille mètres carrés de bureau. Pas mal, quand même…

– T'es une crème, Fafa. Je te revaudrai ça.

– Tu es tout mignon, toi.

Fafa a ajouté :

– Dis-moi pour qui tu travailles…

Hébert a dit :

– Pour la CIA.

– Tu changeras jamais !

– Toi non plus.

– C'est pour ça que je suis dans un placard à balais.

– C'est pour ça qu'ils m'ont vidé.

Hébert se rassoit. Ses index tapent sur le clavier. Il intègre les corrections. Il lance une nouvelle impression.

Hébert plie le feuillet rose. Il glisse le blanc dans une enveloppe en papier kraft. Il humifie le rabat avec sa langue.

Hébert récupère sa valise à roulettes, sa sacoche. Il descend les escaliers métalliques. Il pense à ses gosses.

Hébert a comblé tous les vides. Sa dextérité est le fruit de trente années de labeur à la solde de la France. Il a pleinement conscience de désormais la mobiliser pour ses relevés bancaires.

Louis et Maximilien méritent une belle vie. Delphine adorera partir dans une yourte en Mongolie. Hébert s'achètera un SUV à cent mille balles.

Hébert a compulsé la récolte. Il l'a passée au shaker. Il a tendu des fils écarlates entre les punaises cuivrées.

Hébert a fait des recherches sur les élections législatives de 2007, deuxième circonscription du Rhône. Jean-Pierre Fougère a collecté 41,66 % des voix au premier tour. Serge Ruggieri a culminé à 28,69 %. Jean-Pierre Fougère avait la victoire en poche. Il a immanquablement perdu.

Serge Ruggieri a obtenu 51,51 % des voix au second tour, alors qu'il y avait un tsunami bleu. Ruggieri est un animal. Jean-Pierre Fougère, candidat UMP, était un bleu.

Hébert connaît le juge Fougère. C'est un ancien juge antiterroriste hors pair. Hébert a indirectement travaillé avec lui sur une affaire au Niger impliquant Areva. Il pourrait éventuellement le contacter.

Hébert se méfie du juge Fougère. C'est un bourru soupe au lait. Hébert lui a directement mis des bâtons dans les roues sur une affaire en Syrie impliquant Lafarge. Il ne peut absolument pas le contacter.

Hébert a scotché au mur le mail adressé par Fabrice Arfi au secrétariat de Jean-Pierre Fougère. Fabrice Arfi a écrit :

« Votre secrétariat fait barrage. »

Il a écrit :

« Ma demande concerne un enregistrement. »

Il a écrit :

« Une source prétend vous l'avoir livré début 2007. Je veux seulement vérifier cette information. »

Hébert a cherché les initiales JPF dans l'agenda électronique. Il a fouillé dans les archives, dans les liasses de documents. Il n'a rien reniflé.

Hébert a rempli les interstices de la collecte Arfi par du savoir déjà en sa possession. Il a dressé un tableau crédible pour accommoder le chaos. Le juge Fougère n'est pas la deuxième source.

Fabrice Arfi a trouvé sa deuxième source. Hébert l'a repérée dans le dossier nommé « DPL ». DPL Intelligence est une agence de recherche basée à Differdange, Luxembourg. Fabrice

Arfi a échangé de nombreux mails avec un dénommé François-Xavier de Clairval, détective privé.

Hébert a repéré les initiales FXC dans l'agenda, le 3 novembre à 14 heures, le lieu de rendez-vous : stade Jaminet. Hébert a vérifié : c'est un stade de football, à Differdange. Il a compulsé les notes de frais de Fabrice Arfi. Il a trouvé une facture d'hôtel à Luxembourg.

François-Xavier de Clairval a appâté Arfi illico. Il a confirmé enquêter sur le patrimoine d'un homme politique français. Il a avoué que l'homme politique avait détenu un compte à la Banque de Luxembourg jusqu'en 2011, qu'il l'avait clôturé *intuitu personae* et que les avoirs avaient été transférés à Hong Kong par la compagnie Léry & Cie. François-Xavier de Clairval a donné un nom d'intermédiaire : André Worms, banquier lyonnais.

Hébert a ouvert le dossier nommé « Dédé Worms ». C'était une bombe à fragmentation. Une toile de flux financiers et de noms ronflants.

François-Xavier de Clairval ne possédait pas la preuve formelle du compte au Luxembourg. Il avait d'abord été le sous-traitant d'un détective privé parisien embauché par Myriam Ruggieri dans le cadre de son divorce : Jean-Paul Batelier. Le détective parisien avait toujours la charge de prouver les entorses au contrat de mariage de Sergio-couche-toi-là. François-Xavier de Clairval n'était plus sous-traitant. Il était désormais directement missionné par la femme cocufiée. Il cherchait les fonds Ruggieri coûte que coûte. Le montant : 15 millions d'euros. Au bas mot.

Hébert n'a pas tiqué. C'était raccord avec une collecte de

campagne présidentielle, le pognon brassé par Ruggieri et sa femme. François-Xavier de Clairval est la deuxième source. C'est clair comme les ténèbres.

Hébert boucle l'entrepôt. Il trimballe sa valise derrière lui, emporte ses effluves de sent-bon. Le taxi l'attend en face sous les platanes effeuillés.

Hébert a appelé son contact au ministère de l'Industrie. Son contact s'appelle Franck. Francky est un jeunot. Hébert joue au squash avec lui.

Francky lui a fait un topo. Myriam Ruggieri est la présidente du groupe Géros. Géros possède trente-deux maisons de retraite, principalement dans la région Rhône-Alpes, mais aussi à Nice, Aix-en-Provence et Biarritz.

Hébert a extrapolé. L'amour a des ressorts inextricables. L'humiliation y est proportionnelle à la quantité d'honneur. L'honneur fabrique de la haine et la haine fabrique des morts. Les épouses blousées sont prêtes à tout.

Le profil de Myriam Ruggieri consolidait les déclarations de la deuxième source. Myriam Ruggieri employait des privés pour retourner Babylone.

Hébert n'a pas contacté François-Xavier de Clairval. Il n'a pas effectué de recherches complémentaires sur Léry & Cie et André Worms.

Hébert a donné rencard au journaliste Denis Robert. C'était vendredi matin, il y a six jours. Denis Robert est le spécialiste des circuits offshores, l'homme qui est à l'origine de l'affaire Clearstream I – la grande lessiveuse de l'argent sale mondialisé. L'affaire Clearstream I a débouché sur l'affaire Clearstream II

– le corbeau. La chiraquie voulait barrer la route de l'Élysée à Nicolas Sarkozy.

Denis Robert est un dommage collatéral du volet politique. Il a été ostracisé et blacklisté des plateaux TV. Il a été attaqué de toute part et a obtenu gain de cause en cassation pour trois plaintes déposées contre lui. La Cour a souligné le sérieux de son enquête et affirmé défendre la liberté d'expression et l'intérêt général au nom de la Convention européenne des droits de l'homme.

Hébert aime bien Denis Robert. C'est un franc-tireur hétérodoxe et un gars du peuple.

Hébert savait que Denis Robert l'aiderait à y voir plus clair par animosité réciproque.

Denis Robert connaissait parfaitement la compagnie Léry & Cie. Denis Robert a prétendu que des journalistes d'investigation étaient déjà sur Anthony Léry depuis pas mal de temps, qu'ils enquêtaient sur des personnalités sensibles, comme on les appelle dans les paradis fiscaux que sont la Suisse, le Luxembourg et le Liechtenstein. Il a dit que les personnalités sensibles étaient possiblement des stars du show-biz. Il a dit :

– Léry est le pape de l'exil fiscal.

Il a dit :

– Léry est le demi-frère d'André Worms.

Hébert a demandé :

– C'est qui ça ?

– Le mec sur qui tu enquêtes.

Hébert a rigolé. Denis Robert a dit :

– Tu bosses pour qui ?

– Pour le Mossad.

– Arrête tes conneries…

– Non… pour le FSB.

Denis Robert a haussé les épaules. Hébert a dit :

– Dans ton métier, on protège ses sources, dans le mien, on protège ses employeurs.

Hébert a dit :

– Et Dédé Worms est donc le collecteur de fonds de Ruggieri, c'est bien ça ?

– Tu me le demandes pour que je ne te le demande pas ?

Denis Robert a balancé des noms clinquants. Laurent Fabius *himself*, Paul Dubrule, ancien sénateur UMP et cofondateur de la chaîne d'hôtel Accor. Denis Robert a dit :

– Maintenant, donne-moi une info ou je me tire.

Hébert a dit :

– Le juge Fougère est ou a été en possession de l'enregistrement.

– Sans blague ?

– Candidat contre Ruggieri en 2007, deuxième circonscription du Rhône.

– J'avais oublié ça. C'est lui la source ?

– J'ai pas dit ça. Une avocate de Lyon lui a remis l'enregistrement.

– Comment elle s'appelle ?

– Tu as d'autres infos ?

– Oui.

– Elle s'appelle Béatrice Le Vert. Candidate aux municipales de 2001 contre Ruggieri. Ancienne députée.

– C'est elle, la source ?

– J'ai pas dit ça non plus.

Le marché – la main invisible – l'offre et la demande – information contre information. Denis Robert a poursuivi le curetage du cloaque républicain. Il a dit :

– A priori, Dédé Worms collecte aussi ou aurait collecté le fric de Dominique Desseigne et peut-être même de Balladur, via Nicolas Bazire.

Les circuits neuronaux d'Hébert ont surchauffé. Dominique Desseigne est le patron des casinos Barrière, un intime de Sarkozy. Nicolas Bazire est l'ancien directeur de cabinet de Balladur, impliqué dans l'affaire Karachi, un intime de Sarkozy. Bazire a géré les fusions-acquisitions chez Rothschild avant d'être recruté par LVMH et Bernard Arnault. Hébert a déjà travaillé avec lui.

DCRI – Matignon – LVMH.

– C'est fiable, ça ?

– Non. Ce sont des bruits de chiottes. Mais c'est la seule façon d'accéder aux égouts, sauf si tu en connais une autre… Van Ruymbeke est dessus.

– Le juge Renaud Van Ruymbeke ?

– J'en connais qu'un. L'affaire Ruggieri n'est que le sommet de l'iceberg. Les juges ont recueilli les confidences d'un banquier luxembourgeois fin 2009, lorsque la législation s'est légèrement durcie là-bas.

– C'est qui ce banquier ?

– La justice protège le secret des sources aussi, quand ça l'arrange… J'ai plusieurs hypothèses mais je ne sais pas formellement. En tout cas, Anthony Léry, c'est l'usine de traitement. Son fonds gère six milliards, ventilés à Hong Kong et Singapour, principalement. Dédé Worms est le tuyau d'acheminement. Il y en aurait d'autres. Moralité ?

– Ruggieri est mort.

– Ils seraient nombreux à utiliser la même usine. Rien de bien différent de Clearstream…

Denis Robert a ajouté :

– Tu connais mes relations avec Plenel. Il critique mes méthodes d'investigation parce que ça lui rappelle qu'il utilise les mêmes. Pourtant, je pense que tout est vrai. Mais ça ne fera pas sauter la République pour autant. Dans ses rêves !

Denis Robert a ajouté :

– Tu es mieux placé que moi pour le savoir.

Denis Robert a demandé :

– Qui sont tes employeurs ?

– Le FSB, le Mossad… Qu'est-ce qu'on s'en branle ?

Hébert a ajouté :

– Dans ton métier, on écrit des livres et des articles. Dans le mien, on déstabilise et on manipule.

Denis Robert a lâché :

– Anthony Léry est très proche de Cécilia Attias.

– Tu veux dire de Cécilia ex-Sarkozy ?

– C'est toi qui l'as dit.

Hébert salue le chauffeur de taxi. L'avion décolle à midi. Le chauffeur rétorque qu'ils arriveront dans les temps. L'aéroport du Bourget est à côté.

Hébert a décodé les identités des informateurs derrière les initiales et les lieux de rendez-vous. Il a reconnu le colonel

Grégoire, un ancien de la DGSE[1] reconverti dans le privé. Il a identifié un correspondant bien connu des douanes. Il a découvert un ancien banquier de la place luxembourgeoise vidé du grand circuit international de la fraîche. Tout le monde a craché au bassinet.

Fabrice Arfi a consulté un ingénieur du son. L'ingénieur du son a analysé l'enregistrement. La bande n'est pas truquée. L'enregistrement est diablement intègre. Tout le monde le sait. L'Élysée le sait. L'Élysée a plus de moyen que *Mediapart*.

Le compte de Ruggieri est un secret de Polichinelle. Les avoirs ont été transférés à Hong Kong. Tout est probablement chimérique et tout est épouvantablement authentique.

Le taxi démarre. Hébert enfonce ses écouteurs dans ses oreilles. La banlieue parisienne est à l'architecture ce que la congélation est à la grande cuisine.

Hébert a dû gérer les sautes d'humeur d'Hugues Corvoisier. Il a répondu à son commanditaire jusqu'à sept fois par jour. Il a analysé les articles de presse en temps réel. Il a appelé son contact chez Havas.

Le contact s'appelle Bénédicte. Ils ont bossé ensemble sur un dossier Veolia, leur centre de tri à Sao Paulo. Ils ont couché à trois reprises. Bénédicte a dit :

– Oui, on gère le dossier en sous-main.

– En sous-main ? Coralie Bargoud jobbait encore chez vous il y a huit mois. C'est l'attachée de presse du ministre…

Béatrice n'a pas répondu.

1. Direction générale de la Sécurité extérieure, le service de renseignement.

– C'est qui chez vous ? Fouks en personne ?

– Tu ne voudrais pas qu'on dîne, un soir ? J'ai envie de baiser.

– Si tu veux.

– Ils sont tous mobilisés, je pense. Mais c'est surtout Anne.

– Anne, ma sœur Anne…

Bénédicte a ri. Elle a demandé :

– Tu sais pourquoi tu plais beaucoup aux femmes ?

– Parce que je suis redoutablement beau, peut-être ?

Bénédicte s'est esclaffée. Elle a dit :

– Tu n'es pas si bien que ça mais tu es vraiment drôle.

Hébert connaît Anne Hommel. Collaboratrice de Dominique Strauss-Kahn au FMI, la reine des reines, celle qui a bordé son naufrage.

Dimanche – petit-déjeuner. Hugues Corvoisier a ricané. Il a lu l'article du *Journal du dimanche* intitulé « Les coulisses de l'affaire Ruggieri ».

Hébert a assuré que tous les propos rapportés étaient véridiques, à l'exception de ceux de Béatrice Le Vert qui est incontestablement la première source de Fabrice Arfi. Il a confirmé que cet article dévoilait vicieusement les failles de l'enquête de *Mediapart*. Il a susurré que les histoires de fesses semaient le trouble. Il a supposé que les propos de Patrice Grangé étaient arrangés. Il a affranchi son commanditaire : les équipes d'Havas sont à la manœuvre.

Gros sous – vaudeville – règlements de comptes politiques.

Mardi – déjeuner. Hugues Corvoisier a fait dans son froc. Il a lu un nouvel article de *Mediapart* intitulé « Affaire Ruggieri : le gestionnaire de fortune qui sait tout ». Arfi s'adosse cette fois à la signature de trois autres journalistes – Dan Israel, Mathilde

Mathieu, Martine Orange –, histoire de multiplier les cibles mouvantes et d'apporter de la vraisemblance à son moulin. Il lâche la bombe Dédé Worms, son parcours professionnel, ses relations avec Pascal Ruggieri, frère du ministre et ancien président de HSBC Private Bank France, ses liaisons capitalistiques et familiales avec le sulfureux banquier luxembourgeois Anthony Léry. Beaucoup plus emmerdant, *Mediapart* dépiaute les activités opaques de Ruggieri Conseil et affirme que l'actuel ministre a développé des liens étroits avec les géants du BTP lors de son passage au ministère des Transports. Les sommes collectées sont rondelettes.

Hébert a rétorqué à son commanditaire que tous les éléments étaient véridiques et qu'Hugues Corvoisier le savait mieux que personne puisqu'il lui avait fourni une partie du fric.

Gros sous – circuits off-shore – collusion de la démocratie avec le capitalisme.

Mardi – dîner. Hugues Corvoisier a chopé la trique. Hébert lui a envoyé l'article du *Canard enchaîné* qu'un coursier lui a apporté à 17 h 12. Hugues Corvoisier a fait péter une bouteille de Cristal Roederer durant leur conversation. *Le Canard enchaîné* affirme que les révélations de *Mediapart* reposent sur une seule et unique source. *Le Canard enchaîné* y parodie Jean-Michel Aphatie & consort en réclamant les preuves. *Le Canard enchaîné* parle de vaudeville.

Jeter des hameçons – déstabiliser le régime médiatique – les super chevaliers de l'arnaque.

Hébert branche ses écouteurs. Il réécoute l'enregistrement pour la centième fois. Il adore ça.

Hébert augmente le son. Il s'imprègne de la voix de Serge « ça fait chier d'avoir un compte au Luxembourg » Ruggieri. Il entend André « le collecteur blingbling du capitalisme céleste » Worms. Il phosphore sur la mystérieuse troisième voix.

Hébert a cherché un grain de sable. Il a procédé en cercles concentriques. Il a ciblé l'entourage du ministre.

Hébert a appelé Chris à la DCRI. Son pote lui a dit d'appeler Jacky à la division T. Jacky lui a donné rendez-vous au jardin du Luxembourg.

Hébert s'est rendu au jardin du Luxembourg. Jacky lui a remis la fiche S d'un dénommé Nassim Boushaki. Il lui a fait un clin d'œil.

Le grain de sable – le plan Okazou.

Jacky a dit :

– Le nom de la personne sur qui tu fais des recherches a été caviardé. C'est bien sa sœur…

Hébert ouvre l'album photo de son BlackBerry. Il scrute la trombine de la beurette. La beurette est magnifique.

Le contre-feu – une mission juteuse à vendre à Corvoisier – du fric, du fric, du fric – plein de fric.

Le taxi file à vive allure. Hébert débarquera à Monaco vers 13 heures. Son commanditaire est déjà épouvanté. Ruggieri est bientôt mort. Hollande barbote dans un gros merdier.

Le taxi le largue sur le tarmac. Les moteurs du Falcon ronflent. Une hôtesse l'accueille.

Hébert s'installe dans un fauteuil luxueux. Le jet décolle comme qui rigole. Direction la principauté.

Hébert la reluque.

L'hôtesse est une métisse antillaise. Elle porte un uniforme. Elle lui propose un encas.

Hébert choisit une tartelette aux fraises. Il engloutit un Fanta orange. Il avale deux cafés serrés.

Hébert roupille quinze minutes. Il se réveille en sursaut. Il dit :

– Vous êtes ravissante, mademoiselle.

L'hôtesse pique un fard. Dans d'autres circonstances, elle lui retournerait une beigne. Elle a trop l'habitude.

L'hôtesse disparaît dans la cabine. Hébert sourit. Il étire sa grande carcasse.

Hébert se remémore le théorème de Pasqua : quand on est emmerdé par une affaire, il faut susciter une affaire dans l'affaire, et si nécessaire…

À nous deux, *bella*.

DOCUMENT EN ENCART : 13/12/12. *Titre et sous-titre du* Monde

« STRAUSS-KAHN ET RUGGIERI »
Gémellité et prétérition

DOCUMENT EN ENCART : 14/12/12. *Titre et sous-titre du* Nouvel Obs

« AFFAIRE RUGGIERI »
Qui est la gorge profonde lyonnaise ?

DOCUMENT EN ENCART : *15/12/2012. Transcription mot pour mot d'une interception de correspondance SMS par la NSA.*
ENREGISTREMENT À LA DEMANDE DU DIRECTEUR – CLASSEMENT : CONFIDENTIEL 1-B ; DESTINATAIRE : LE DIRECTEUR ; Interlocuteurs : Serge Ruggieri, ministre ; Anne Hommel, Havas Worldwide/Euro RSCG (ancienne collaboratrice de Dominique Strauss-Kahn au Fonds monétaire international).

[...]
AH – ♥ *Le Canard enchaîné*♥ avec nous, super semaine ! « Vivement les preuves ! », on ADORE !!
SR – Il parle de vaudeville... Ma femme citée sur Inter.
AH – « Jalousie maladive », c'est bon pour toi. Agent du fisc instable + femme vengeresse, y a mieux niveau crédibilité.
SR – Pas faux. Mais c'est pas elle. Trop en jeu, elle est pas folle.
AH – Elle a embauché des détectives !
SR – C'est vrai.
AH – On organise la rencontre avec la rédaction de France Inter. Le 19. Ou 18.
SR – Mieux mardi. Le 19, j'accompagne FH en Algérie.
AH – *Le Parisien* fait le taf. « JE N'EXCLUS PAS L'INNOCENCE DE SERGE RUGGIERI. » On pouvait pas avoir mieux. Il s'est bien fait niquer Columbo.
(Pas de réponse du ministre.)
AH – L'incendie sera éteint asap. On lâche rien.
SR – *Le Nouvel Obs* hier. On fait quoi ?
AH – Source locale. On a moins la main.
SR – Ils citent les boîtes de BTP. Vous avez vu pour qu'ils se bougent ?
AH – On fait pas. *Le Nouvel Obs* a un informateur au *Progrès*. Richard Privas, tu connais ?
SR – Mais il est correspondant au *Monde*...
AH – *Le Monde* veut pas prendre ses articles. Tu as vu Alain Bauer, récemment ?
SR – Non.
AH – Tu le connais bien Privas ?
SR – Les boules puantes avec le BTP... Ça fait chier.
AH – Le Vert, pas crédible. C'est l'avocate de Grangé, l'agent du fisc, bon pour nous. Agent du fisc piloté + jalousie maladive + ennemie politique = pain béni.

SR – Vous avez des trucs sur Arfi ?
AH – On cherche. Surtout du côté du père, ancien flic. Ça serait bien qu'il soit violent, genre. Pour le dire dans les rédactions…
SR – T'as vu ça avec qui ?
AH – À Beauvau, c'est le mieux. JMG a demandé son dossier.
AH – Les articles sur Woerth ont été noyés dans la masse…
(Pas de réponse du ministre.)
AH – Bravo. Tu tiens bien le coup. Bilan de la semaine : 2-0 pour nous.

DOCUMENT EN ENCART : 15/12/2012. *Transcription mot pour mot d'une écoute téléphonique de la NSA. ENREGISTREMENT À LA DEMANDE DU DIRECTEUR – CLASSEMENT : CONFIDENTIEL 1-A ; DESTINATAIRES : LE DIRECTEUR / LE PRÉSIDENT DES USA ; Interlocuteurs : Stéphane Le Foll, ministre ; Simone Huppert, cheffe de cabinet de François Hollande, président français.*

[…]
SH – Béatrice Le Vert a appelé Jean.
SLF – Qui ça ?
SH – Doron le dircab adjoint.
SLF – Tiens, je l'avais oublié celui-là ! Il fait chier François avec ses technos de partout. On est cernés.
HS – M'en parle pas.
SLF – Et ?
SH – Elle lui a dit qu'elle était en possession de l'enregistrement. C'est elle, la source, je crois. Elle voulait informer Pépère. Et rédiger une lettre.
SLF – Comment ça, une lettre. C'est quoi ce bordel ?

SH – Pour certifier l'authenticité de l'enregistrement.
SLF – Rien que ça... Ils se connaissent d'où Doron et l'autre tarte ?
SH – Aucune idée.
SLF – Et il a répondu quoi ?
SH – Qu'il n'était pas le bon interlocuteur et qu'il fallait transmettre tous les éléments à la justice.
SLF – Il est pas tombé dans le panneau, c'est déjà ça.
SH – *Le Canard* est un peu venu à notre rescousse.
SLF – Il les a eus, François ?
SH – Il passe son temps à discuter avec les journalistes depuis six mois.
SLF – Depuis toujours ! C'est lequel son correspondant ?
SH – Je sais plus. Didier Hassoux à une époque, non ?
Silence (2 s)
SLF – François est au courant pour l'appel de Le Vert au Château ?
SH – Évidemment.
SLF – Je le sens pas Ruggieri. Alain Bauer a dit au *Monde* qu'il avait évidemment un compte au Luxembourg.
SH – Non ?
SLF – Il a dit « évidemment ».
SH – À qui ?
SLF – Ariane Chemin.
Silence (4 s)
SLF – Le problème, c'est qu'il connaît pas mal les circuits rocardiens.
SH – Il était à son cabinet à Matignon.
SLF – Et avant à Tolbiac avec Fouks. La deuxième gauche aime plus la thune que le ciel. C'est notre plaie.
SH – T'en as parlé à François ?
SLF – Non.

SH – Tu veux que je lui en touche un mot ?
SLF – Non. Il ne veut pas qu'on lui parle de Rocard. Ça le tend.
SH – La droite tape pas. Ça en devient étrange.
SLF – Si Sarko était là, il taperait comme une bourrique. C'est le seul qui tient la route.
SH – Tu as l'air abattu.
Silence (2 s)
SH – Ruggieri a promis à Pépère d'écrire à la Banque de Luxembourg. Tu sais où ça en est ?
SLF – Je sais que Ruggieri en a reparlé à Mosco.
SH – Tu veux que j'appelle Jean-Michel Garrand pour savoir ?
SLF – Laisse-moi faire.
Silence (3 s)
SLF – Je dois te laisser, *bye*.
SH – Bises.

DOCUMENT EN ENCART : 16/12/12. *Titre du* Nouvel Obs

AFFAIRE RUGGIERI : PLENEL PRÊT À « OFFRIR SES PREUVES À LA JUSTICE »

DOCUMENT EN ENCART : 16/12/12. *Titre de CNews par AFP*

CAZENEUVE N'A « AUCUN DOUTE SUR L'INTÉGRITÉ » DE RUGGIERI

10

Bron/Villeurbanne, 18 décembre 2012.

L'information a été relayée dimanche soir par l'AFP. La presse a repris en masse : Bernard Cazeneuve n'a aucun doute sur l'intégrité de Serge Ruggieri. Il l'a asséné à « Tous politiques » sur Inter.

Djamila trouve Bernard Cazeneuve sérieux. Il ferait un bon Premier ministre. Elle l'aime bien.

Djamila est installée sur un banc public. Les bus se remplissent d'étudiants et d'une population basanée. Le parc de Parilly ferme ses portes aux joggeurs du mardi.

Djamila est aspirée par l'écran de son iPhone. Elle fait le compte. Quatorze jours écoulés. La Banque de Luxembourg. Dédé la sardine. Les menaces explicites de son mari.

Djamila est remontée à Paris. Elle a dormi à l'hôtel. Deux fois la semaine dernière – aujourd'hui officiellement, comme si de rien n'était. Aurélien ne sait pas qu'elle est ici. Djamila retournera à Paris demain.

Les réunions du groupe majoritaire sont lunaires. On parle mariage pour tous et budget de l'État tranquillou. Le patronyme Ruggieri est tabou.

L'Assemblée a rejeté la majorité des amendements au projet de loi de finances. Le rapporteur général a fait le job. Les ministres se sont succédé pour prêcher la bonne parole. La loi de finances sera enfin adoptée demain.

Les institutions de la Ve République ont été créées pour résister aux tempêtes. La tempête déferle sur les réseaux, partout. Personne ne parle de l'affaire à Djamila. Ni à l'Assemblée, ni à la Région. Nulle part.

Djamila a froid. Djamila est seule. Djamila se rappelle.

Les footings au parc pour le cardio – les jongles en bas de l'immeuble – les moqueries des garçons. La mort de maman.

Djamila a pleuré bien plus tard. Elle ne se souvient pas. Elle n'a aucun souvenir avant ses six ans.

Sa vie a commencé là. Avec ses tantes. Avec ses cousins. Avec son grand frère Nassim.

Djamila a faim. Elle a très faim. Elle a toujours faim.

Djamila a pourtant gobé le meilleur *breakfast* de la capitale à la buvette des députés. Elle a aussi déjeuné au restaurant de l'Assemblée nationale. Elle a payé son pain au chocolat quinze centimes et la sole meunière dix euros.

Djamila a un jour vécu avec ces gens qui s'assoient dans les bus, paient leurs viennoiseries plein pot et ne peuvent pas acheter de cabillaud.

Six mois de députation – les ors de la République –, les dîners à la questure et le bon vin. La double cotisation à un régime spécial, dix ans pour une retraite à taux plein. Les chauffeurs, les huissiers, les collaborateurs.

Djamila n'est pas un cas isolé. Elle n'a contracté aucun

prêt à taux zéro pour financer une opération immobilière. Elle n'a pas encore acheté de permanence parlementaire en nom propre. Elle y a pensé. Les vieux de la vieille le lui ont conseillé.

Voilà pourquoi on a incité le peuple à remplacer Dieu.

Djamila a craqué dans le TGV du retour express. Elle a partagé les propos de Cazeneuve sur son compte Facebook. À 18 h 12. Trois heures sur le qui-vive.

Vous êtes tous pourris – T'as pas choisi le bon cheval – T'es qu'une merde – Salope – Bougnoule.

Djamila rafraîchit son écran. Les commentaires ravageurs disparaissent. Aurélien les supprime instantanément. Il bloque les comptes hostiles.

Djamila ronge l'ongle de son index. Elle envoie un SMS. Elle écrit à son collaborateur :

« Tu avais raison, c'est une connerie. Supprime le partage de l'article. »

Aurélien répond :

« Trop tard. S'il y a eu des captures d'écran, ça sera pire. »

Une Clio break se gare sur la voie de bus. Le chauffeur ne la calcule pas. C'est son rendez-vous de la nuit jaune en périphérie.

Djamila contourne le véhicule. Elle ouvre la portière. Elle s'assoit sur le siège passager.

Le véhicule démarre *piano*. Son cousin sent toujours la même odeur. Abdel Boushaki est un mélange de musc et de mauvaise foi.

Djamila scrute les ombres grises des bâtiments de l'université.

Elle se remémore l'amphithéâtre de la faculté de droit. Elle n'a pas le temps d'être mélancolique.

Le véhicule se dirige vers l'A43 en vitesse de croisière. Djamila zieute Abdel du coin de l'œil. Elle regarde droit devant. Le ciel profond, les phares blancs, le bitume. Abdel balance :

– Dis ce que tu as à dire.

– T'as pas changé, en fait…

– C'est toi qui m'as appelé, Mila. Dépêche.

La tête de Djamila pivote. Elle l'examine. Elle repère le siège bébé sur la banquette arrière.

– Il a quel âge ton dernier ?

– C'est une fille. Tu ne connais pas le prénom de mes enfants.

– J'ai vu naître Naïm.

Abdel passe la quatrième. Il déglutit convulsivement. Il décoche un sourire sournois.

– Je ne suis pas responsable de l'enquête. Je bosse à la Criminelle. C'est ce que tu voulais savoir ?

– Je ne suis pas stupide.

– Tu ne voulais pas qu'on nous voie ensemble ?

– C'est pour vous protéger, pas pour moi.

– C'est aussi pour nous protéger qu'on a plus de nouvelles de toi depuis tout ce temps ?

Abdel tapote sur son volant. Il se marre. Il coupe la ventilation.

– Tu te prends pour une autre, Mila. Personne sait qui tu es.

– Tu me l'as déjà dit quand j'avais quinze ans.

Le véhicule s'enfile sur la bretelle d'accès autoroutier. Abdel prend la direction du centre-ville. Il monte les rapports, accélère. Un, deux, trois, quatre. Ça pleut.

– L'enquête a été confiée au commandant Alain Dubak. Il a été mon supérieur hiérarchique pendant huit ans.

– Tu m'as toujours détestée.

– On avait pas les mêmes rêves, c'est différent. Mon père, mes frères, on est des petites gens, nous.

– Tu parles pas de ta mère et de ta femme ?

– Ne va pas sur ce terrain-là, Mila. Ma mère s'est occupée de toi comme d'une fille. Tu n'es même pas venue à son enterrement.

Abdel double deux semi-remorques. Il se rabat sur la droite. La nuit cliquette jaune et bleu.

Direction Bron-Terraillon – chez lui – chez eux. Sous le chuintement des essuie-glaces.

– Tu aurais préféré que je sois une gentille femme à son mari, au quartier ?

– Dis-moi ce que tu veux et repars là d'où tu viens.

– Tu ne voulais même pas que je joue au foot avec les garçons. Tu avais honte de moi. Je portais malheur. Tu m'as dit un jour que je portais malheur.

Le périphérique est saturé. Les feux stop s'allument en escadrille. Abdel décélère.

– C'est toi qui as toujours eu honte, Mila.

– Qu'est-ce que tu racontes ?

– Tu avais honte des tiens. Tu tolérais ton père parce qu'il t'admirait.

– Tu aurais préféré que je devienne comme Nassim ?

– Il n'est pas pire que toi.

– Nassim, ça te pose pas de problème, Nassim ?

– Tu sais, je suis flic et Kamel a fait deux ans de zonzon. Tu te souviens de Kamel ?

Mila est au bord des larmes. Elle mordille l'intérieur de ses lèvres. Elle n'arrive pas à lui répondre.

Kamel était le plus gentil. Kamel jouait au foot avec elle. Kamel était son cousin chéri.

– Nassim était trop intelligent pour vous. Moi, j'étais trop différente.

– Il a fait son djihad en Bosnie et, toi, tu voulais être française. Quand je pense à Ahmed, ton propre père qui s'est tué à la tâche pour vous…

Djamila encaisse. Elle rallume la ventilation. Elle augmente la température. 29 degrés Celsius.

– Ça veut dire quoi ?

Abdel contracte les muscles de la mâchoire. Il se racle la gorge. Djamila demande :

– Tu as des nouvelles de Nassim ?

– Pas plus de lui que de toi. C'est pour Nassim que tu es là, en fait ?

– Tu es inspecteur de police… Tu sais où il en est ?

– Je suis commandant. Ça n'existe pas, inspecteur.

Abdel ajoute :

– Les parents nous ont enseigné l'honneur et la fidélité. On avait des valeurs chez les Boushaki. Ton père avait des valeurs.

Abdel passe la seconde. Il immobilise le véhicule dans la queue. Il plonge la main dans le vide-poche. Il s'enfile une tablette de chewing-gum.

Le véhicule cahote dans la circulation compacte. Abdel mastique frénétiquement. Djamila attend.

– Tu veux savoir si on enquête sur toi ?

– Personne n'enquête sur moi.

– Tu portes un beau nom, maintenant. Tu as ce que tu voulais.

Les tours d'immeuble défient la pluie et grimpent dans le firmament. Djamila inspire profondément. Elle avale la pilule. Elle dit :

– C'est quoi ton problème, Abdel ?

Elle dit :

– Si je donne des informations à la police, est-ce que je bénéficierai d'une protection ?

– Je t'ai pas vue depuis combien de temps ?

– C'est l'amour-propre ton problème, ton honneur à la con.

– Si tu en avais un peu plus, tu serais pas assise là.

Le bouchon se distend. Abdel passe la troisième. Il réfléchit, balance :

– Je te dépose où ?

– Je pense savoir qui est la troisième voix sur l'enregistrement de *Mediapart*.

Le moulin de la Clio va péter. Abdel passe la cinquième. Il colle au cul d'une BMW à 168 kilomètres par heure.

– Qu'est-ce que tu fous ? Ralentis !

Abdel décroche trois appels de phare. Le conducteur de la BMW lui fait un doigt. Abdel tombe un rapport. Il le dépasse par la droite.

Djamila sert la poignée de la portière. Sa vessie se contracte. Elle sert les miches. Elle hurle :

– Arrête, bordel ! Arrête !

Les projecteurs du stade Pierre Dubœuf irradient. Du linge pend sur les façades des tours Lacouture. Les antennes paraboliques indiquent que des Arabes peuplent les cages à poules.

Le véhicule file sous les ponts de la voie ferrée. Abdel s'extraie du périphérique à hauteur des Brosses. Il vise le cimetière.

– Je ne peux pas témoigner officiellement. Je vous donne le nom et je bénéficie du statut d'informateur.

– Je ne sais pas de quoi tu parles, Mila. Et ça n'existe pas non plus le statut d'informateur.

Abdel joue avec sa langue. Il aspire de la chimie mentholée. Il assène :

– T'es une balance, Mila ?

– J'en ai rien à foutre de ce que tu penses de moi.

– Soit tu es mouillée, soit tu n'es pas mouillée. Le code pénal, c'est simple comme la vie.

– C'est bon, j'ai compris. Dépose-moi.

– Tu me donnes pas d'ordre...

Djamila a désormais les yeux mouillés. Djamila ferme les paupières. Djamila se souvient.

Les trains qui passent – le dos collé au béton – sa main dans celle de Nassim – le souffle du vent – la peur et la joie.

Abdel s'arrête derrière le nouveau cimetière de Villeurbanne.

– Tu es venue comment ?

– Qu'est-ce que ça peut bien te foutre ?

– Tu es impliquée dans cette affaire ?

– Non. Mais mon mari est la troisième voix.

– Ton mari est la troisième voix... Et tu veux le dire à la police ?

– Voilà.

Abdel scrute sa cousine qu'il a un jour considérée comme sa sœur. La tête à la renverse, le regard dans le vague. Il dit, tout calme, tout doux :

– Tu m'as appelé en numéro masqué.

Une larme roule sur la pommette de Djamila. Abdel sait qu'elle joue. Djamila a toujours su se faire pleurer.

– Donne-moi ton numéro.

Djamila attend. Ses lèvres s'entrouvrent. Elle murmure.

Abdel enregistre le numéro sur son smartphone. Il ouvre sa vitre. Il jette son chewing-gum.

– Descends, maintenant.

Djamila ressent les gargouillements dans son ventre. La Clio s'éloigne. Elle crache, comme avant, quand Mila était une caillera.

Djamila marche le long du trottoir. La rue est déserte. La pluie mouille ses cheveux. Le vent décolle tout de même une mèche de son front.

Djamila n'est pas seule.

Baba Ahmed crie au bord du terrain. Et Mila déborde le grand blond. Elle crochète le grand blond. Et elle frappe dans la lucarne.

Alors *baba* Ahmed crie au bord du terrain. Mais le but ne la contente pas. Sa maman n'est pas là. Sa maman ne l'attend nulle part.

11

Lyon, 18 décembre 2012.

Encore des divagations. Encore un anxiolytique.

Couloirs de la brigade financière. Un bureau de dix mètres carrés pour trois personnes. Peggy au téléphone avec le parquet. Joseph sur Candy Crush.

Dubak dépiaute le PV d'audition d'Edwy Plenel. La directrice du SRPJ a mené le bal. Edwy Plenel a protesté.

La procédure est illégitime. Serge Ruggieri n'est pas mis en cause en tant que membre du gouvernement. La meilleure preuve est que le ministère de la Justice a confié l'enquête au parquet de Lyon.

Danielle Bernard n'est pas sortie du carcan de la procédure. L'article incriminé a bien été mis en ligne par *Mediapart*. Fabrice Arfi est bien employé par le site d'information. La plainte en diffamation du ministre de l'Intérieur est fondée. Point barre.

Edwy Plenel a été offensif. Il est prêt à livrer ses preuves à la justice. Il suffit que la police technique et scientifique analyse l'enregistrement, les trois voix.

Edwy Plenel a d'abord refusé de signer le PV d'audition. Il a fait rectifier ses propos. Tous ses arguments sont stipulés noir sur blanc.

Danielle Bernard a beaucoup souri. Elle a écouté attentivement. Les sourires ne sont pas retranscrits en Arial Black.

Peggy la rouquine raccroche. Elle s'empiffre de maïs grillé. Elle appelle les cages.

– Monte-moi madame Pélissier, s'il te plaît.

Joseph joue toujours sur son téléphone. Il déblatère par-dessus sa partie. Il passe enfin le niveau 342. Il dit :

– Tu fais pas monter le mari ?

– Non, on va se la faire à deux. T'es prêt ?

– Tu peux compter sur Joseph.

Le mari s'appelle Gérard. Il est directeur d'une entreprise de maçonnerie générale. Il fraude la TVA. Le fisc évalue l'escroquerie à 120 000 euros depuis trois ans. Sa femme fait office de comptable.

Joseph foire la trois cent quarante-troisième mission Candy Crush. Il s'insulte. Peggy est intimement dépitée.

Dubak se tire à la machine à café. Il fait couler un thé-citron. Le breuvage a le goût du Canard WC.

Abdel débarque. Dubak sait qu'il ne vient pas à l'improviste. Abdel ne navigue jamais à cet étage. Abdel dit :

– On peut se voir au calme ?

Dubak rétorque :

– C'est très calme ici.

Dubak indique le petit bureau du fond. Abdel le suit. Il referme derrière eux.

Dubak s'assoit. Il allonge ses jambes sur la table. Il croise les mains sur son ventre.

– Ça concerne ton enquête.

Dubak hausse les épaules. Il fixe Abdel nonchalamment. Il dit :

– Ça concerne ta cousine.

Abdel fait sa bouche en cul de poule. Il est gêné aux entournures. Il a toujours détesté l'humour de Dubak. Abdel dit :

– On ne se parle plus depuis dix ans et elle dit qu'elle peut t'aider.

Dubak fait monter ses sourcils. Il se tape sur les cuisses. Il rétorque :

– Allez, envoie.

– Elle sait qui est la troisième voix sur l'enregistrement.

– Ça me fait une belle jambe.

– Tu peux l'aider ?

– Je croyais que tu lui parlais plus.

– C'est ma cousine. Elle a perdu sa mère à six ans. La mienne l'a un peu élevée…

Dubak se lève. Il se rend à la fenêtre rectangulaire. Il scrute le parking, les résidences *seventies* en face de la boutique.

– On n'enquête pas sur l'enregistrement. La procédure est une vaste fumisterie. Ta cousine n'a absolument rien à craindre.

– Tu me dis si ça bouge ?

– Ouais, t'inquiète.

Abdel ouvre la porte. Dubak ne se retourne pas. Il demande :

– Qui est la troisième voix ?

Abdel attend trois secondes. Il reluque dans le couloir. Dubak insiste :

– C'est qui ?
– Tu la couvres en cas de grabuge ?
– Tu as ma parole.
Abdel jauge le linoléum. Il déglutit. Il lâche enfin :
– C'est son mari.
– Son mari ?
– Celui dont elle porte le nom, oui.
Dubak se tourne. Il fixe Abdel. Il ne sourit pas.
– Il n'apparaît pas dans la procédure.
– Je te remercie.
– De rien.
– Tu l'aimes bien, ta cousine ?
– C'est compliqué.

Mamy débarque à 16 h 30. Elle claque la bise à Joseph. Elle claque la bise à Peggy. Elle place un Tupperware sur le bureau de Dubak. Dubak demande :
– Qu'est-ce que tu fous là ?
– C'est mon anniversaire.
– Ton anniversaire ?
– Ouais. Je vous invite à la pâtisserie.
Joseph décline. Peggy décline. Elle interroge :
– Vous avez quel âge, madame Piroli ?
Joseph pouffe. Il dit :
– Mamy n'a pas d'âge.
Le téléphone de Dubak sonne. Il décroche. Le brigadier des cages demande :
– On vous le monte aussi, monsieur Pélissier, ou pas ?
Dubak raccroche. Il ignore Mamy. Il fait un signe à Peggy.

– Rappelle en bas. C'était pour toi.

Peggy fait la moue. Elle rouspète. Elle dit :

– Et tu pouvais pas le transférer ?

Joseph glousse. Il se gratte le nez. Il demande :

– Tu nous as apporté quoi de bon, Mamy ?

– Du civet de lapin.

– Oh putain, du civet de lapin !

Dubak se lève. Il enfile sa parka. Il demande :

– On va fêter ça dans quelle pâtisserie ?

– Chez Jocteur ?

– À l'île Barbe ?

– Ouais. Ils font les meilleures tartes à la praline de Lyon.

– Mais…

Dubak n'a pas le temps de terminer sa phrase. Mamy est déjà sortie du bureau. Joseph ne rigole plus. Il fixe Dubak.

Joseph demande :

– Elle faisait pas la gueule ?

– Plus.

12

Monaco, 19 décembre 2012.

Le Fairmont Hotel. Un bâtiment antisismique hideux. Une piscine losange en roof top. Des pilotis qui s'élèvent de la Méditerranée mi-verte mi-bleue.

Le ronflement des sportives remonte du front de mer. Hébert boit des Cuba libre depuis quatre jours. Il roupille sous ses Ray-Ban Aviator.

Un débarquement héliporté de Courchevel. Des Russes boursouflés sur des banquettes en tek. Trois putains ukrainiennes dans l'eau chauffée.

Hébert commande des crevettes à la sauce samouraï. Il mate les sirènes slaves et barboteuses.

Hébert lit un article du *Parisien*. Son BlackBerry vibre. Hébert décroche.

– Ouais ?

Hugues Corvoisier rétorque :

– On se retrouve au salon dans quinze minutes.

Hébert se redresse sur sa chaise longue. Il dispense toutes ses dents à une grande brune. La grande brune a la mine renfrognée.

– La salle Grand Prix ?
– Non, la galerie Cristal, là où est organisé le cocktail ce soir.
Hébert pince sa paille entre les dents. Il aspire le rhum au coca. Il se lève et s'étire. Son omoplate droite craque.
Un Ruskov le reluque. Hébert lui fait un signe du menton. Ça veut dire : je suis un tueur sélénite, j'ai un 9 mm dans ma chambre, je vais te l'enfoncer dans le cul. Le petit gros baisse les yeux.

Winterry a organisé une réunion au sommet avec des émissaires du Qatar. La délégation compte quatre-vingt-dix membres. Principalement la famille du prince héritier Tamim ben Hamad Al Thani. Le prince deviendra souverain quand son père abdiquera. L'affaire est déjà dans les tuyaux.
Le paternel a fait des miracles en France. Il aime bien Dominique de Villepin. Il était du premier défilé de Nicolas Sarkozy le 14 juillet 2007.
Le cheik a obtenu l'exonération fiscale pour les investissements qataris dans l'Hexagone. Ses édiles ne sont redevables de l'impôt sur la fortune qu'après cinq années de résidence métropolitaine. La France a déroulé le tapis rouge à des ploutocrates thuriféraires d'Allah.
Winterry a dans le viseur : le pont de l'amitié Qatar-Bahreïn, le tramway de Lusail, le métro et le port de Doha. Des milliards et des milliards sur des décennies.
Hébert descend à l'accueil. Il traverse le hall. Du simili-acajou de partout. Des comptoirs longs comme des pistes d'atterrissage. Des hôtesses en uniforme et des majordomes avenants.

Hébert porte un pantalon en toile et une chemise hawaïenne. Serviette éponge autour du cou et claquettes Adidas. Il dépareille comme jamais.

Le hall grouille de petits Arabes et de trentenaires enturbannés. Une femme guindée gueule à un comptoir. Hébert reconnaît le chapeau et la voix. Il choisit le comptoir attenant.

L'hôtesse lui offre un sourire gêné. Geneviève de Fontenay est remontée comme un coucou. Elle désigne une grande fille. Elle est dans la rodomontade.

– Ben voyons ! Vous ne remettez pas Marine Lorphelin ? La plus belle des Miss France ?

Geneviève de Fontenay déclare :

– Vous nous avez promis une suite et nous aurons une suite.

Elle déblatère :

– Bon sang de bonsoir, c'est pas possible une incompétence aussi crasse !

Marine Lorphelin a un joli minois. Elle est montée sur talons. Elle est châtain *bellissima*.

Marine Lorphelin a été Miss Saône-et-Loire et Miss Bourgogne. Hébert a suivi son élection à la téloche. Il a hésité avec la Nouvelle Star.

Delphine s'est endormie sur son épaule. Louis a fait des pompes sur le tapis du salon. Maximilien a trop kiffé la retransmission.

Hébert dit à son hôtesse :

– Faites monter une bouteille de rhum à la 124.

– Très bien, Monsieur. Vous voulez la carte, Monsieur ?

– Mettez-moi le plus cher. Avec des bouteilles de Coca.

– Des cannettes vous iraient ?

– Non, des bouteilles en verre de 25 cl. Pas 33, surtout. Les petites.

La galerie Cristal est un rectangle bas de plafond de cinq cents mètres carrés. Quatre basanés s'attellent à disposer des tables ovales. Hugues Corvoisier admire la Riviera depuis les baies vitrées.

Hébert traîne des pieds sur le marbre beige. Il passe une colonne en stuc, une plante verte. Il danserait bien le boogie-woogie. Hébert approche et dit :

– Vous organisez une soirée tropicale ?

Hugues Corvoisier ne relève pas. Hébert allume un cigarillo. Hugues Corvoisier dit :

– C'est non-fumeur, Gérald.

Hébert tire trois lattes. Il avale la fumée. Il écrase son mini Davidoff dans un pot de fleur.

– Il me faudrait quelques précisions, Gérald. Commençons par le commencement. Vous êtes certains que le ministre a rencontré ces gens de *Mediapart* ?

Hébert désigne un métis au fond de la salle. Il dit :

– Ce sont des Indiens mandatés par le FSB, ces gars, aussi bien. Vous devriez être plus discret.

– Vous êtes paranoïaque, Gérald, ça ne me rassure pas.

– Ça devrait… C'est notre métier.

Hugues Corvoisier dodeline de la tête. Ses lèvres rentrent à l'intérieur de sa bouche. Il rajuste son blazer. Il fixe les vapeurs de l'horizon.

– Ruggieri les a rencontrés au ministère le mardi 4 décembre, à 9 h 30, le jour même de la publication du premier article. Arfi s'est déplacé avec le directeur de la rédaction.

– Plenel ?

– Non, c'est un autre. Et Havas a géré en amont.

– Comment ça ?

– Stéphane Fouks a appelé chez *Mediapart* pour savoir ce qu'Arfi avait. Sans doute un mélange de flatterie et de menace de ce que m'a laissé entendre mon contact chez eux. Fouks a dit qu'il avait lui aussi eu connaissance d'une rumeur sur un compte… Lors d'un dîner en ville… Il a parlé du divorce de Ruggieri, évidemment.

Hébert enchaîne :

– Fouks était de la campagne de Jospin en 2001.

Hébert fournit des détails :

– Les petites mains de l'Assemblée ont fait passer des papiers au ministre durant la séance du lundi. Ruggieri a dit que des merdes comme ça, il ne voulait même pas être au courant.

– Pourquoi les a-t-il rencontrés alors ?

– Il a appelé Mauduit à chaque suspension de séance. C'était une mauvaise façon d'évacuer la pression.

Hugues Corvoisier se concentre sur le panorama. Il souffle. Il ne tilte pas. Hébert précise :

– Laurent Mauduit, cofondateur de *Mediapart*…

– Ils sont nombreux, ces enfoirés ?

– Plus que ça, Hugues. C'est l'attachée de presse de Ruggieri qui a géré après. Elle s'est offusquée. Elle est de chez Havas, aussi. Coralie Bargoud.

– Nous savons, ça.

Hébert ne demande pas si le « nous » fait référence à lui et à Dieu. Il noie le poisson :

– Arfi a même adressé un mail au ministre.

– Ce n'était pas dans votre note…

– Vous vouliez que je ponde un rapport ?

– Quelle était la nature de ses questions ?

Hébert débite :

– Pourquoi ne pas avoir déclaré ce compte au Luxembourg, ouvert à l'époque où vous étiez conseiller du ministre des Transports ? Pouvez-vous nous préciser l'origine des fonds qui l'ont alimenté ? Avez-vous envisagé la clôture de ce compte fin 2000, quelques mois avant l'élection municipale de 2001 ? Avez-vous été informé du fait que l'existence de ce compte ait été porté à la connaissance du ministre du Budget Éric Woerth, en juin 2008 ? L'ancien ministre ou l'administration vous ont-ils alors alerté ?

– Vous les connaissez par cœur, ces questions ?

– Évidemment, mais nous nous égarons.

– Et donc, Ruggieri a reçu *Mediapart* au ministère ?

– Oui, il a même enregistré la conversation sur son iPhone. Mais nous nous égarons encore.

Hébert marque une pause. Il se poste à côté d'Hugues Corvoisier.

– À propos d'enregistrement, j'ai fait analyser la voix sur celui de *Mediapart*. J'ai eu les résultats ce matin et c'est lui, à 99 %.

– Je préférerais 100 %, Gérald.

– Le 1 % prouve que c'est scientifique. Il a eu un compte, il est allé le fermer en personne au Luxembourg, les avoirs ont été transférés à Hong Kong. Il est fait et démissionnera tôt ou tard. Leur stratégie de communication est sensass mais elle devra se confronter au réel. Arfi et Plenel ne lâcheront pas. Ce sont des clébards. Ils jouent leur crédibilité, et la crédibilité, c'est leur vie. Conclusion : vous avez chaud au cul.

– Mais Hollande…

Hébert le coupe :

– Nous ne pouvons pas intervenir sur la réalité. Je ne vais pas vous bidouiller un truc à la Clearstream. Nous pouvons seulement fabriquer une alternative.

– C'est très cher, Gérald, d'autant que je ne comprends pas tous les tenants et aboutissants.

– 500 000 euros vous seront restitués. J'en ai besoin pour générer des flux. Seuls mes honoraires seront décaissés.

– Mais nous ne sommes pas directement inquiétés ! Et vos honoraires sont faramineux…

– Vous oubliez l'article du *Nouvel Observateur* de vendredi sur les largesses d'Eiffage et les vôtres. Sans compter les ragots qui circulent à Lyon.

– Ne serait-il pas plus simple de décrédibiliser leurs sources ?

Hébert se frotte les mains. Il se gratte l'aisselle. Il dit :

– Que croyez-vous qu'ils sont en train de faire ? Tous les intervenants sont sous surveillance. On ne va pas envoyer les cochons dans le maïs. C'est le meilleur moyen d'être en première ligne.

Hugues Corvoisier place une paume sur la vitre en verre securit. Il se frotte la calvitie. Il gonfle ses joues asthéniques.

– Réexpliquez-moi votre plan en trois mots, Gérald.

Hébert cherche l'inspiration dans le sillage d'un porte-conteneurs qui croise au large. Il dit :

– Une partie des fonds a été détournée pour alimenter l'entreprise terroriste de Nassim Boushaki, le frère de la damoiselle.

– Et c'est une bonne diversion ?

– À ce niveau-là, c'est la bombe atomique. La petite famille Boushaki vaut son pesant d'or. Elle est la députée suppléante de Ruggieri. La proximité avec le ministre est une opportunité fantastique.

– Sans doute. Mais je ne suis pas totalement convaincu.

– Elle est mariée avec le chef cab, Hugues. C'est du tout cuit.

– Vous me l'avez déjà expliqué. C'est assez retors.

– La balle est dans votre camp. Sur ce, je vous souhaite une bonne fin de journée.

Hébert se dirige vers la quadruple porte. Il allonge le pas. Il décompose ses gestes. Il entend :

– Mais vous faites quoi, Gérald ?

– Je me tire !

– Revenez, nom de Dieu !

Hébert pivote sur lui-même. Il fixe Hugues Corvoisier cinq secondes. Il scrute les veines de ses tempes.

Dans le même temps : les serveurs colorés stoppent leur job. Ils matent Hugues Corvoisier et Hébert à tour de rôle. Leur chef fait claquer sa langue. Les manards reprennent leur tâche.

Hugues Corvoisier approche.

– Vous pouvez vraiment faire ça ?

– Je ne connais rien de mieux que le terrorisme islamique pour affoler l'opinion.

Hugues Corvoisier sonde les rastaquouères. Ils s'affairent à nouveau. Ils ont forcément entendu.

Hugues Corvoisier passe un bras autour de l'épaule d'Hébert. Ils se mettent en marche.

– Combien de temps ?

– Quinze jours pour poser les premiers jalons. Les équipes de communicants de Ruggieri tiendront jusque-là. D'autant qu'il y a la trêve des confiseurs. Le mec est chattard, c'est Noël.

– Mais comment allez-vous faire ?

– Est-ce que je vous demande comment vous remportez les marchés qataris, Hugues ?

Hugues Corvoisier se marre. Hébert se marre. Ils sortent du salon Cristal.

Un long corridor. Un gugusse qui remonte la moquette pétrole. Costard, cravate, lunettes à monture incolore.

Hébert le remet de suite. C'est cette grande tante de Maxime Mandelieu. Le lobbyiste en chef du BTP. Hébert susurre :

– Vous ne devriez pas traîner avec ce pédé.

13

Paris, 20 décembre 2012.

La ROUTINE.

Djamila bâille. Djamila écoute d'une oreille. Djamila dort debout.

La coupole dorée – le velours rouge – les colonnes blanches et le marbre rose. Un décorum de théâtre rital.

Djamila est présente à la demande du secrétariat général du groupe socialiste pour faire le quorum. Elle prendra la parole une dizaine de fois. Ça entretiendra sa bonne position sur *nosdeputes.fr*. Un oui compte pour une intervention dans l'hémicycle. Djamila sait faire.

Aurélien tient la cadence des questions écrites. Son attachée parlementaire parisienne se charge de la rédaction des amendements. L'entreprise Garrand-Boushaki tourne à plein régime. Djamila est la soixante-deuxième députée la plus active de France.

Djamila tue le temps. Elle voudrait qu'Abdel rappelle. Abdel ne rappelle pas.

Catherine Vautrin est affalée en haut du perchoir. C'est

un soutien de Jean-Pierre Raffarin qui a viré sarkozyste. La vingtaine de parlementaires siège à cause des sénateurs qui ont adopté une proposition de loi sur la représentation communale dans les communautés de communes et d'agglomération.

Djamila s'en tamponne de la différence entre décentralisation et déconcentration des pouvoirs. Elle n'y comprend rien. Elle sait que tout se décide au Château.

La ministre déléguée chargée de la décentralisation prétend pourtant que l'intercommunalité est un sujet essentiel pour l'avenir des territoires. L'achèvement de la carte intercommunale est une absolue priorité. Le gouvernement soutient l'initiative sénatoriale.

Surtout, la ministre fait le job. Elle excuse Serge Ruggieri, son ministre de tutelle, qui est en déplacement avec le président de la République en Algérie. C'est la dernière séance de l'année et la meilleure nouvelle depuis longtemps : le mari de Djamila n'est pas dans les parages. Jean-Michel Garrand a pris l'avion présidentiel et ne rentrera que demain. Le pays de ses aïeux offre opportunément un répit.

Djamila a surpris une conversation téléphonique avant son départ. Le sujet était la remise de la Légion d'honneur à Jean-Pierre Mignard. Jean-Michel Garrand se délectait des histoires de fesses de Hollande. Jean-Pierre Mignard deviendrait officier en Algérie. Djamila n'a pas identifié l'interlocuteur de son mari. Son mari a distinctement dit :

– Impossible de remettre la breloque à Jean-Pierre avant. Rottweiler et Ségo ne peuvent pas se trouver dans la même pièce. C'est pour ça que ça a lieu là-bas. Il a un vrai problème avec sa queue, Flanby, quand même…

Djamila sait que Ségo veut buter Valérie Trierweiler. Elle sait que Jean-Pierre Mignard est l'avocat de *Mediapart.* Elle extrapole.

Hollande est sur le grill. Il remet la Légion d'honneur à l'avocat des accusateurs de Ruggieri. Djamila n'en tire aucune conclusion tangible.

Son mari a distinctement dit :

– Flanby est double-face. Ils sont intimes et c'est leur avocat. On sera là pour veiller au grain.

Djamila revient sur Terre. Elle devra fêter Noël chez ses beaux-parents. Sa belle-mère était prof de maths. Son beau-père est un cordon bleu. Ils rendront leur fils plus supportable.

Djamila fait semblant. Elle ouvre Google. Elle tape « Nassim Boushaki ». Il y a 1 932 occurrences. Son frère n'a pas de fiche Wikipédia. Un certain Mohamed Nassim Boushaki a une fiche Wikipédia. La fiche est écrite en arabe.

Djamila ne lit pas l'arabe. Elle ne parle pas l'arabe. Aucune occurrence ne concerne son frère. Djamila tape « cellule islamiste de Chasse-sur-Rhône ». Elle trouve tout un tas de merde. Son frère n'est jamais cité.

Djamila gratte après lui. Elle le fait depuis une semaine. Elle n'aimerait pas que Nassim soit mort. Elle aimerait qu'il n'ait jamais existé.

Djamila écoute la rapporteuse. Djamila occupe la place 343. Le siège 342 est celui de Pierre Mendès France. La référence est stipulée sur un écriteau bronzé.

Le regard de Djamila parcourt la tapisserie grandiloquente derrière la présidente. Toute l'école d'Athènes est là : Platon, Aristote, Épicure, Socrate, Diogène. Raphaël y a placé Léonard de Vinci et Michel-Ange. Djamila ne sait pas que c'est une réplique du Vatican.

La petite Mila fabrique l'histoire. La petite Mila tortille du croupion. La petite Mila est parmi eux.

Djamila s'emmerde. Elle navigue sur la toile. Elle ne peut pas s'en empêcher.

Djamila lit un article de *Libération* mis en ligne à 21 h 56. Le titre est « Ruggieri peine à se faire blanchir par la Banque de Luxembourg ».

L'article relate un billet paru sur le blog de Serge Ruggieri. Son mari l'a rédigé dans leur salon en bouclant ses valises.

En gros, maître Dorcel a adressé une demande à la Banque de Luxembourg à titre anonyme car Ruggieri souhaite être traité comme un citoyen lambda. Son mari a posté la réponse de la banque, invoquant le secret bancaire : « *Nous devons vous informer que, par principe, nous n'accédons pas à ce type de requête et n'établissons pas de confirmations négatives.* »

Djamila connaît le vice. L'anonymat est un effroyable tour de passe-passe. Il suffisait de déposer une requête nominative.

L'article indique aussi que Ruggieri a rencontré des journalistes de France Inter avant-hier. Ruggieri leur aurait certifié que la voix sur l'enregistrement de *Mediapart* n'est pas la sienne.

Son mari et Coralie Bargoud sont des professionnels de l'embrouille et de la duplicité. Le cerveau de Djamila oscille entre le sommeil et l'excitation. Elle met son portable en veille. Elle le rallume.

Djamila est fatiguée. Djamila est effrayée. Elle lit un article du *Nouvel Obs* mis en ligne à 17 h 08. Elle ne peut pas s'en empêcher. Le titre est « Compte au Luxembourg : Ruggieri veut écrire à la banque ».

La République rapplique. Elle se dilue en séance de nuit. Gérald Darmanin tressaute sur son banc. Il dit :

– Très bien !

Djamila ne peut pas le piffrer. Le demi-sel est bien trop avenant. Il lui sourit. Djamila se sent à poil.

Un autre député s'exclame :

– Rendons à César ce qui est à César !

C'est un Breton. Djamila ne se souvient plus de son nom. Un ballet réglé au millimètre. Ministre. Présidente de séance. Rapporteuse. Président de la commission des lois. Député de l'opposition. Député de la majorité. Article 1. Article 2. Article 2-bis. Article 3. Article 4. Article 5. Article 6. Vote, vote, vote.

Le culte républicain est un plagiat grossier de la liturgie monarchique. La souveraineté populaire est son trompe-l'œil. Le peuple se préoccupe de football et aime Michel Sardou.

Voilà son sacerdoce et Djamila ferme les yeux. Et Nassim rapplique. Alors Djamila sent son odeur. Son Nassim adoré est en elle.

La République veut se picuter. Il faut boucler rapido. Catherine Vautrin a la voix usée. Elle dit :

– Personne ne demande la parole ?

La présidente met aux voix l'ensemble de la proposition de loi. Il y a une abstention. La proposition de loi est adoptée.

La rapporteuse dit :

– Je remercie l'ensemble des députés qui ont travaillé activement sur ce texte. Nos travaux n'ont pas été, vous l'avez bien compris, un long fleuve tranquille. Merci, Madame la ministre, de votre soutien. Merci, Monsieur le président de la commission. Je souhaite à tous de bonnes fêtes de fin d'année.

Le regard de Djamila croise celui de la rapporteuse. Elle se prénomme Nathalie et c'est sa copine. Nathalie lui adresse un clin d'œil. La présidente lève la séance.

Nassim est loin. Nassim est perdu. Djamila ne le verra jamais plus.

L'horloge numérique de l'Assemblée nationale indique 0 h 50. Djamila sauvera ses miches.

DOCUMENT EN ENCART : 21/12/12. *Titre et sous-titre du* Figaro

« AFFAIRE RUGGIERI : LA DÉTENTRICE DE L'ENREGISTREMENT IDENTIFIÉE »
La propriétaire de la bande enregistrée sur laquelle, selon *Mediapart*, Serge Ruggieri reconnaît détenir un compte au Luxembourg, est l'ancienne rivale du ministre de l'Intérieur à la mairie de Lyon, Béatrice Le Vert. Elle a pris contact avec l'Élysée.

DOCUMENT EN ENCART : *21/12/2012. Transcription mot pour mot d'une écoute téléphonique de la NSA. ENREGISTREMENT À LA DEMANDE DU DIRECTEUR – CLASSEMENT : CONFIDENTIEL 1-A ; DESTINATAIRE : LE DIRECTEUR ; Interlocuteurs : Serge Ruggieri, ministre ; Jean-Michel Garrand, chef de cabinet de Serge Ruggieri.*

[...]
SR – Cette pute ! Cette pute ! Cette pute !
JMG – Elle n'est pas crédible.
SR – Cette pute ! Cette pute ! Cette pute !

JMG – L'Élysée est partie prenante désormais. Ils pourraient faire analyser l'enregistrement.
SR – Mais qu'est-ce que tu racontes ! C'est une sale pute, je te dis. Elle s'est fait enfiler par la moitié de Lyon, bordel. On va sortir les dossiers, nous aussi. On va lui taper la tête contre les murs jusqu'à ce que ça saigne.
JMG – J'ai fait procéder à une analyse.
SR – Hein, quoi ? Par les services ?
JMG – Bien sûr que non. Mais c'est concluant.
SR – Putain mais on est au téléphone, bordel !
JMG – Nos téléphones sont sécurisés, Serge.
SR – Putain de merde.
Silence (5 s)
JMG – Ça va le faire.
Silence (2 s)
JMG - Ton séjour en Corse...
SR – Quoi, encore ?
JMG – Faudrait pas que ça s'ébruite...
SR – Tu sous-entends quoi, là ? Je vais voir ma mère. Ma mère a pas le droit de vivre en Corse ?
JMG – Ce n'est pas concluant me concernant.
Silence (2 s)
SR – Faut que t'ailles voir Myriam. Elle fait chier. Elle est complètement givrée, là. Faut que ça s'arrête. Dis-lui que je lui laisse tout. Je m'en branle.
Silence (4 s)
SR – Elle tient le coup ta femme ?
JMG – T'inquiète pas de ce côté-là. Djamila est persuadée que tout est inventé.
SR – Comme tout le monde...
JMG – Ouais, comme tout le monde.

SR – Tout ça est une putain de manipulation pour me faire tomber.
Silence (3 s)
SR – C'est le Château qui fait chier.
JMG – Hollande est avec personne. Il n'est pas toujours avec lui-même.
SR – Ne le sous-estime pas. Son côté anguille, c'est sa force.
Silence (2 s)
SR - Regarde l'histoire de ma déclaration de patrimoine avec mon expert-comptable.
JMG – D'accord. Et pour le formulaire n° 754 ?
SR – De quoi tu parles ?
JMG - La demande de renseignement adressée par le DGFIP.
SR – On répond pas à ce putain de formulaire.
JMG – Mais...
SR – J'ai vu en direct avec Mosco. Ça nous foutrait dans la merde.
Silence (4 s)
SR – J'ai le PR en double appel.

14

Lyon, 22 décembre 2012.

Opération kamikaze : en foirage intégral.

Danielle Bernard lui chie une pendule au petit matin. La directrice du SRPJ tape le plateau de son bureau. Elle fait voler une pile de rapports. Elle aboie comme un clébard.

– Le préfet m'a appelée, bordel ! Le préfet !

Dubak ne la roule pas dans la farine. Il a conditionné sa mise à mort. Cette bonne femme va l'humilier une bonne fois pour toutes.

– Qui vous a demandé de vous pointer au cabinet de maître Le Vert ? Qui vous a demandé d'y aller hier soir !

Dubak décoche un sourire candide. Il ouvre les mains en grand. Il jette de l'huile sur le feu.

– Béatrice Le Vert est en possession de l'enregistrement mis en ligne par *Mediapart*. Elle est la source qu'Edwy Plenel a refusé de nous donner.

– Ne me prenez pas pour une truffe. Toute la France est en possession de ce foutu enregistrement ! Vous avez procédé en toute connaissance de cause. Juste parce que vous rêvez que je vous retire l'affaire...

– Elle n'a pas voulu me recevoir, Madame le Commissaire divisionnaire. Pas la peine d'en faire un plat.

Danielle Bernard sort complètement de ses gonds. Elle se lève de son fauteuil. Elle serre les poings.

– Encore heureux, commandant ! Encore heureux ! Cessez de donner mon grade. Arrêtez ça tout de suite ! Et surveillez votre langage aussi, sinon ça va chier des bulles.

– *Mediapart* prétend que la deuxième voix est André Worms et il est lyonnais d'origine. Je voulais juste vérifier avec elle.

Danielle Bernard hurle :

– Vérifier qu'André Worms est lyonnais ? Mais la deuxième plainte n'est même pas notifiée ! Il va falloir nommer un juge d'instruction. Vous mettez la charrue avant les bœufs !

Dubak la boucle. Il mate le bout de ses godasses. Il déglutit spasmodiquement.

– Il n'y a toujours pas d'enregistrement dans notre procédure. Vous m'entendez ? C'est une plainte en diffamation. Je vous répète que ça concerne un article de *Mediapart*, pas un enregistrement. Vous le savez aussi bien que moi ! Et je ne vais pas vous retirer cette affaire. Pigé ?

Danielle Bernard reprend son souffle. Elle se rassoit. Elle secoue le menton.

– Maintenant, vous vous tenez à carreau. Aucune initiative sans mon assentiment.

Elle dit :

– Tirez-vous.

Dubak s'exécute. Il quitte le bureau. Il prend ses cauchemars pour la réalité.

Opération kamikaze : *bis repetita.*

Dubak appelle Yannick Ropagnol à Saint-Cyr-au-Mont-d'Or. Yannick Ropagnol est capitaine à la police technique et scientifique. Dubak marche sur des œufs. Il le sonde. Le capitaine Ropagnol rétorque :

– Je ne demande pas au collègue et je ne peux pas faire ça.

– Même chez toi, le soir ?

– Mais j'ai pas le matos, Alain.

– T'as pas envie de savoir si c'est lui sur cet enregistrement ? Pour t'amuser, juste ?

– Ça ne m'amuse pas du tout. Je n'ai pas envie de me faire saquer pour une connerie à la Dubak. Tu déconnes vraiment à plein tube, vieux.

– Bon tant pis.

Dubak sillonne Lyon. Il bouffe un kébab sur les pentes de la Croix-Rousse. Il descend sur les berges du Rhône.

Il marche, il marche, il marche.

Dubak avale un bromazépam. Il remonte dans sa voiture. Il bascule son siège et somnole.

Opération kamikaze : funeste et intrépide.

Dubak enfile une main dans la poche intérieure de sa parka. Il déplie le papier plié en quatre. Il est marqué : Philippe Blanchin, école Jean Rostand. C'est le nom que lui a filé Privas. C'est son lieu de travail. Philippe Blanchin est instit.

Dubak traverse le 6e arrondissement longitudinalement.

Les bourgeoises remplissent les cafés. Elles sirotent du thé à la bergamote.

Le véhicule banalisé se faufile jusqu'au métro Masséna. Dubak se gare sur une place pour handicapé. Il contourne à pinces le pâté de maisons.

Rue Tête-d'Or. Le quartier pue toujours le fric. Dubak passe la cour extérieure.

Un portail gris, les grilles. Le bâtiment en pierre blanche est majestueux. Fin XIXe siècle.

Dubak file rue Tronchet. Il lit une plaque commémorative. Il est inscrit : « Ici le 24 août 1944 à 7 heures, les troupes allemandes ont lâchement assassiné soixante Français innocents. »

Un drapeau bleu, blanc, rouge et un étendard européen sur le porche. Le fronton indique : « École de garçons ». Dubak appuie sur le bouton poussoir de l'interphone. Il dit :

– Commandant Alain Dubak, police criminelle.

Deux nounous philippines attendent des chiourmes. Elles lui donnent des sourires. Trois bourges attendent leurs gosses. Elles se font de grands yeux.

Philippe Blanchin est homo.

Dubak les repère toujours vite fait. Sûrement parce qu'il les préfère. Avec Blanchin, ça se voit comme le nez au milieu de la figure.

Blanchin le reçoit dans la salle de classe. Dubak se pose sur une chaise pour enfant. Blanchin est assis sur le plateau de son bureau.

Tableau vert – abécédaire – magnétophone des années 90.

Dubak quitte sa parka. Il entrouvre sa veste. La crosse de son Beretta est visible.

Blanchin est tout émoustillé. Dubak le brasse. Blanchin se renfrogne. Ça dure trop longtemps.

Dubak passe au plat de résistance. Il affirme :

– Vous répandez des ragots sur la campagne municipale de Serge Ruggieri. Vous parlez d'un dépassement du plafond des dépenses. Vous accusez une agence de communication, Licorne.

– Mais…

– Il n'y a pas de « mais ».

Blanchin décroise les bras. Il décroise les jambes. Il cligne des paupières convulsivement.

– Vous avez une convocation, quelque chose ?

– Je peux demander une mise en examen pour dénonciation calomnieuse et vous convoquer à l'hôtel de police. C'est ce que vous voulez ?

Dubak lâche :

– Vous enseignez à deux pas des Brotteaux. J'aurais plutôt vu un secrétaire du Parti socialiste à Vaulx-en-Velin.

– Vous vous prenez pour qui ?

– Pour un commandant de police.

Blanchin saute du bureau. Il se dirige au fond de la salle. Il range des piles de livres sur une table ronde.

Dubak se lève. Il approche *piano*. Il patiente gentiment.

– Je suis secrétaire « fédéral »…

– Responsable pour tout le département ?

– C'est ça. Mais il y a une plainte ?

Dubak s'assoit sur le bureau de la petite Marie-Anne. Le prénom est collé dessus. La calligraphie est impeccable.

– Non, il n'y a pas de plainte.

Blanchin continue son manège. Il range des pots à crayons. Il classe les prénoms des enfants par couleur sur un grand tableau magnétique.

– Pourquoi vous enquêtez, alors ?

– On peut s'auto-saisir de faits délictueux, ça vous avait peut-être échappé ?

– Mais vous enquêtez sur quoi, exactement ?

– Je suis enquêteur principal sur l'affaire Ruggieri. Donc, soit vous êtes plus conciliant, soit j'appelle le proc' et vous allez être obligé de me suivre.

Blanchin se tourne. Il a la bouche sèche. Il force un sourire.

– Vous plaisantez ?

– Il y a une autre solution. La coopération avec les enquêteurs. Disons que vous seriez un informateur et que votre nom ne figurera pas dans la procédure.

– C'est possible ça ?

– Vous avez des éléments probants ?

– C'est-à-dire que…

– Avez-vous des éléments probants ?

Blanchin ne répond pas. Dubak assène :

– Si Serge Ruggieri a eu un compte au Luxembourg, qu'on dit maintenant à Hong Kong, et que vous avez des preuves qu'il y a financement illégal de sa campagne municipale, je m'attellerai à démontrer que cet argent provient des comptes cachés.

– Je n'ai jamais parlé de financement illégal.

– Ça s'appelle comment, alors ?

– Je ne sais pas d'où viennent les fonds.

– OK. OK. Il a dépassé les plafonds légaux, on est d'accord ?
– Écoutez, je ne sais pas.
– Vous ne savez pas ?
– Non.
– Vous voulez que Ruggieri s'en tire ? Parce que c'est comme ça que ça va se terminer…
Blanchin ne réplique pas. Il cesse toute activité. Il contrôle sa respiration.
– Pourquoi racontez-vous partout qu'il a dépassé les plafonds pour sa campagne ?
– Je ne l'ai pas raconté partout !
– Ah ouais ? À combien de personnes ? Deux, trois ? Cinquante ?
– Je ne sais pas !
– Vous ne savez rien, dites-moi ? J'ai pourtant la preuve que vous vous êtes répandu. Donc, si vous n'avez aucun élément probant, c'est de la dénonciation calomnieuse.
– Je connais le président de la République, vous savez ?
– Sans blague ? Vous voulez qu'on l'appelle ?
Dubak sort son smartphone. Il interroge avec les yeux. Il tend l'engin à Philippe Blanchin, professeur des écoles à Lyon 6e, secrétaire fédéral du Parti socialiste, département du Rhône.
– Bon, j'appelle le procureur. Je vais être obligé de vous embarquer…
Blanchin hésite. Il retourne à son bureau. Il s'assoit derrière.
Dubak lâche :
– Vous n'aimez pas les flics, hein ?
– Je ne leur fais pas confiance, c'est différent.

– Et vous croyez à toute mon histoire ?

Dubak avance vers le bureau. Il place les mains sur le plateau. Il se penche démesurément.

– Je ne suis habilité à rien du tout.

– Pardon ?

– Je vous fait maronner.

– Vous n'êtes pas enquêteur sur l'Affaire Ruggieri ?

– Si. Mais l'enquête est une vaste fumisterie. La procédure ne concerne pas le fond du dossier. J'ai besoin de votre aide.

– Je ne comprends plus…

– Si vous avez des éléments, donnez-les-moi. Je veux le coincer. Mes chefs ne le veulent pas. Personne ne le veut vraiment. Si le proc' apprend que je suis ici, je suis muté à Saint-Pierre-et-Miquelon.

Dubak insiste :

– Vous n'entendrez plus parler du commandant Alain Dubak de votre vie, c'est promis.

L'échange de regards dure deux secondes. Blanchin scrute à travers les fenêtres. Il fait coulisser le dernier tiroir de son bureau.

Blanchin sort une pochette. Il la dispose devant lui. Il baisse le ton d'un bémol.

– Il y a les comptes de la campagne officielle. C'est ventilé par arrondissement mais il manque pas mal de choses. Certains éléments n'ont pas été enregistrés.

– Vous avez un dossier ? Ici ?

– C'est plus sûr que chez moi.

– Ce sont des preuves ?

Blanchin ne répond pas.

– Vous avez eu ça où ?

– Je les ai récupérés auprès de la commission, tout simplement.

– Et vous avez quoi d'autre ?

– Des sondages téléphoniques ont été commandés en amont par Ruggieri, des tracts ont été distribués par les militants en quantité astronomique. Sans compter le clip de campagne facturé 2 000 euros, une blague, et les dépenses de communication sous-évaluées, les affiches, tout. Ce que je sais est là-dedans. Il manque 100 000 euros, au bas mot. Peut-être 200, 300…

– Comment ça ?

– Ils sont devenus fous durant les dernières municipales.

– Qui ça, « ils » ?

– Ils ont déclaré 420 000 euros de dépenses. C'est complètement irréaliste. La campagne a été pharaonique. On n'avait jamais vu un tel déploiement de moyens pour des municipales. On se serait cru sur une campagne présidentielle.

– Et qui a payé le surplus ?

– Aucune idée.

– C'est la boîte de com qui a géré ?

– Avec l'homme à tout faire de Ruggieri, oui. Son chef de cabinet. L'un des patrons de Licorne n'est autre que son meilleur ami. Garrand est son témoin de mariage.

– Jean-Michel Garrand ?

– Oui. JMG pour les intimes. Sa femme est la députée suppléante de Ruggieri. Djamila Garrand-Boushaki.

Dubak revoit Abdel débarquer à la Crim. C'était il y a vingt ans. Abdelkader Boushaki était un petit morveux arriviste. Dubak demande :

– Vous avez une dent contre eux ?

– Peut-être bien. Mais qu'est-ce que ça change ?

– Ils vous ont fait quoi ?

– Ce qu'ils font à tout le monde. Ils verrouillent les investitures, ils tiennent tout. Et quand quelqu'un les gêne, ils l'abattent.

– Vous vouliez être député ?

– Non, pas du tout.

– Mais comment c'est possible de planquer autant de dépenses ?

– Je ne sais pas.

– Pourquoi n'avez-vous pas donné ces éléments à la justice ?

– Vous croyez à la justice, vous ?

– Comment ils ont fait ?

– Je ne sais pas, je vous dis. Mais il y a forcément une double comptabilité.

– Une double comptabilité…

– Oui. Il a bien fallu que le dépassement soit réglé. D'une façon ou d'une autre. Parce que derrière, les prestations sont réelles.

– C'est la boîte de com ?

Blanchin fait glisser la pochette. Dubak pose une main sur le carton. Blanchin ne lâche pas la pochette.

– Je n'entendrai plus parler de vous ?

– Jamais. Vous avez ma parole.

15

Luxembourg, 23 décembre 2012.

Petit Papa Noël.

Le virement a été effectué la veille en provenance de Zurich, Suisse. 750 000 euros. Le dépôt minimum pour ouvrir un compte dans la majorité des succursales des banques françaises au Luxembourg est de 500 000 euros.

Hébert déhotte du siège de la Nord Europe Private Bank. Il a toujours travaillé avec cette filiale du Crédit Mutuel. Son homme s'appelle Michel.

Michel lui a remis un attaché-case rempli de coupures de deux cents euros. Michel n'a posé aucune question.

Le quartier sud de la capitale du Grand-Duché n'est pas loin de la gare et à deux pas de l'autoroute. À Gasperich, on fait dans la location de bureaux. Les immeubles poussent vite. Les Français pullulent. Ils aiment les parcs, les étangs, les commerces de la Cloche d'Or.

Le ciel est insipide. La rue est insipide. Les bâtiments sont bas et insipides. Pelouses, parkings, béton. Hébert préférerait crever que de vivre ici.

La berline l'attend de l'autre côté de la rue. Le chauffeur est tiré à quatre épingles. Il est aussi affable qu'un croquemort autrichien. Il démarre presto. Hébert dit :

– Rue Sainte-Zithe, à côté de l'hôpital.

Hébert le prononce à la française, pour faire chier. Le chauffeur lui demande le numéro en allemand, pour la même raison. Hébert répète :

– Rue Sainte-Zithe.

Le chauffeur hoche la tête. Il jette un coup d'œil à Hébert par-dessus son épaule. Il serre les dents.

Les fonds pèsent exactement 2,750 kilos. L'attaché-case est menotté à son poignet droit. Hébert le serre contre son flanc.

Dix-huit minutes plus tard. Un virage à 90 degrés derrière la place des Martyrs. Centre-ville Est. Hébert gueule :

– Stop !

Le chauffeur pile par réflexe. Un camion de livraison manque de les emplâtrer. Le klaxon retentit frénétiquement devant le bar Lord Nelson.

Hébert se gondole. Il fait glisser deux billets de vingt sous l'appui tête du siège passager. Il dit :

– *Bitte*.

Hébert maîtrise un seul mot d'allemand. Il aime bien ce mot. Il l'utilise souvent à bon escient.

Hébert pousse la porte du restaurant Tibet. C'est écrit en rouge sur fond jaune. Il aurait pu choisir le Damas, à trois pas de porte. Cependant, Hébert n'a jamais mangé népalais.

Un petit Bouddha médite derrière Hicham. Hicham a

le crâne rasé, une moustache. Sa chemise bleu pétard est ouverte sur une chaîne argentée. Il n'a pas quitté ses lunettes aux verres fumés.

Brigitte l'a relooké à l'entrepôt. Hébert a piloté l'opération reine de beauté. Brigitte est la maquilleuse officielle de Patrick Sébastien et de Johnny Hallyday.

Hicham a un vrai air à la Reda Zouabri. Hébert a un passeport à ce nom aussi à l'hôtel. Une copie du passeport originel a été confectionnée à l'imprimerie nationale de Flers-en-Escrebieux. Modèle Delphine. Date de signature du préfet du Rhône : 10 septembre 2001. Même tuyau que la DCRI, dessous de table de 3 000 euros.

Hébert a vieilli le passeport au solvant. Il a écorné des pages. Il a décollé la couverture à l'acétone et au sèche-cheveux. Le passeport est pour tout à l'heure. Hicham a aujourd'hui voyagé sous le nom d'Hicham.

Reda Zouabri est bien connu de la DCRI. Il est activement recherché. Il a été repéré dernièrement à Londres. C'est un enfoiré de salafiste constellation Al-Qaïda, né à Vénissieux, Rhône. Il a fait deux ans de taule avec Nassim Boushaki.

Hébert commande au pif. La thukpa s'avère être une soupe aux nouilles. Hébert avale les légumes tout rond.

Hébert parle de la pluie et du beau temps. Il demande où Hicham passera le réveillon. La chaînette de l'attaché-case est trop courte.

Hicham mange des momos. Il plonge les raviolis dans la sauce pimentée. Il s'arrache la bouche et boit beaucoup trop d'eau.

Hicham passera le réveillon de Noël avec sa petite sœur, sa mère, son père, une ribambelle de cousines. Hébert demande :

– Où ça ?
– Chez ma nièce à Aulnay-sous-Bois.
– Cité de la Rose-des-Vents ?
– C'est ça.
– Elle a quel âge, ta nièce ?
– Elle est juste plus vieille que moi.

Hébert fait remarquer que Noël est une fête chrétienne. Hicham lui demande s'il croit en Dieu. Hébert s'esclaffe.

Hébert s'essuie les babines. Il envoie :

– Si Dieu existait, j'aurais déjà porté plainte, mec.

Hicham murmure :

– *Allahou Akbar.*

Hicham est un peu grand. Il a le teint exsangue. Hébert n'avait que lui sous la main.

Hébert lèche sa cuillère. Il se racle la gorge. Il débite :

– À l'aller, tu portes le sac de sport bien visible. Et surtout, pas de parasites sur l'image. Tu regardes une fois derrière toi. Trois secondes. OK ?

Hicham hoche la tête. Il déglutit. Il n'est visiblement pas dans son assiette.

– À l'étage, tu fais le plus d'esbroufe possible. Parle fort. Il faut que ça enregistre. Tu prononces son nom distinctement et le tien, Reda Machin Truc. Tout va bien se passer. Pour la sortie, je m'en occupe, t'inquiète pas.

Hébert place son oreillette. Il dit :

– Vas-y, parle.

Hicham dit :

– T'es vraiment trop trop belle.
– T'es con.

Hébert se lève précautionneusement. Il retire son oreillette. Il distribue un clin d'œil mirifique au serveur chinetoque. Il lui lâche cinquante sacs.

Hébert ne pénètre pas chez Léry & Cie, dont le siège est au 38. Il se poste en face de l'épicerie Cash & Carry. Il scrute les étals de choux, d'oignons et de patates.

L'immeuble ne paie pas de mine, la devanture du rez-de-chaussée ressemble à celle d'un podologue. Rien ne prédestinait cette rue à être le goulot d'étranglement de l'argent sale de la politique française.

Hébert allume un cigarillo. Il contrôle sa montre Swatch. Il pompe et bloque la fumée dans ses poumons.

Hébert pisserait bien contre un mur. C'est comme ça avant chaque opération. Dérèglement psychogène. Une histoire de sphincter et de vessie.

L'attente est trop courte. Hébert n'a pas le temps de trouver une contre-allée. Il est 13 h 58. La camionnette se gare en double file. Philippe a deux minutes d'avance.

Philippe est aussi bon en pilotage qu'en photographie. Chauffeur est son métier, les téléobjectifs sont sa passion. Il fait des mariages l'été pour arrondir ses fins de mois.

L'angle est impeccable. Les clichés seront d'une qualité supérieure. Les warnings font *clic-clac clic-clac*. Hébert jette son cigarillo dans le caniveau. Il pousse la porte de l'immeuble pseudo-alémanique. Il monte au deuxième étage.

Hébert est accueilli par une jeune femme longiligne. La jeune femme porte un tailleur-pantalon. Sa peau est marron clair. Hébert mise sur l'Afrique de l'Est. Il dit :

– *I have an appointment with Mr. Léry.*

Anthony Léry le reçoit dans un petit salon. Hébert glisse la mallette derrière ses mollets. Il détache l'attaché-case de son poignet.

Anthony Léry a une tête de bureaucrate. Costume strict, calvitie, cheveux blanc immaculé, cou flasque. Il a fait HEC en 1963, Harvard en 1965.

– Monsieur Ickx, c'est ça?

– Peu importe mon nom, Monsieur Léry. Je ne suis pas un gangster. Appelez-moi Jacky.

– Vous êtes journaliste?

– Non, je viens faire un dépôt pour un ami, comme convenu.

Hébert tapote l'attaché-case. Il fait tinter la chaînette. Il hausse les épaules.

– 500 000, comme je vous ai dit par téléphone.

– Vous voulez dire que vous avez 500 000 euros dans cette mallette?

– C'est ça.

– Vous ne m'avez pas parlé de dépôt...

Hébert la boucle. Il sourit connement. Anthony Léry s'offusque. Il dit:

– Nous nc voulons pas d'argent de la drogue et tout ça.

Hébert rétorque avec l'accent espingouin:

– Vous mé préné pour Pablo Escobar?

– C'est une caméra cachée?

Hébert le fixe. Il passe une main dans ses cheveux naturellement gras. Il assène:

– On fera un virement de cinq millions la prochaine fois.

– Un virement?

– C'est ça, en provenance de Monaco. Mais avant, il me faut un compte.

Anthony Léry écarquille les paupières. Il ne retient pas un rictus sur le côté. Il dit :

– D'où proviennent ces fonds ?

Hébert place l'attaché-case sur ses genoux. Il l'ouvre. Il le positionne sur la table basse en rotin. Les liasses de billets sentent fort.

– Mon ami veut avoir une preuve de votre probité. Et il souhaitera nécessairement vous rencontrer. Comment faut-il procéder ?

– Pour me rencontrer ?

– Non, ça, je sais faire. Pour ouvrir un compte...

– Combien voulez-vous placer en tout ?

– Trente millions, pour l'instant.

– Trente millions...

– C'est ça.

– Une coquette somme, n'est-ce pas ?

– Moins que ma femme.

Anthony Léry est désarçonné. Hébert tente d'épingler son regard. Anthony Léry hésite entre Hébert et le mur derrière lui.

Hébert se tourne ostensiblement. Il visualise le poster. Il sourit benoîtement.

– Expressionnisme allemand ?

Anthony Léry ouvre les mains. Il scrute l'affiche. Il dit :

– Je ne sais pas.

– Huile sur toile, Kirchner. Je dirais 1913.

– Vous êtes marchand d'art ?

– Absolument pas. Je dois remplir un formulaire ?

– Si vous voulez un compte numéroté, oui.
– C'est ce que je veux.
Hébert referme l'attaché-case. Anthony Léry explique sommairement. Léry & Cie n'est pas une banque. Le compte sera ouvert sous soixante-douze heures. Il suffit effectivement de remplir un formulaire.
Anthony Léry conseille la banque UBS. Hébert peut utiliser un pseudonyme s'il souhaite que le nom ne soit pas référencé. Léry & Cie intégrera le compte à son portefeuille d'actifs. Les fonds seront transférés à Hong Kong et Singapour. Le compte UBS restera crédité à la convenance.
– Vous garantissez le secret bancaire ?
– Il est total, celui qui l'enfreint risque la prison.
– Et si mon ami a un contrôle fiscal ?
– En France ?
– Par exemple.
– Vos déclarations d'impôts ne nous regardent pas. Sachez qu'un agent du fisc s'adressera à vous et non à nous. Or, sans ordre de votre part, nous ne pouvons pas bouger. Il faut que vous demandiez vous-même la levée du secret bancaire vous concernant.
– Mon ami…
– Oui, votre ami, pardon.
– Donc, il y a tout intérêt.
– C'est à lui de juger quel est son intérêt personnel. Il est responsable de toute infraction à une législation nationale.
– Et la rémunération ?
– 6,2 % garantis. Il vous faudra simplement régler les frais de gestion.

– OK. Le pseudonyme sera Reda.

Hébert sort son BlackBerry. Il y va tout doux. Anthony Léry demande :

– Vous faites quoi ?

– Mon ami va monter. Il est en bas et il veut vous voir. Le deal est super.

Hicham doit décrocher à la quatrième sonnerie. Hébert fait claquer sa langue. Hébert fredonne :

– Avec des jouets par milliers… N'oublie pas mon petit soulier…

Hicham va monter. Hicham va décliner son identité. Hicham s'appelle Reda Zouabri et il ne rigole pas.

Hicham décroche. Hébert ne parle pas. Il raccroche.

Un enfoiré de salafiste aura bientôt un compte dans la même banque que Serge Ruggieri, ministre de l'Intérieur de la République française. L'enfoiré de salafiste est un pote de zonzon de Nassim B. Nassim Boushaki est le frangin de la beurette qui se la pète.

C'est *okazou*, juste au cas où. Hébert renifle. Hébert ferme les yeux.

Bientôt le ramdam.

DOCUMENT EN ENCART : 23/12/12. *Article du* Parisien

« LES ZONES D'OMBRE DE L'AFFAIRE RUGGIERI »

Pourquoi la Banque de Luxembourg n'a pas levé le secret bancaire ?
[...] Problème : le ministre n'a, semble-t-il, pas posé la bonne question, raison pour laquelle la Banque de Luxembourg a répondu, le 13 décembre, que « par principe, nous n'établissons pas de confirmations négatives ». Selon un expert du droit bancaire luxembourgeois, un établissement bancaire ne peut en effet que « confirmer une relation d'affaires ». Afin de prouver sa bonne foi, Serge Ruggieri aurait donc plutôt dû formuler sa question à la Banque de Luxembourg de la manière suivante : « Merci de bien vouloir me confirmer que je suis client chez vous. » [...]
La justice peut-elle être saisie ?
Pour trancher le vrai du faux sur le compte au Luxembourg, il faudrait que la justice s'empare du sujet. En théorie, le parquet pourrait ouvrir une enquête sur un soupçon de « blanchiment de fraude fiscale ». « Ce serait la seule façon de faire la lumière sur ce dossier », explique un magistrat. Contacté hier, le parquet de Lyon n'a pas donné suite. Le

parquet étant placé sous la responsabilité du garde des Sceaux, cette décision est forcément délicate. [...]
Sa déclaration d'intérêts est-elle complète ?
La déclaration d'intérêts, que Serge Ruggieri a remplie en tant que « ministre de l'Intérieur », est courte. Dans ce document n'apparaît pas son rôle dans la société Ruggieri Conseil et son activité dans le groupement d'Ehpad qu'il a dirigé avec Myriam Ruggieri, son ex-épouse. L'entourage du ministre indique que « Ruggieri Conseil n'avait pas à figurer dans la déclaration d'intérêts, puisque son activité s'est arrêtée en 1997. Par ailleurs, Serge Ruggieri a cessé son activité chez Géros en 2007 ».

DOCUMENT EN ENCART : 23/12/12. *Titre du* Parisien

L'AVENIR DE RUGGIERI ENTRE LES MAINS DE L'ÉLYSÉE

DOCUMENT EN ENCART : 24/12/12. *Titre et sous-titre du* Journal du dimanche

« AFFAIRE RUGGIERI : DE NOUVELLES VERSIONS CONTRADICTOIRES »
L'ancien juge ant-terroriste Jean-Pierre Fougère a affirmé dimanche dans une interview à parismatch.com que Béatrice Le Vert, rivale politique de Serge Ruggieri, lui avait remis en 2007 un enregistrement concernant le ministre de l'Intérieur.

DOCUMENT EN ENCART : 24/12/12. *Titre de* Libération

FÊTES STUDIEUSES POUR LE GOUVERNEMENT

16

Banlieue sud de Lyon, 24 décembre 2012.

Saint-Genis-Laval. Une zone artisanale moyenne gamme. Des lampadaires qui allument la nuit ouatée.

Jean-Michel Garrand glisse un pli dans la boîte aux lettres du cabinet d'expertise comptable Fournery & Vagaud. Il a laissé la porte du taxi ouverte. Djamila a froid.

Djamila a déjà patienté trente-cinq minutes devant la villa de Myriam Ruggieri sur le chemin de Fontanières. C'était au-dessus de la Saône. C'était pour offrir une boîte de chocolats à la femme multi-cocufiée. C'était pour convaincre la doctoresse de renoncer à la malveillance et sécher ses larmes.

Le taxi démarre direction Vourles. Chez Belle-maman et Beau-papa. Une famille française bien sous tous rapports.

La bretelle autoroutière en express – les cheminées des usines chimiques – les gaz blancs qui montent.

Djamila se ronge l'ongle du pouce. Elle se retient depuis trop longtemps. Elle lâche :

– Le gentil toutou a ramené le nonos à la niche de son papa ?

Son mari ne la regarde même pas. Jean-Michel Garrand fait défiler les mails sur son premier smartphone. Il contrôle le fil des dépêches AFP. Son autre smartphone est dans sa main gauche. Il répond à contretemps :

– J'aimerais passer une bonne soirée. Je n'ai vu mes parents qu'une seule fois en six mois.

– C'est moi qui ai fait leurs cadeaux…

Son mari n'entend pas vraiment. Il est sur un canal stratosphérique. Il donne des ordres à des énarques éberlués.

Djamila veut en découdre maintenant :

– S'il n'avait pas menti sur sa déclaration, on serait chez tes parents depuis une heure. Au lieu de ça, tu fais le factotum.

Son regard se perd dans le paysage fantomatique. Son souffle fait de la buée sur la vitre. Elle décoche :

– Tu es sa pute mal payée.

Son mari met un coup de genou dans le dossier du siège passager. Le chauffeur fait mine de rien. Jean-Michel Garrand daigne jeter un œil à Djamila.

– Tu peux te taire, maintenant ?

– Tu es obligé de porter un document à son expert-comptable le soir de Noël. Comment tu appelles ça ?

Jean-Michel Garrand est à cran. Il lui faut un remontant, un rail de coke.

– S'il te plaît, tais-toi.

– Pauvre mec.

Jean-Michel Garrand va lui décocher un direct au foie. Son second portable vibre. Ça s'affiche PP75. Il dit :

– C'est le préfet de police de Paris. Tu te tais. Pigé ? Tais-toi.

– Laquais.

Djamila a envie de rire. Djamila a envie de pleurer. Djamila retient une montée de gerbe.

Il y a des heurts avec des jeunes dans une cité du Val-de-Marne. Ce sont les prémices du réveillon de la Saint-Sylvestre. Djamila et son mari la bouclent le reste du trajet.

Vourles. Lotissement Les Oliviers. Au milieu des champs de pêchers. De la camelote pour cadres sup'.

Belle-maman a tartiné les canapés. Beau-papa a fourré une dinde aux marrons. Sa belle-sœur s'appelle Sandrine.

Belle-maman est adorable. *Ma petite Djamila. Tu es jolie comme tout. Tu es resplendissante.*

Beau-papa est fidèle à lui-même. Il fait des blagues. Il fait sauter le bouchon de champagne pour faire peur aux deux neveux.

Sandrine est méfiante. Elle a toujours aimé Djamila. Mais c'est la femme de son frère.

Sandrine a été jolie. Elle a quarante-cinq ans. Sa frange lui donne un air gentil. Chez elle, elle s'occupe de tout : les gosses, son job, la baraque, tout.

Le beau-frère est plutôt sympa, assez déconneur. C'est un *self-made man*. Il fait dans la téléphonie.

Les neveux ouvrent leurs paquets. Ils bondissent comme des cabris. Ils pilotent leurs drones avec l'iPhone de leur père.

Le beau-frère s'amuse autant qu'eux. Il fracasse un joujou technologique sur l'armoire vitrée. Les deux neveux se gondolent. Le beau-frère glousse.

Djamila sourit mais Djamila est triste. Elle ne sera jamais Sandrine. Elle n'aura jamais plus de famille.

Djamila offre le foulard Hermès à Belle-maman. Elle offre Maupassant en Pléiade à Beau-papa. Belle-maman et Beau-papa sont contents.

Jean-Michel Garrand n'assiste pas aux effusions de joie. Il s'est exilé dans la cuisine. Un coup de fil urgent. Peut-être le ministère. Peut-être un directeur de la sécurité publique. Peut-être une de ses pouffiasses.

Djamila échange un regard avec Belle-maman. Elle est trop humble pour être la mère qu'elle n'a pas eue. Elle lui donne un petit sourire par-dessus.

Beau-papa passe à la deuxième bouteille de Mumm. Djamila boit une troisième coupe. Son mari débarque. Jean-Michel Garrand est préoccupé.

Djamila avale le breuvage cul sec. Elle est toute guillerette. Elle réclame une quatrième rasée.

Le beauf félicite Beau-papa pour le foie gras maison. Les mouflets se chamaillent. Djamila est déjà pompette. Elle pense à Nassim. Elle pense à un temps perdu qu'elle a tout bonnement inventé.

La situation se tend au fromage. À cause de son mari, évidemment. Belle-maman dit :

– On ne parle pas de politique, ni de religion, Jean-Michel. C'est la règle ici, tu le sais bien.

Jean-Michel invective le beauf. Il dit :

– Dis-le que tu as voté Sarko.

Jean-Michel ne tient pas mieux l'alcool que Djamila. Le beauf ne rétorque rien. Il caresse la main de Sandrine.

Belle-maman n'en veut même pas à son protégé. Elle est fière de lui. Beau-papa tord le nez. Il se pose des questions sur le fiston. Encore plus depuis la bombe Ruggieri.

Jean-Michel Garrand a son sourire de traviole. Djamila est bourrée. Elle se sert un verre de Gigondas.

Jean-Michel Garrand quitte le salon. Il monte à l'étage. Belle-maman sert la bûche aux marrons.

Djamila demande à son beau-frère une cigarette. Elle l'allume illico. Beau-papa ne fume plus depuis cinq ans. Il dit à son gendre :

– Donne-m'en une, toi.

Beau-papa tire une énorme latte. Il dit :

– On est tous de gauche dans la famille. Il est juste tendu, excuse-le. Faut comprendre. Tu es des nôtres, tu le sais bien.

Le beauf dit :

– Je sais.

Ils terminent la bûche sans Jean-Michel Garrand. Djamila aide Belle-maman et Sandrine à débarrasser. Ils sont peut-être tous de gauche mais les femmes restent les domestiques.

Djamila dit :

– J'ai besoin de prendre l'air.

Djamila enfile son manteau. Elle sort sur la terrasse. Sandrine la rejoint. Sous le clair de lune, Djamila dit :

– Je suis enceinte, je ne l'ai pas dit à ton frère.

Sandrine est estomaquée. Djamila dit :

– Il me trompe avec tout Paris.

Djamila dit :

– Tu as de la chance, toi.

Djamila s'adosse au mur crépi. Sandrine approche. Elle dit :

– Il ne faut pas boire, tu sais. Il ne faut surtout pas boire. Et il faut lui dire. Peut-être que ça arrangera les choses.

Djamila rétorque :

– Il était comme ça avant, n'est-ce pas ?

Sandrine ne répond pas. Elle renifle. Elle dit :

– Il faut lui dire, Djamila.

Djamila relève le col de son manteau. Elle dit :

– À quoi bon ? Il s'en foutra…

17

Lyon, 25 décembre 2012.

Le Nord – midi et demi.

Dubak caresse la cicatrice de son front. Mamy est aux anges. Elle bâfre une tête de veau. La brasserie Paul Bocuse sert la meilleure de la ville.

Dubak n'aime pas le gras. Il a pourtant pris le même plat. Mamy dit :

– Albator est contrarié ?

– C'est la première fois que tu m'appelles comme ça.

– C'est à cause des cheveux. Tu comptes aller chez le coiffeur, un jour ?

– Ils sont trop longs ?

Mamy présente sa coupe de champagne. Elle l'invite à trinquer. Dubak rechigne. Il finit par attraper son verre de San Pellegrino.

– Je reste sur Chouchou, si tu préfères. Ou Bichon alors ?

– T'es con.

– Poussin ?

Mamy lui a toujours attribué des petits noms. « Bichon » est le surnom qu'il déteste le plus. Dubak avale quatre gorgées d'eau pétillante. Les bulles lui piquent jusqu'aux cornées.

Le serveur rapplique avec deux caquelons et un saladier de pommes vapeur. Mamy recommande du champ'. Dubak commence par le morceau de langue. Il asperge de sauce gribiche. Mamy dit :

– Tu m'inquiètes de plus en plus, tu sais.

Dubak renifle. Il a juste envie de pleurer. Il a tout le temps envie de pleurer. Il mate son assiette.

– Bon, tu m'as toujours inquiétée, j'avoue.

– C'est parce que tu es une inquiète. C'est ton tempérament.

– Oui mais ça dépasse l'entendement, là. Y a une nouveauté ?

– Je ne sais pas.

– On pourrait rentrer chez moi, on allume le gaz, on fait un Scrabble et on attend que ça pète.

Mamy attaque par la couenne. Elle badigeonne de moutarde. Elle baragouine la bouche pleine :

– Ça te suffit pas de m'avoir ?

Elle ajoute :

– Si tu dis non, je me tire, je te préviens.

Dubak hausse les épaules. Il n'arrive pas à articuler. Il sent une pression dans le fond de sa gorge. Ça monte et il ne va pas pouvoir contrôler ses yeux. Même son œil mort va chialer. Comme gosse, dans le noir, dans son lit.

Dubak ne place pas les mains de part et d'autre de son assiette. Elles y sont déjà. Il ne contrôle rien.

Mamy étend son bras. Elle se penche sur la table. Elle lui caresse les phalanges.

– Oh, beau gosse !

Dubak la fixe. Il ne la regarde pas réellement. Son œil se perd dans le miroir en hauteur.

– Concentre-toi sur le boulot, tu veux ? Même si c'est un job de chien…

Les voûtes rouges – les boiseries alsaciennes – les suspensions.

Le feu.

Tout brûle indistinctement. Dubak a chaud. Il voudrait se lever. Il voudrait renverser les tables. Il voudrait commettre un crime de masse.

Dubak inspire profondément. Il bloque l'air dans ses poumons. Son palpitant secoue sa cage thoracique.

Dubak n'a pas faim. Il n'a jamais faim. Il a envie d'alcool. Il a envie de drogues. Il a envie d'un retour en arrière.

Dubak souffle. Lèvres entrouvertes. Doucement. Tout doucement. Il murmure :

– J'aurais éventuellement besoin de toi.

– Pour quoi faire ?

– Fric-frac.

– Sans blague ?

Mamy demande :

– C'est quoi la cible ?

– Le patron d'une boîte de com. Bastien Gobert.

– Ça sort d'où ce truc ?

– La campagne électorale de Ruggieri.

Mamy zieute le couple de vieux tout à fait gentils à leur droite. Elle chope le regard du papy curieux. Le papy retourne à son repas de Noël. Il tranche un fagot de haricots.

– Cambrioler son entreprise ?

– Non, son domicile.

– C'est pas vraiment ton enquête, ça…
– Du tout, non.
– C'est une façon d'organiser ton suicide ?
– Plus ou moins.
– Plutôt plus que moins ?
Mamy demande :
– Quand ?
– Je ne sais pas…
Dubak ajoute :
– Maintenant ?
Mamy trempe un croûton dans la saucière. Elle pompe la mie. Elle engloutit le pain mollasson.
– Il est parti avec sa femme et ses enfants ce matin.
– Qui ça ?
– J'ai passé la nuit en bas de son immeuble, et la matinée aussi.
– T'es vraiment un dingo de première.
Dubak se lève. Il calibre Mamy. Il dit :
– J'ai pas faim de toute façon. T'es prête ?
Mamy lève les yeux au plafond.
– Tu déconnes ?
– Non.
Mamy recule sur la banquette. Elle tape sur ses cuisses.
– Tu fais chier. J'ai ma patte folle…
Dubak désigne son pull-over. Il forme un flingue avec ses doigts. Il dit :
– T'as une tache.

DOCUMENT EN ENCART : 26/12/12. *Article de* Mediapart

« AFFAIRE RUGGIERI : NOUVELLES RÉVÉLATIONS L'AFFAIRE RUGGIERI POUR CEUX QUI NE VEULENT PAS VOIR »

Les révélations successives de *Mediapart* mettent l'Élysée au pied du mur. Aux responsables politiques qui parlent d'« allégations », *Mediapart* présente les cinq points-clés de l'affaire du compte luxembourgeois. Des preuves ? Elles sont là, pour tous ceux qui, de bonne foi, veulent lire, écouter et comprendre.

Les cercles du pouvoir en parlent depuis deux semaines : pour quand un remaniement gouvernemental, et de quelle ampleur ? En off, des conseillers de l'Élysée démentent que le sujet soit à l'étude. Peu importerait l'impopularité historique de l'exécutif dans les sondages, les dysfonctionnements multiples des ministres et ministres délégués de Beauvau, les critiques contre le Premier ministre Jean-Marc Ayrault, l'affaiblissement de la majorité parlementaire (avec le rejet de plusieurs textes par les sénateurs), l'absence de sursaut face à l'envolée du chômage et à la dégradation violente de la conjoncture économique.

À ce contexte s'ajoute désormais l'affaire Ruggieri. Ou plutôt celle de ce compte luxembourgeois non déclaré détenu pendant une vingtaine d'années, jusqu'en février 2010, par l'actuel ministre de l'Intérieur. Officiellement, le soutien de l'Élysée et de Matignon à leur ministre est sans faille. En réalité, les nombreuses informations révélées par *Mediapart*, tout comme les questions laissées sans réponse par M. Ruggieri ont enclenché ce qui ressemble fort à un compte à rebours.

La situation est brutalement résumée par un conseiller de Bercy, cité – toujours en off – par *Le Figaro* de ce mercredi : « Je ne vois pas comment le Président peut garder Ruggieri. On ne va pas se traîner l'"affaire Woerth" pendant six mois. À un moment, Hollande fera un arbitrage politique. » La tonalité ne diffère guère de ce que nous avions déjà écrit.

Beaucoup plus prudent, parce que s'exprimant ce 26 décembre publiquement sur France 2, le député socialiste Olivier Faure a dénoncé un « feuilleton à la *Clochemerle* », ne voyant « à ce stade » que des « allégations ». Mais celui qui a été le conseiller politique de Jean-Marc Ayrault a clairement fixé l'enjeu : « Est-ce que quelqu'un peut apporter la preuve inverse ? Pour l'instant non. Si c'était le cas, il serait bien entendu en difficulté et le gouvernement aussi et il serait certainement amené à quitter ses fonctions. »

L'enjeu est bien celui-ci, et nous l'avions souligné dès notre premier article : c'est une question d'éthique, de respect de la loi et de moralité publique qui est posée par la situation de Serge Ruggieri. D'autant que, outre son compte au Luxembourg dissimulé au fisc durant de longues années, les prolongements de notre enquête ont fait émerger d'autres anomalies liées à sa fortune : ses relations d'affaires avec les entreprises du BTP, et de possibles irrégularités dans ses déclarations de patrimoine, qui lui valent actuellement une vérification de sa situation fiscale par les services de l'État. Régulièrement accusé, *Mediapart* maintient la totalité de ses informations. Face aux multiples diversions concernant tel ou tel acteur périphérique de ce dossier, comme aux tentatives de rendre complexe une affaire simple, il nous faut revenir au cœur même de l'affaire. Cinq points, détaillés ci-après, permettent de donner les multiples éléments de preuve que ne veulent toujours pas voir nos détracteurs.

1. Un compte non déclaré à la Banque de Luxembourg

Le 4 décembre, notre premier article, titré « Le compte au Luxembourg du ministre de l'Intérieur », révèle comment Serge Ruggieri a détenu un compte à la Banque de Luxembourg qu'il ne fermera qu'au tout début de l'année 2010, juste avant son élection à la présidence de la commission des finances de l'Assemblée nationale. Face au démenti catégorique du ministre et à l'annonce de poursuites en diffamation, nous publions le lendemain un enregistrement datant de la fin de l'année 2000 dans lequel M. Ruggieri s'explique avec son chargé d'affaires sur ce compte : « Ce qui m'embête, c'est que j'ai toujours un compte ouvert au Luxembourg. Ça me fait chier d'avoir un compte ouvert là-bas, c'est quand même pas forcément la plus planquée des banques. »

En plus de cet enregistrement, plusieurs témoignages ont fait état de l'existence de ce compte et du déplacement au Luxembourg, début 2010. « En privé, Serge Ruggieri affirme alors avoir "fait ce qu'il fallait" pour nettoyer ses secrets luxembourgeois », précisions-nous dans notre premier article.

À ce jour, cet enregistrement, comme l'identité de deux de ses protagonistes, ont été explicitement authentifiés par plusieurs personnes :

Par Béatrice Le Vert, la détentrice de cet enregistrement accidentel, à l'époque destinataire d'un appel téléphonique de M. Ruggieri. Cette ancienne députée de centre-droit et adjointe au maire de Lyon jusqu'en 2001 a contacté l'Élysée le 15 décembre pour certifier l'authenticité de l'enregistrement et expliciter les conditions dans lesquelles il fut réalisé. Mme Le Vert dit aujourd'hui se tenir à la disposition de la justice si celle-ci se décide à ouvrir une enquête.

Par André Worms qui est, comme *Mediapart* l'a révélé, l'interlocuteur de M. Ruggieri dans cet enregistrement. Chargé d'affaires ou gestionnaire de fortune, M. Worms n'a jamais démenti, commenté ou remis en cause nos informations sur son rôle auprès de M. Ruggieri, pas plus qu'il n'a contesté l'authenticité de l'enregistrement et l'identité des personnes présentes.

Par Serge Ruggieri lui-même ! Le ministre de l'Intérieur, qui a déposé deux plaintes contre *Mediapart*, se garde de nous poursuivre pour faux ou usage de faux ou de poursuivre cet article du 5 décembre dans lequel nous avons mis en ligne l'enregistrement. Ayant livré quelques explications confuses à des confrères de France Inter pour expliquer que ce n'était pas lui qui parlait sur cet enregistrement, le ministre dit tout autre chose dans plusieurs mails à des collaborateurs. Jamais, il ne conteste l'authenticité de la bande et élude en évoquant « une mauvaise plaisanterie sortie du contexte ».

Enfin, il y a le cas Jean-Pierre Fougère et ses récentes explications données à *Paris Match*. L'ancien magistrat antiterroriste, candidat UMP contre Serge Ruggieri en 2007, s'était vu transmettre l'enregistrement par Béatrice Le Vert.

Affirmant ne pas l'avoir écouté et l'avoir détruit, Fougère n'en dément ni l'existence, ni l'authenticité, ni le fait qu'il mettait en cause Serge Ruggieri. Il est vrai que Fougère « juge de la raison d'État », comme *Mediapart* l'a montré à propos de plusieurs de ses enquêtes, est d'une crédibilité incertaine.

2. Les dénégations de Ruggieri et la Banque de Luxembourg

« Je n'ai pas et je n'ai jamais eu de compte au Luxembourg ou à l'étranger. » Déjà dans notre premier article, le ministre de l'Intérieur démentait farouchement nos informations. Il n'a cessé depuis, devant l'Assemblée nationale, puis en tête à tête avec François Hollande, puis par divers communiqués de nier. Mais ces dénégations indignées sont aussi sélectives.

– Nous l'avons dit, la nature et le contenu de l'enregistrement ne sont pas clairement démentis et le ministre a choisi de ne pas nous poursuivre sur ce point.

– Par ailleurs, le ministre ne nie plus un déplacement à Luxembourg début 2010, alors qu'il avait refusé de nous répondre clairement quand nous l'avions rencontré la veille de la publication de notre premier article. Notre enquête a permis d'établir que l'objet de ce déplacement était la clôture du compte détenu à la Banque de Luxembourg et le transfert des avoirs financiers vers un autre paradis fiscal, Hong Kong. Nous avons même identifié le gestionnaire à Hong Kong de ce transfert, Marc D., également employé de la Banque de Luxembourg. Le ministre, qui annonçait le 5 décembre chercher les dates exactes de ce voyage ainsi que les billets pris par le service des transports de l'Assemblée, n'a fourni depuis aucun justificatif ou élément matériel accréditant la version d'un déplacement lié à sa fonction de député.

– Enfin, Serge Ruggieri annonçait le 19 décembre avoir entamé une démarche auprès de la Banque de Luxembourg. Son avocat a demandé, « de manière anonyme », à la banque dans quelles conditions celle-ci pouvait attester de la non-détention d'un compte bancaire. Refus de la banque : « Par principe, nous n'accédons pas à ce type de requêtes et n'établissons pas de confirmations négatives. » Il s'avère que la démarche initiée par le ministre ne pouvait qu'échouer.
3. Des vérifications fiscales sont en cours
Outre le scandale du compte luxembourgeois, des vérifications fiscales sont actuellement menées qui concernent le patrimoine du ministre de l'Intérieur. Vérifications qui n'ont rien à voir avec le contrôle fiscal que tous les membres du gouvernement ont eu à connaître lors de leur nomination. Ces vérifications sont explicitement liées à des informations rendues publiques récemment, qu'il s'agisse des soupçons énoncés par un ancien inspecteur des impôts ou du cambriolage dont il a été victime en novembre dans son appartement parisien.
Dans un entretien au *Parisien* le 7 décembre, Patrice Grangé cet inspecteur des impôts qui avait alerté son administration en 2008 sur la situation de Serge Ruggieri, met en cause la sincérité des déclarations fiscales du ministre. « Dans le dossier fiscal de Serge Ruggieri, j'ai noté des anomalies apparentes et chiffrées. Des revenus omis. Une déduction fiscale d'un montant important puisque, même si cela ne représentait pas grand-chose pour quelqu'un comme Ruggieri, elle représentait le salaire annuel d'un ouvrier. Il manquait aussi des justificatifs », déclare Patrice Grangé.
Or mercredi 19 décembre, l'expert-comptable de M. Ruggieri, Jean-Marie Fournery du cabinet Fournery & Vagaud, s'est rendu à une réunion à la Direction régionale des finances

publiques de Paris Sud. Devant plusieurs hauts responsables de cette direction, il s'est vu notifier leurs observations sur les déclarations du ministre de l'Intérieur sur son impôt sur la fortune (ISF). Elles portent sur l'évaluation de plusieurs biens immobiliers du ministre, un prêt non déclaré, des montres de luxe, etc.
Trente-six heures après nos révélations sur ces vérifications, un étrange communiqué de la Direction générale des finances publiques a été transmis à l'AFP, dans la soirée du samedi 22 décembre. Étrange parce qu'il dément « un contrôle ou enquête », mais confirme qu'« un examen de la situation fiscale est en cours » ! Étrange parce que ce communiqué n'a jamais été et n'était toujours pas publié sur le site de la DGFIP. Étrange parce qu'il consiste en deux phrases, que la signature se résume en un service de communication quand d'ordinaire les communiqués de la DGFIP sont argumentés, signés du nom d'un responsable et qu'un contact mail ou téléphonique est indiqué.
4. La justice n'est toujours pas saisie de l'affaire
Ce fut la réponse de l'Élysée à Béatrice Le Vert lorsque cette dernière a pris contact avec le cabinet du président de la République pour certifier de l'authenticité de l'enregistrement : qu'elle transmette donc tous les éléments disponibles à la justice. « Il y a une procédure judiciaire en cours », précise à *Mediapart* l'entourage de François Hollande. Même topo à Matignon : « Si Le Vert a des preuves, qu'elle les apporte à la justice, nous ne faisons aucun autre commentaire. » Or la justice n'est toujours pas saisie de l'affaire, contrairement à ce que font mine de croire plusieurs responsables socialistes ou membres du gouvernement.
Serge Ruggieri a déposé deux plaintes en diffamation contre *Mediapart*. À ce jour, la deuxième plainte ne nous

a pas été encore signifiée. Aucune ne vise, nous l'avons dit, l'enregistrement. La première est déposée en tant que ministre, tout en précisant que M. Ruggieri est mis en cause comme particulier. *Mediapart* a contesté cette procédure, qui entraîne l'ouverture d'une enquête préliminaire de pure forme. La seconde plainte, également pour diffamation, avec constitution de partie civile, entraîne automatiquement la nomination d'un juge d'instruction. L'actuel ministre a choisi ainsi la procédure la plus longue sans que l'affaire soit abordée sur le fond : l'information judiciaire à venir sera de pure forme (vérification des identités de l'auteur de l'article et du directeur de la publication) et ne s'attachera pas à explorer la réalité du dossier.

Depuis plusieurs jours, *Mediapart* demande l'ouverture d'une enquête judiciaire et la nomination d'un juge indépendant. Ministre de l'Intérieur, ayant sous son autorité tous les enquêteurs de la police judiciaire, Serge Ruggieri est en plein conflit d'intérêts. L'une des solutions serait que le parquet autorise le juge d'instruction Grégoire Fayed, en charge de l'enquête sur la Banque de Luxembourg, à étendre son champ d'investigation pour y inclure la situation de M. Ruggieri.

5. Les raisons de l'enquête de *Mediapart*

Notre enquête sur Serge Ruggieri est le fruit de plusieurs mois de travail. La raison principale est partie d'une surprise : celle de voir M. Ruggieri intervenir auprès de Bercy pour que l'État commande un rapport à un « expert » sur les conditions de la vente par l'État de l'hippodrome de Compiègne, affaire qui vaut à Éric Woerth d'être aujourd'hui sous les feux de la Cour de justice de la République (CJR). En quelques pages, cet « expert » allait blanchir l'ancien ministre du Budget quand un autre rapport, commandé cette fois par les instances de la CJR, se révèle accablant pour M. Woerth.

Le rapport commandé suite à l'intervention de M. Ruggieri auprès de ses amis de Bercy est d'autant plus étonnant qu'il a été rendu sans avoir eu connaissance des documents en possession de la CJR qui le contredisent.
M. Woerth fut d'ailleurs le premier défenseur de M. Ruggieri, dès que fut révélée l'affaire de son compte luxembourgeois. Pourquoi cette relation entre les deux hommes ? Au fil de notre enquête étaient apparus d'autres éléments concernant une fortune réalisée en quelques années par l'actuel ministre de l'Intérieur.
La création de Ruggieri Conseil, très vite après avoir quitté le cabinet du ministre des Transports en 1991, lui a permis de nouer de fructueuses relations d'affaires avec les groupes du BTP. La création, avec son épouse, du groupement d'Ehpad Géros s'est également révélée une affaire extrêmement rentable. Dès 1994, M. Ruggieri pouvait ainsi acheter un luxueux appartement dans l'une des plus riches avenues de Paris, l'avenue de Breteuil, appartement d'une valeur de 6,2 millions de francs de l'époque.
À certains de nos détracteurs, qui crient à « la chasse à l'homme » pour évacuer toute question gênante, nous ne pouvons que répondre par cet engagement de François Hollande : « Je veux une République exemplaire. » La vertu républicaine, c'est-à-dire la moralité publique et l'exemplarité d'un ministre : c'est le seul enjeu, et d'intérêt public, de notre enquête.

DOCUMENT EN ENCART : 26/12/2012. *Titre du* Figaro

L'AFFAIRE RUGGIERI PLACE HOLLANDE SUR LA DÉFENSIVE

DOCUMENT EN ENCART : *26/12/2012. Transcription mot pour mot d'une écoute téléphonique de la NSA. ENREGISTREMENT À LA DEMANDE DU DIRECTEUR – CLASSEMENT : CONFIDENTIEL 1-A ; DESTINATAIRE : LE DIRECTEUR ; Interlocuteurs : Serge Ruggieri, ministre ; Jean-Michel Garrand, chef de cabinet de Serge Ruggieri.*

[...]
SR – Appelez *Le Figaro* en direct, je m'en branle !
JMG – C'est vu avec Coralie.
SR – Non, tu vois pas. Tu fais ! Trouve qui a parlé ! Qui est ce petit enculé de conseiller ministériel ? Ça vient d'où ?
JMG – À part de chez Le Foll, je vois pas...
SR – Non mais tu as lu ! « Je ne vois pas comment Hollande peut garder Ruggieri. On ne va pas se traîner une affaire Woerth pendant six mois. À un moment Hollande devra trancher. »
Silence (2 s)
SR – Tu as lu ça, bon sang ?
JMG – On va avoir l'AFP, t'inquiète. Coralie et Anne dealent un truc. Il va y avoir une dépêche.
SR – Quelle dépêche ? Je ne vois pas de dépêche. Et pour dire quoi ?
JMG – On a appelé des experts à la rescousse.
SR – Qui ça ?
JMG – Gérard Grunberg. Et puis, sûrement l'IFOP.
SR – Qui ça à l'IFOP ?
JMG - Jérôme Fourquet. Peut-être Dabi.
SR – Bien ça. Mais c'est sûr ?
JMG – Sur le principe, oui. On règle des détails.

SR – Quels détails, bordel ?
JMG – Les propos de Gérard, trop violents sur *Mediapart*.
SR – Mais on s'en branle, nom de Dieu !
JMG – Ça fait pas crédible. Je te fais un mess dès que c'est confirmé.
Silence (2 s)
SR – Je suis en haut de la citadelle de Calvi, là. Ça donne une vraie idée de l'immensité.
JMG – Ta mère ne vit pas dans le Sud ?

DOCUMENT EN ENCART : 26/12/12. *Titre et sous-titre du* Nouvel Obs

« RUGGIERI A PRIORI SOLIDEMENT INSTALLÉ AU GOUVERNEMENT SELON DES EXPERTS »
(AFP) La position de Serge Ruggieri au gouvernement paraît toujours aussi solide et le restera tant que les accusations de compte bancaire secret au luxembourg contre lui ne seront pas irréfutables, estiment mercredi les politologues Jérôme Fourquet (IFOP), Gérard Grunberg (Centre d'études européennes de Sciences-po) et Frédéric Dabi (IFOP).

DOCUMENT EN ENCART : 26/12/12. *Titre et sous-titre de* Mediapart

« RUGGIERI A LE MÊME AVOCAT FISCALISTE QUE LILIANE BETTENCOURT »
Qui est Edmond Audiard ? Un avocat fiscaliste de renom, basé à Genève, et que le ministre de l'Intérieur Serge Ruggieri a choisi pour tenter d'obtenir de la Banque de Luxembourg

la preuve qu'il n'aurait jamais détenu de compte non déclaré dans cette banque.

DOCUMENT EN ENCART : 27/12/12. Lettre d'Edwy Plenel, directeur de *Mediapart*, à François Molins, procureur de la République de Paris

Monsieur le procureur de la République,
Vous n'êtes pas sans savoir que des informations révélées par notre journal en ligne, *Mediapart*, font l'objet depuis trois semaines d'un débat public.
Ces informations concernent la détention par l'actuel ministre de l'Intérieur, Serge Ruggieri, d'un compte à la Banque de Luxembourg. Selon notre enquête, l'existence de ce compte, tout comme les avoirs qui y ont été déposés, n'ont jamais été déclarés à l'administration fiscale. D'après nos sources, ce compte à la Banque de Luxembourg, ouvert au début des années 90, a été fermé en février 2010, et ses avoirs ont été transférés vers Hong Kong.
Parmi les pièces mises au jour par *Mediapart* en appui de ces révélations, il y a un enregistrement sonore dans lequel on entend une voix – qui selon nos vérifications est celle de Serge Ruggieri – faire état de ce compte luxembourgeois non déclaré. L'autre interlocuteur identifiable de cette conversation est, selon notre enquête, le gestionnaire de fortune de M. Ruggieri, André Worms. Or, depuis nos révélations, le premier témoin et détenteur de cet enregistrement s'est fait connaître, d'abord auprès de la présidence de la République, puis dans plusieurs déclarations à la presse. Il s'agit de Béatrice Le Vert, ancienne rivale politique de M. Ruggieri à Lyon, qui atteste de l'authenticité de cet enregistrement

et se déclare prête à témoigner devant la justice. Tout en étant vivement démenties par Serge Ruggieri, nos informations ne font à ce stade l'objet d'aucune enquête judiciaire. L'enquête préliminaire diligentée après la plainte en diffamation déposée par le ministre de l'Intérieur via le garde des Sceaux contre notre premier article du 4 décembre n'est, comme vous le savez, que de pure forme, ne visant pas le fond de nos informations. De plus, cette première plainte est procéduralement contestable, car émise ès-qualité par le ministre de l'Intérieur alors que les faits en cause concernent M. Ruggieri à titre de personne privée. C'est sans doute pourquoi une seconde plainte directe a été annoncée, avec constitution de partie civile, plainte qu'à ce jour nous n'avons pas reçue et qui, pas plus que la première, ne permettra d'enquête sur le fond de nos informations. Par ailleurs, aucune de ces deux plaintes ne vise l'enregistrement que nous avons dévoilé. En l'état, aucune procédure judiciaire ne vise donc à satisfaire de la vérité. D'où la question que nous vous posons dans un souci de manifestation de cette vérité, et sur laquelle nous aimerions connaître votre réponse : pourquoi ne pas confier à un juge indépendant les investigations qu'appellent les informations, qui, aujourd'hui, font l'objet du débat public sur ce qui est devenu « l'affaire Ruggieri » ? Pourquoi ne pas permettre au juge d'instruction déjà en charge des procédures en cours visant la Banque de Luxembourg pour des faits d'évasion et de fraude fiscale, M. Grégoire Fayed, d'enquêter sur ces faits nouveaux, sur la base d'un supplétif que vous lui accorderiez et qui étendrait son champ d'investigation ?
Il va sans dire que si cette voie judiciaire était choisie, celle de l'efficacité et de la raison, *Mediapart* se tiendrait à disposition de la justice.

Saisi par nos soins de ces mêmes questions, le ministère de la Justice nous a fait savoir que la réponse vous appartenait, l'actuel garde des Sceaux ayant pour principe de ne pas donner d'instruction au parquet dans des dossiers individuels et affirmant qu'en cette matière le parquet est indépendant, et donc totalement libre de ses décisions.
Dans l'attente de votre réponse, veuillez croire, M. le procureur de la République, à nos salutations respectueusement républicaines.
Edwy Plenel, directeur de *Mediapart*

DOCUMENT EN ENCART : *28/12/12. Transcription mot pour mot d'une interception de correspondance SMS par la NSA.*
ENREGISTREMENT À LA DEMANDE DU DIRECTEUR – CLASSEMENT : CONFIDENTIEL 1-A ; DESTINATAIRE : LE DIRECTEUR ; Interlocuteurs : Serge Ruggieri, ministre ; Jean-Michel Garrand, chef de cabinet du ministre.

SR – Tu as eu qui chez Taubira ?
JMG – Jérôme, son conseiller spécial.
SR – Tendance du Château ?
JMG – Tension. Tu vois en direct avec FH ?
[...]
JMG – Tu es dans la *short-list* pour Mots croisés. C'est contre Mélenchon.
SR – C'est qui les autres ?
JMG – SLF et Mosco.
[...]
JMG – Ça pousse fort pour l'ouverture d'une enquête indé chez Taubira.

SR – Je sais. On n'y échappera pas. Pas trop d'autre choix que de dire oui. Oui = je suis serein. Et comme ça, j'ai Mots croisés à la rentrée. Mots croisés = soutien du Château.
[...]
SR – Pour Compiègne, t'as vu avec Bercy ?
JMG – Oui, le mémoire a été déposé au tribunal administratif le 24. Un beau cadeau de Noël...

DOCUMENT EN ENCART : 28/12/12. *Dépêche de* Associated Press

« LE CONGRÈS PROLONGE LA LOI SUR LA SURVEILLANCE WASHINGTON »
Le Congrès a voté pour renouveler le droit du gouvernement à surveiller les communications électroniques des étrangers à l'étranger.
Le programme du Foreign Intelligence Surveillance Act était sur le point d'expirer à la fin de l'année. Mais le Sénat a approuvé vendredi une prolongation de cinq ans par un vote de 73 voix contre 23. Le président Barack Obama devrait le signer très prochainement.

DOCUMENT EN ENCART : 29/12/12. *Titre et sous-titre de* Mediapart

« Me MIGNARD : CE QUE L'AFFAIRE RUGGIERI RÉCLAME DE LA JUSTICE »
Avocat de *Mediapart*, Me Jean-Pierre Mignard s'interroge sur la paralysie de la justice dans l'affaire Ruggieri. « Il faut couper le lien entre l'exécutif et le Parquet, vite », conclut-il,

ajoutant : « Un peu plus de République et de démocratie nous fera le plus grand bien. »

DOCUMENT EN ENCART : *29/12/12. Transcription mot pour mot d'une interception de correspondance SMS par la NSA.*
ENREGISTREMENT À LA DEMANDE DU DIRECTEUR - CLASSEMENT : CONFIDENTIEL 1-A ; DESTINATAIRES : LE DIRECTEUR / LE PRÉSIDENT DES USA ; Interlocuteurs : François Hollande, président français ; Jean-Pierre Mignard, avocat.

JPM - ITW dans *Mediapart* publiée ce jour.
FH – Lue.

<u>Annotation spéciale :</u> le compte au Luxembourg est une réalité (cf. notification CIA). Président Hollande agit vraisemblablement en connaissance de cause. Président Hollande joue comme d'habitude sur tous les tableaux. Maître Mignard très proche de Ségolène Royal.

DOCUMENT EN ENCART : 30/12/12. *Récépissé de dépôt de plainte*

M.GOBERT BASTIEN, né le 14/05/1976, à Tassin-La-Demi-Lune (69) – Unité du dépôt de plainte : Police nationale, Lyon 2e – Référence de la procédure : 14427/02221/2012

OBJET : VOL PAR EFFRACTION ET DÉGRADATIONS DANS APPARTEMENT 13 RUE BOISSAC 69002 LYON,

4e ÉTAGE. PÉRIODE DU 25/12/2012 À 9:30 AU 29/12/2012 À 21:00

PIÈCE JOINTE : LISTE DES OBJETS VOLÉS

18

Tel-Aviv, 31 décembre 2012.

Minuit moins le quart avant Jésus-Christ. Ça fait trois jours.

L'Imperial Cocktail Bar – une bande d'étudiants norvégiens attardés au comptoir – des centaines de bouteilles d'alcool dans la caverne d'Ali Baba.

Dehors : le firmament lumineux à 13 degrés Celsius. Dedans : ambiance cosy entre bois sombre et vitrages blonds.

Hébert porte en guise de maillot de corps le T-shirt Superman que Louis et Maximilien lui ont offert à Noël. Delphine a écrit dans le dos au feutre indélébile : SUPER PAPA. Hébert a quand même enfilé un blouson à zip par-dessus.

Hébert a pris des photos. Beaucoup de photos. Un marchand d'armes. Un escroc de la taxe carbone. Des bars, des putes, des boîtes de nuit.

À chaque fois, Hicham s'est vanté. *Je suis Reda Zouabri. Je suis libre comme l'air. J'ai du fric. J'ai plein de fric. Je veux des armes.*

Hébert a choisi Tel-Aviv parce que son bon pote Frédo est en poste là-bas. Frédo est conseiller culturel au consulat.

Ça veut dire : je vais me baigner à Jérusalem Beach. Ça veut dire : agent de la DGSE.

Hébert aime bien Tel-Aviv. Ça ressemble à une ville d'Arabes qui auraient du goût. Rien à voir avec Dubaï. Les fêtards picolent toute la nuit. Les gratte-ciels n'étalent pas le fric jusqu'au ciel.

Frédo a le crâne rasé, les yeux noirs et voilés, une barbe taillée. Avec une djellaba, on le prendrait pour un salafiste. Frédo porte une chemise en lin et un costume beige de colon anglais.

Officiellement, Hébert jobbe en free-lance pour un quotidien national. Il est sur la piste d'un zozo qu'on aurait entraperçu dans les parages.

C'est le passage du swing jazz à The Verve. Un Viking salue l'arrivée du rock'n'roll en siphonnant un moscow mule. Frédo commande une troisième bière. Il interroge Hébert qui réclame un autre gin. Frédo baragouine en hébreu au serveur. Le serveur demande à Hébert :

– Hendrick's ?

Hébert opine. Ils trinquent. Frédo annonce :

– À tes enfants !

Hébert rétorque :

– À ton célibat !

Ils refont le monde. Les vieilles affaires. La belle vie. La folie des années 80.

Frédo cuisine Hébert. Hébert simule la rétention d'informations. Il lâche le nom de son commanditaire *piano* : *Le Parisien.* Il assure que les photos lui rapporteront un bon petit paquet.

– T'es sur la trace d'Al Capone ou bien ?

– J'ai déjà du matos.

Hébert désigne le sac à dos au pied du tabouret. Il fait son air de merlan frit. Il sirote son gin. Il suçote la rondelle de concombre.

– Un keum de la taxe carbone?

– Niet.

– Juif?

Hébert ne répond pas.

– Gilbert Chikli[1] ?

– Non, lui, même ta mère a son adresse. Et il est pas feuj le mien…

– Ça pourrait m'intéresser?

– À part qu'il a un mandat Interpol au cul…

– Qui n'a pas un mandat Interpol au cul?

Ils s'esclaffent. Hébert s'essuie la bouche. Il récupère son sac à dos. Il demande:

– Tu veux jouer?

Frédo paraît bougrement dubitatif. Il est dans les faits follement excité. Il passe le réveillon du jour de l'An avec un copain. Ça ne lui est plus arrivé depuis sept ans.

– Je gagne quoi?

– Si tu me donnes son nom, je te dis où il est.

– Sinon?

– Sinon, c'est toi qui rinces.

– Ça marche, Dgé.

Ils topent instantanément. Hébert sort un cliché d'Hicham à la terrasse d'un hôtel de luxe. Il le fait glisser sur le comptoir.

– L'hôtel, c'est The Norman, déjà, sur Nachmani Street.

1. Escroc connu pour l'arnaque dite « l'arnaque au faux président ».

– Yep.
– Et surtout, c'est Jamal, donc t'as perdu.
– Jamal?
– C'est un contrebandier du Hamas, tu me baiseras pas.
Frédo passe une main dans sa barbe. Il trempe ses lèvres dans la mousse. Il est content de lui. Hébert interroge:
– Trafic d'armes?
– Ouais, c'est ça. Petite main. Mais tu le sais très bien. Tu lui as mis un GPS dans le fion?
Hébert indexe Hicham sur la photo. Hicham porte ses Ray-Ban Aviator. Il est moustachu et radieux.
– En fait, je parle de celui-ci.
Frédo perd de sa superbe. Il cherche tout au fond de lui. Il sourit.
– Enfoiré, va!
– Je vais picoler plus que prévu.
– Ne compte pas là-dessus… J'ai le droit à combien de questions?
– Trois.
– Français?
– Ouais.
– Armes?
– Oui et non.
Condamné?
– Je te donne un dernier indice. Après, t'as perdu et on se saoule.
– Marché conclu.
Hébert prend son temps. Il dit:
– Hmmmm…

Il dit :

– On a vu cet enfoiré à Londres récemment, il paraît.

Frédo va vite. Il trie son disque dur. Il calcule. Vite, très vite.

– Près de la mosquée de Finsbury Park ?

– C'est ta quatrième question.

Frédo boit une rasade de blonde. Il fait claquer sa langue. Il dit :

– Il ressemble un peu à Reda Zouabri. Mais je ne crois pas que ça soit lui.

Hébert contrôle sa montre. Il prend un air sérieux. Il balance :

– Si mon informatrice dit juste, Reda sera au Bootleg vers une heure du matin.

– Non mais tu déconnes ? C'est Zouabri ?

– Il a vaguement fait de la chirurgie esthétique, je pense. C'est loin ou pas, le Bootleg ?

– C'est sur King George Street, juste derrière le Meir Garden.

– À deux pas d'ici quoi…

– Mais qu'est-ce qu'il branle avec un soutier palestinien ?

– Je ne sais pas.

Hébert avale son gin d'une traite. Il reluque le cul d'une Viking. Il lâche :

– Il est maqué avec des muslims à Lyon, a priori. Il prépare un gros coup.

– Avec qui ?

– Un ancien de la cellule de Chasse-sur-Rhône… J'étais sur eux au départ. Reda Z., je l'ai flairé au Luxembourg. Transfert de fonds. Et il m'a mené jusqu'ici…

Hébert déglutit. Il sait précisément ce qu'il doit dire. Hicham sera au Bootleg sous peu.

Le passeport de Reda Z. est dissimulé dans la chambre 24. La chambre 24 est sens dessus dessous. Hébert a vidé des bouteilles dans la baignoire, retourné le pieu. La chambre sent l'alcool et le sexe.

– J'ai réservé la chambre à côté de la sienne au Norman. On contrôle qu'il se trémousse sur le dancefloor et ensuite, on se fait sa piaule.

Tout le bar se met à hurler le décompte. Les cocktails débordent des verres brandis. Ten. Nine… Hébert mâchouille le concombre. *Seven. Six*… Le concombre a le goût de sa concubine. *Two. One. Zéro.*

Les Norvégiens hurlent. Les barmen hurlent. Tous les clients hurlent. Frédo hurle :

– *Happy New Year !*

Hébert sort son BlackBerry. Il écrit à Delphine :

– *Kiss* à mes trois chéris. Je vous aime. HNY & AESD.

DOCUMENT EN ENCART : *31/12/2012. BLANC DE LA DCRI À LA PRÉSIDENCE DE LA RÉPUBLIQUE FRANÇAISE DESTINATAIRE : NÉANT ; ÉMETTEUR : NÉANT*

Double expertise positive. Enregistrement *Mediapart* authentique. Bande son non trafiquée. Aucun montage. Voix numéro 1 proche de celle du ministre.

DOCUMENT EN ENCART : *31/12/2012. Transcription mot pour mot d'une interception de correspondance SMS par la NSA.*
ENREGISTREMENT À LA DEMANDE DU DIRECTEUR – CLASSEMENT : CONFIDENTIEL 1-A ; DESTINATAIRES : LE DIRECTEUR / LE PRÉSIDENT DES USA ; Interlocuteurs : François Hollande, président français ; destinataire inconnu (en cours de vérification).

FH – Très chère Julie, je m'apprête à visionner un de ces vieux films américains d'Howard Hawks que j'affectionne particulièrement en ce réveillon de la Saint-Sylvestre. *Le Grand sommeil* est un chef-d'œuvre ! Je ne peux m'empêcher de penser à nos conversations sur le cinéma et Humphrey Bogart. Je vous souhaite une fin d'année des plus agréables. Et que la future soit belle surtout, une très grande année. À bientôt. F./

Annotation spéciale : informer le directeur dès identification du destinataire « Julie X ».

TROISIÈME ROUND

Diversion

1er janvier 2013-8 février 2013

DOCUMENT EN ENCART : 01/01/13. *Titre de* Mediapart

VŒUX : HOLLANDE MAINTIENT SON CAP SOCIAL-LIBÉRAL.

DOCUMENT EN ENCART : 01/01/13. *Titre et sous-titre de* Mediapart

LE COMPTE RUGGIERI/ANALYSE
La gauche embarrassée par les affaires politico-financières.

DOCUMENT EN ENCART : 02/01/13. *Titre de* Mediapart

ZIAD TAKIEDDINE CHARGE SARKOZY ET GUÉANT SUR LA LIBYE.

DOCUMENT EN ENCART : 04/01/13. *Titre et sous-titre de* Mediapart

HIPPODROME DE COMPIÈGNE : LE CADEAU DE L'ÉTAT

L'État a déposé le 24 décembre au tribunal administratif de Paris un mémoire qui vole au secours d'Éric Woerth, ancien ministre du Budget, en grande difficulté dans ce dossier.

19

Lyon, 4 janvier 2013.

Un paquebot V6 de 180 bourrins – la cocarde tricolore aimantée sur le tableau de bord.

La clim est réglée sur 22 degrés Celsius. Djamila remonte la vitre entrouverte de la Vel Satis. Elle a chaud *et* elle a froid.

Ils passent le tunnel de Fourvière à 70 kilomètres par heure en provenance de l'hôtel de Région. Ils se font doubler par des taxis excités. Ils se font doubler par des camionnettes.

Djamila est montée devant. Pascal est concentré sur la route. Il n'a pas allumé Radio Nostalgie. Il ne sait pas comment engager la conversation.

Djamila a déjeuné en tête à tête avec le président de la Région. L'autre pisse-froid ne l'a pas frontalement interrogée. Il a demandé si ça allait. Djamila a répondu que oui.

Ils ont parlé de son budget. Ils ont parlé de la fin des travaux au lycée La Martinière dans le 1er arrondissement. Ils ont calé la date de l'inauguration du bâtiment pour les classes prépa sur leurs agendas. Le président de la Région a dit :

– Mon cabinet verra la suite avec Gérard et la mairie.

Bernard est le vice-président à l'Enseignement supérieur. Le président de la Région a ajouté :

– Nos deux agendas sont prioritaires.

Une façon de flatter Djamila. Une façon de rappeler qu'il déteste moins le nouveau maire de Lyon que Ruggieri et qu'il ne l'aime quand même pas. Djamila a prétexté un rendez-vous. Elle a zappé le dessert.

Pascal demande :

– Rue Vauban, c'est ça ?

La course n'est pas calée sur le planning du chauffeur. Mila va chez Diane en loucedé. Diane est urologue aux Hôpitaux Est. Elle a fait médecine comme maman. Diane est la fille cadette de Serge Ruggieri. Même Aurélien n'est pas au jus.

La Renault sort du brouillard de gaz toxiques. Pascal file tout droit. La limousine traverse le Rhône rugissant.

Djamila sort de ses pensées prématernelles. L'échographie du premier trimestre aura lieu dans trois semaines. Pile. Vendredi 25 janvier. 10 h 45. Ça sera une fille. Djamila le ressent.

Djamila demande :

– Ça rallonge par la rive gauche, non ?

Pascal bougonne. Il déteste qu'on lui explique son métier.

– À cette heure, l'axe est bouché.

Djamila lit invariablement Pascal à livre ouvert. Pascal gagne du temps. Il veut vider son sac. Djamila demande :

– Et tu en penses quoi, toi, de tout ça ?

– Qu'est-ce que vous entendez par « tout ça » ?

– L'affaire.

– Vous parlez de monsieur Ruggieri ?

– Oui.

Pascal voulait justement parler des cancans de la banquette arrière, des vice-présidents qu'il trimballe. Il ne veut pas donner les noms. Il se justifie :

– Je ne suis pas une balance, vous savez.

Djamila est convaincue qu'elle peut lui faire confiance bien que les chauffeurs de la République soient les meilleurs informateurs de la presse putassière. Les élus se méfient de leurs proches et de leurs collaborateurs, jamais des types qui les véhiculent. Pascal lâche :

– Ça parle beaucoup de votre mari, aussi.

– Évidemment… Ça leur évite de parler de moi. Ils aimeraient tant me voir en difficulté.

Pascal peste contre un trolleybus. Djamila ajoute :

– Je suis jeune, je suis une femme, je suis Arabe. Ça les arrangerait si ça tournait mal pour moi.

Pascal rétorque :

– Personne ne le dit comme ça. Mais je pense à peu près comme vous.

Pascal tourne sur l'avenue Jean-Jaurès. Un scooter lui coupe la route. Pascal traite le conducteur d'enculé. Il se calme illico. Il s'excuse. Il demande :

– Ça va pour votre mari ?

– Personne n'aime mon mari. Pourquoi est-ce que, toi et moi, on échapperait à cette règle ?

Pascal fronce les sourcils. Il passe la quatrième et accélère. Djamila ajoute :

– On vit encore sous le même toit mais on est séparés depuis trois mois.

Djamila teste souvent ses discours sur Pascal. Elle prétend qu'il incarne le peuple. C'est la seule chose qui irrite Aurélien.

Djamila ne testera pas ses premiers vœux de députée sur lui. Elle scrute son chauffeur sous toutes les coutures. Le bobard sur son salopard de mari ambulant passe mieux qu'une lettre à la poste.

Djamila tripote le bouton de la radio. Daniel Balavoine gueule sur un synthé pourrave. Pascal bat la mesure sous le volant. Pascal susurre :

– « C'est pour ça qu'aujourd'hui, je suis fatigué… »

Djamila enchaîne :

– « C'est pour ça qu'aujourd'hui je voudrais crier ! »

Pascal et Djamila reprennent le refrain en chœur :

– « Je ne suis pas un héros, mes faux pas me collent à la peau ! »

Pascal et Djamila s'esclaffent. Ils échangent un sourire. Djamila dit :

– Il faudra qu'on se le fasse un jour, ce karaoké ! Après, tu seras obligé de me tutoyer, je te préviens.

– Tant que je suis votre chauffeur, Madame la députée, impossible.

Djamila lui donne rendez-vous deux heures plus tard. Les baffles diffusent du France Gall. Pascal baisse le son. Djamila saute du véhicule derrière la préfecture.

Djamila passe une banque, un resto, une pharmacie. Elle se répète le bobard en boucle.

Ils sont séparés. Ça remonte à trois mois. Son bobard est plus que crédible.

JMG est un queutard. Le cabinet ministériel a décuplé son appétit immodéré pour les jeunes femmes. Son mari n'a plus de surmoi.

JMG a absolument dégoupillé. Il doit la trouver trop vieille. Quand il rentre à Lyon, Djamila dort sur le canapé.

Elle attend que ça se calme puis elle demandera le divorce. Elle était avertie et n'a qu'à s'en prendre à elle-même. Elle n'y perdra après tout pas grand-chose. Le prédateur baise comme un lapin.

Cabinet du docteur Diane Ruggieri – diplômée de la faculté de médecine – un appartement bourgeois en nue-propriété pour les consultations privées.

Diane est blonde. Diane est grande. Diane est belle comme un cœur.

La discussion s'étire en longueur. Diane Ruggieri tourne elle aussi autour du pot. Elle est bien désolée de ne pouvoir assister aux vœux de la députée ce soir. Djamila est adorable d'être passée au cabinet. Elles devraient se voir plus souvent.

Djamila demande :

– Tu considères qu'on est amies ?

Diane Ruggieri se redresse sur son fauteuil. Elle replace une mèche de cheveux derrière son oreille. Elle est typiquement magnifique.

– Évidemment ! Pourquoi tu me demandes ça ?

– Parce que ton père et mon mari sont sur l'enregistrement de *Mediapart*. C'est pour cette raison que tu m'as fait un SMS d'excuse ?

Diane Ruggieri bafouille :

– Mais non… Pas du tout… Comment ça… Tu veux dire que ?…

Djamila la rembarre :

– Peut-être que Jean-Michel n'est pas identifiable sur la bande, mais je sais que c'est lui. Il a les mêmes intonations que quand il baise.

Djamila l'observe. Diane Ruggieri désapprouve, elle est outrée. Djamila assène :

– Ne fais pas ton offusquée.

Djamila demande :

– On se connaît depuis combien de temps ? Dix, douze ans ?

Diane Ruggieri ne répond pas. Elle détourne le regard. Ses paupières clignent frénétiquement.

– Tu sais comme moi que c'est eux. Ils vont nous entraîner dans leur chute. Ce n'est qu'une question de temps.

Djamila insiste :

– Ce compte existe. Ton nom de famille fait la une des journaux. Bientôt, tu seras une pestiférée. Docteur Ruggieri, tu imagines ? Et dans un mois, c'est mon nom qui sera lâché en pâture. Jean-Michel gère la tambouille de ton père depuis toujours.

– Tu as des preuves ?

– Tu as besoin de preuves ? Tu as entendu l'enregistrement. Ta mère va perdre beaucoup de plumes dans l'histoire. C'est pire que ce que tu crois. Ce sont les mêmes. Le compte n'est que le sommet immergé de l'iceberg. Jean-Michel me trompe aussi. Il m'a toujours trompée. Je n'ai qu'à m'en prendre à moi-même. Tout le monde m'avait prévenue. Tu m'avais avertie. Il couche même avec une collègue députée. Il l'a draguée devant moi. Tu y crois ?

Diane Ruggieri a la gorge nouée. Elle retient ses larmes.

– Mais… Djamila…

– Je ne perdrai pas grand-chose. C'est un éjaculateur précoce.

Djamila tient le rôle de sa vie. Elle enchaîne :

– Nous sommes séparés depuis trois mois. Quand il rentre, je dors sur le canapé. Heureusement, il n'est pas là souvent. Le pire, c'est que je ne peux même plus demander le divorce. On m'accusera de lâcheté. Moi, je suis morte. Toi, tu ne l'es pas encore. Coupe les ponts avec ton père. Protège-toi.

Diane Ruggieri fond en larmes. Elle se lève. Elle ne sait pas où aller.

Djamila contourne le bureau. Elle la prend dans ses bras. Elle l'agrippe aux épaules.

– Jean-Michel a tout dans le coffre, à l'appartement. C'est dans son putain de coffre !

Diane Ruggieri renifle. Elle avale sa morve. Elle baragouine :

– Mon père m'a donné des numéros de compte et des codes secrets avant de partir en Corse cet été.

Diane Ruggieri tremblote. Elle répète :

– Il m'a donné des numéros de compte et des codes secrets avant de partir.

Djamila tombe des nues. Elle fait bonne figure. Elle se colle à Diane. Elle blottit sa tête contre son épaule. Diane répète :

– Il m'a donné des numéros de compte et des codes secrets…

Djamila chuchote :

– Il a aussi envoyé Jean-Michel chez ta mère à Noël. Coupe les ponts avec lui. Ça va finir comme Strauss-Kahn.

Diane ânonne :

– On voyageait dans des hôtels de luxe, putain. On partait en vacances dans l'océan Indien. J'en profite depuis toute petite !

Djamila aimerait la gaver de caviar avec une cuillère en platine. Elle aimerait qu'elle la boucle *ad vitam æternam*. Mais Djamila serre les poings et Djamila lui caresse la joue.

Chapelle de la Trinité – des tables et des petits fours – deux femmes au vestiaire.

Les trois cents chaises sont disposées près du chœur. Aurélien s'affaire. Il est posté derrière le pupitre. Il teste les micros à col de cygne.

– Un, deux. Un deux.

Le technicien sono lève le pouce. Aurélien repère Djamila. Il saute de l'estrade.

Djamila longe une travée. Elle distingue le bandeau sur le pupitre. Le logo de l'Assemblée nationale. Les colonnes bleu, blanc, rouge d'un palais Bourbon remastérisé.

C'est écrit en bleu sur fond blanc : VŒUX À LA POPULATION DE DJAMILA GARRAND-BOUSHAKI, DÉPUTÉE DE LA 2e CIRCONSCRIPTION DU RHÔNE.

Djamila voit : GARRAND. Le pare-feu de son ascendance algérienne jusqu'au grand incendie.

Djamila dit :

– C'est impec', tout ça !

Sa voix résonne jusqu'en haut des arches baroques. Aurélien dit au technicien :

– Ça résonne pas trop ?

Le technicien dit :

– Non, c'est bon.

Aurélien salue sa patronne.

– Ton discours est sur le pupitre. Imprimé sur du papier cartonné.

Aurélien est pro. Chaque carton est numéroté. La taille de police conviendrait à un aveugle.

– Micka ! On va tester avec elle, c'est mieux.

Djamila monte les petites marches en bois. Elle se place au pupitre. Elle descend les micros à hauteur de buste.

Djamila s'est récité le discours huit fois devant un miroir. Elle se racle la gorge. Elle repère la petite bouteille d'Évian dissimulée à ses pieds.

– Monsieur le préfet, Monsieur le recteur d'académie, Monsieur le sénateur, Madame la sénatrice, Monsieur le maire de Lyon, Mesdames et Messieurs les élus, Mesdames et Messieurs les présidents d'université, Mesdames et Messieurs les présidentes et présidents de nos associations, culturelles, sportives, Messieurs *et* Mesdames les chefs d'entreprise, surtout Messieurs d'ailleurs, nous avons encore du chemin à faire, vous qui constituez les forces vives de notre ville, Mesdames et Messieurs, et si vous le permettez, chers amis.

Le technicien règle les graves. Djamila demande :

– Ça va ?

Aurélien lui fait signe de continuer.

– Je le laisse « Messieurs *et* Mesdames » ?

– Oui, c'était parfait. Ça fera sourire. Les projos, ça te gêne pas ?

– Non, ça va. J'ai le plaisir de vous accueillir dans ce lieu symbolique de notre ville où le 26 juillet 1802 fut fondée la République…

Djamila s'interrompt. Elle perd son ton grandiloquent. Elle dit :

– Je vais le tenter avec Napoléon.

Aurélien tord du nez. Djamila ajoute :

– Il y aura aussi des gens de droite dans la salle, tu sais…

Djamila déglutit. Elle jauge le volume impressionnant. Elle fixe son attention sur une chaise vide.

– J'ai l'honneur de vous accueillir dans ce lieu symbolique de notre ville où, le 26 juillet 1802, sous la présidence de l'empereur Napoléon, fut fondée la République italienne…

Aurélien l'interrompt :

– Il n'était pas encore empereur. Le sacre, c'est le 2 décembre 1804.

– OK. Je dirai Napoléon Bonaparte…

Elle se racle la gorge. Elle déclame :

– Sous la présidence de Napoléon Bonaparte, qui n'était pas encore empereur, fut fondée la République italienne.

Ça arrive par vague. Djamila se place à l'entrée. Elle serre toutes les mains. Elle claque quelques bises.

Les journalistes se pointent à la bourre. Aurélien place les VIP au premier rang. Il tire sa patronne par la manche à 19 h 45. Djamila a mal aux maxillaires à force de faire des risettes.

L'allocution débute. Les trois cents chaises sont occupées. Une centaine de personnes se tiennent debout.

Djamila a du mal à sortir de ses notes. Aurélien tweete les punchlines en direct. Les tweets font bide sur bide.

C'est le milieu de l'allocution. Djamila insiste sur le mariage pour tous. Elle quitte son texte. Elle dit :

– Au-delà de nos désaccords, et je respecte les convictions de chacune et de chacun, j'ai l'intime conviction que si la République peut donner un droit qui ne coûte rien à personne et qui n'en enlève pas à d'autres citoyens, elle a le devoir de le faire.

Aurélien est en poste au fond de la chapelle de la Trinité. La cheffe de cabinet du maire est exactement à côté. Aurélien tape une fois dans ses mains. Il réitère l'opération une seconde plus tard.

La contagion débute deux rangs devant lui. Les applaudissements retentissent incessamment. La cheffe de cabinet du maire lui jette un coup d'œil appuyé.

Aurélien hausse les épaules. L'acclamation couvre ses paroles :

– Je suis innocent !

Le sénateur sarkozyste applaudit timidement au premier rang. Le préfet de droite applaudit férocement au premier rang. Aurélien est hilare. Le sénateur est catholique, le préfet est homo.

Le discours dure vingt-sept minutes. C'est quatre de trop. Les applaudissements. L'eau. Deux digressions.

Aurélien sait que Djamila les a paumés, qu'il faut annoncer la conclusion vers la quinzième minute. Pour autant, la députée s'est vachement bien démerdée. Elle a fendu l'armure devant un parterre d'huiles.

Aurélien prend des photos en rafale. Il fait le compte : *Le Progrès*, *La Tribune*, *Lyon Capital*, *Lyon Mag*, *Mag2Lyon*, *Le Petit Bulletin*. Ils sont tous là.

Aurélien contrôle derrière lui. Il n'y a toujours pas de caméra, ni M6 ni France 3. Les télés ne viendront jamais. Djamila n'est rien ni personne. Elle n'est pas mêlée à l'affaire Ruggieri. L'affaire s'essouffle, présentement.

Djamila descend de l'estrade avant la fin des applaudissements. Le maire de Lyon lui distribue une poignée de main méditerranéenne. Autour d'elle, il y a principalement des hommes blancs et vieux. Un serveur est Black. Elle est Arabe. Avec les bonnes femmes de l'accueil, ça fait quatre.

Djamila se fait alpaguer par une mamie. Elle a la tête qui tourne. Elle s'en débarrasse rapidement.

Aurélien ouvre l'appli Facebook de sa patronne. Il sélectionne trois photos. Il cogite sur le texte d'accompagnement. Il va faire court, cul-cul. Zéro gramme d'idéologie.

Les convives s'entassent déjà au buffet. Djamila se fraie un passage. Elle tombe malencontreusement sur le sénateur. Le sénateur bâfre un toast au pâté. Il a un verre de rouge à la main. Il dit :

– Vous progressez en discours, Madame la députée…

Djamila lui lance un regard noir. Elle a faim. Elle a soif. Le sénateur ajoute :

– Il y a des plateaux végétariens, plus loin.

C'était la dernière cartouche de son fusil à deux coups. Djamila serre les dents. Elle tend le bras et attrape une rondelle de saucisson.

Djamila mâche longuement. Le sénateur est décontenancé.

Djamila demande un verre d'eau pétillante. Elle se rince la bouche. Elle aime bien le cochon.

Djamila le détaille. Gros bide, soixante-dix ans. Cravate bleue rayée rouge de boucher collaborationniste. Elle balance :

– Si je puis me permettre, un peu de légumes et d'eau plate ne vous feraient pas de mal.

20

Saint-Priest, 5 janvier 2013.

Une gentille pollution hivernale – typiquement Lyon Est.

La bruine graisserait les joues rien qu'à la regarder par les carreaux. Heureusement, les vitres sont sales. Mamy bricole la chaudière au mazout dans le cellier.

Mamy fait du bastringue au marteau. Dubak épingle le dossier Blanchin sur la tapisserie du salon. Un tract archivé par le premier secrétaire fédéral du Rhône – encore du réchauffé. Dubak et Mamy n'ont rien trouvé chez Bastien Gobert.

De la typo géante sur papier blanc : « PERBEN N'EST PAS AUSSI LYONNAIS QU'IL LE PRÉTEND. C'EST UN ÉNARQUE PARACHUTÉ PAR PARIS. MAIRE DE CHALON-SUR-SAÔNE. MINISTRE DE BALLADUR. MINISTRE DE JUPPÉ. MINISTRE DE RAFFARIN. MINISTRE DE VILLEPIN. IL A PRIVATISÉ NOS AUTOROUTES ! IL A PRIVATISÉ NOS AUTOROUTES !! IL EST CONTRE LES PEINES PLANCHERS !!! C'EST UN PROFITEUR DE L'ASSEMBLÉE NATIONALE OÙ IL EST ÉLU DEPUIS VINGT-DEUX ANS. »

Dubak serait tombé dans le panneau. Ça sent le tract du Front national à plein nez. Blanchin a écrit à la main : « 100 000 ex / diffusion 48 h avant le 1er tour par des jeunes de La Duchère / Contact : Saïd Hamraoui / 5 000 euros en liquide payés par JMG .»

Dubak décode les initiales. Jean-Michel Garrand. Le mari de la cousine d'Abdel. La troisième voix sur l'enregistrement de *Mediapart.*

Mamy débarque en traînant la patte. Son T-shirt publicitaire est taché de cambouis. Elle contemple le salon reconverti en salle d'enquête.

– Si tu comptes punaiser l'intégralité du dossier, faudra aussi prévoir de me refaire la salle à manger.

Dubak est torse poil. Il sue comme un phoque. Il rétorque :

– C'est des épingles, pas des punaises. Ça n'abîmera pas.

Dubak se passe une main sur le front. Il ne se rappelle plus sa cicatrice. Il demande :

– C'est un problème de thermostat ?

– J'en sais rien du tout, mon chou.

– Pourquoi tu fais pas venir un plombier ?

– Il est une heure du mat', tu savais pas ?

– Ça fait des années que ta chaudière déconne.

– Je t'ai pas causé, d'abord.

Dubak contemple son champ de bataille. Les quarante pages du dossier officiel déposé à la Commission nationale des comptes de campagne. Validation juridique et tout le tintouin. Les documents méticuleusement collectés par Philippe Blanchin. Les photos de réunions publiques. Les documents de campagne officielle non référencés. Les sondages sous le manteau. Les tracts de caniveau.

Dubak connaît le topo. Une enquête officielle nécessiterait deux ans de boulot avec Joseph et Peggy. Il lui faudrait chercher les imprimeurs, les loueurs de sonos, les boîtes de diffusion, les traiteurs, chaque prestataire. Il lui faudrait saisir des factures, mener des centaines d'interrogatoires. Il lui faudrait des commissions rogatoires en pagaille.

Dubak se convainc lui-même. Il lance :

– Il faut qu'on se fasse les bureaux de Licorne. C'est eux qui ont réglé la majorité des factures, en sous-traitance.

Mamy file dans la cuisine. Elle ouvre le frigidaire. Elle se dégotte une cannette de Kronenbourg. Elle gueule :

– Si Gobert avait conservé des preuves, on les aurait trouvées chez lui ! Et on a trouvé que dalle !

Mamy rapplique. Elle boîte bas. Elle s'affale sur le BZ.

– Pourquoi tu te fais pas poser une prothèse de hanche ?

Mamy ferme les yeux. Elle biberonne une première gorgée de bière. Elle souffle par le nez.

– C'est le genou, le vrai problème, pas la hanche.

Mamy étend sa jambe sur la table basse. Une pile de livres ésotériques dégringole sur le tapis fuchsia. Mamy avale une deuxième gorgée.

Dubak désigne les murs. Les photos de meeting. Les documents de propagande. Les résultats de sondages d'opinion.

– Ils ont payé tout ça d'une façon ou d'une autre.

– Et ?

– Et un truc sur deux n'est pas recensé dans les comptes officiels. C'est Licorne qui a dû payer le dépassement et la boîte s'est fait rembourser via le Luxembourg ou Hong Kong. Il y a forcément une double comptabilité.

– Personne ne veut identifier des voix sur un enregistrement, bichon. Ils ne veulent donc pas trouver de compte au Zimbabwe non plus. Et surtout, t'en avais rien à branler il y a dix jours seulement.

Mamy plonge sa main dans sa boîte de bonbecs. Elle s'enfile trois bananes Haribo. Dubak la dévisage.

Mamy lui tire la langue. Sa langue est jaune canari. Elle lâche :

– Je te préfère dépressif.

Mamy dégote le livret programmatique du candidat Ruggieri aux municipales de 2008. Elle se ventile avec. Elle le feuillette paresseusement.

– C'est déclaré ça, non ?

– Un trente-pages diffusé à trois cent cinquante mille exemplaires... Bien sûr que c'est déclaré. Mais il n'y a aucune facture de distribution.

– Les militants ont pu le faire.

– Blanchin a stipulé noir sur blanc que les militants n'ont jamais diffusé ce document. Ils en ont diffusé d'autres, oui. Le quatre-feuilles par arrondissement par exemple. Mais pas celui-là. C'est forcément la boîte de com qui a raqué ce qu'il manque.

C'est l'instit, Blanchin ?

– Le socialo. C'est lui qui a récupéré les comptes officiels auprès de la commission.

– Les gens de droite disent socialo. T'es de droite ?

– Tout le monde n'a pas la chance d'avoir eu un mari communiste.

Dubak passe sa chemise. Il enfile ses Timberland. Il dit :

– On va à l'agence de com.

– C'est où ?

– À Vaise.

Mamy engloutit vingt centilitres de sa mousse. Elle visualise la couverture du livret collector.

– Je vais nulle part, moi. Tu rêves.

– On n'est plus une équipe ?

– Je suis retraitée de la Police nationale. On n'a jamais été une équipe. Tu es trop égoïste pour ça.

Mamy ajoute :

– Elle est mignonne la cousine d'Abdel, non ?

Dubak répond du tac au tac :

– Elle a proposé de l'aide.

Mamy s'étrangle à moitié. Elle renverse un fond de bière sur son futal en velours. Elle glapit :

– Pardon ?

– Abdel est venu me voir. Sa cousine dit que le troisième interlocuteur sur l'enregistrement est son mari.

– C'est qui son mari ?

– Jean-Michel Garrand, le chef de cabinet de Ruggieri.

– Et tu comptais me le dire quand ?

– Je pensais te l'avoir dit.

– Fous-toi bien de ma gueule… Tu as d'autres infos de ce genre en magasin ?

– Non.

– Et ?

– Et quoi ?

– Tu l'as rencontrée ?

– Non. J'ai une confiance toute relative en Abdel.

– Tu m'as emmenée sur un cambriolage avec ma patte folle alors que tu as une informatrice volontaire ?

– Tu détestes Abdel. Et elle est députée. C'est la suppléante de Ruggieri.

– C'est peut-être bien le monde entier qui a raison et moi qui ai tort. Tu es vraiment un genre de connard, en fait.

Dubak lui fait un doigt. Mamy passe le bras sous un coussin. Elle sort un jeu de tarot de Marseille. Elle tire une carte au hasard.

Mamy la présente à Dubak. L'arcane sans nom. Carte numéro XIII. Un cadavre à la chair en lambeaux qui fauche la vie.

Mamy replace la carte dans le jeu. Elle tire sur sa jambe et l'aide à se replier. Dubak dit :

– Pas la peine de faire cette tête. Je mourrai après toi.

– Comment il s'appelle l'instit socialo, déjà ?

– Blanchin. Philippe Blanchin. Tu as Alzheimer ?

– Et pourquoi il garde ça depuis tout ce temps ? Pourquoi il n'a pas tout refilé à la police ?

– C'est ce qu'il a fini par faire, non ?

– Il est fiable ?

– Il ne témoignera pas. C'est un informateur, j'ai donné ma parole.

– Ah ouais ?

– J'ai des principes, même si tu penses le contraire.

Dubak approche. Il ordonne :

– Fais-moi tirer une carte.

Mamy place les cartes en éventail. Elle fixe Dubak. Dubak pioche.

Dubak voit l'arc. Il fixe l'ange aux yeux bandés. Carte numéro VI. C'est écrit : L'AMOVREVX et c'est son jour de veine.

Dubak la sent. Il a le goût de *Shalimar* au fond de la bouche. Son amour perdu reviendra à lui.

Mamy dit :

– C'est quoi le délire, désormais ? Monsieur compte faire tomber la République ? C'est un truc entre toi et Dieu ?

– Tu m'as dit de me concentrer sur le boulot.

– Mais c'est pas ton boulot, bordel de merde !

– Ils ont dépensé ce fric. Il vient forcément de quelque part.

Dubak jette la carte de l'amour en l'air. La carte tourbillonne et descend en hélicoptère. Elle tombe du mauvais côté sur le carrelage blanc.

Mamy dit :

– Tu vas nulle part. Tu arrêtes tes conneries, maintenant. J'aurais pas dû y aller avec toi. C'est fini, Alain.

Mamy dit :

– Oublie tout ça. File-moi ton arme. Ça va mal finir.

Dubak n'obtempère pas. Il se laisse glisser contre le mur. Il est assis par terre. Mamy dit :

– Tu me remercieras plus tard.

21

Oullins, 5 janvier 2013.

Troisième jour de repérage et de filature. Le terrain de chasse de ses années lyonnaises. Retour au bercail.

DST – son mentor – un professeur de billard à sept bandes.

Hébert érige les soubassements. Un : Reda Z. a refait surface à Luxembourg. Deux : Reda Z. a transité par Tel-Aviv. Trois : Reda Z. va réapparaître avec le frangin Boushaki, Nassim.

Fric – armes – djellaba. Le plan Okazou et la poudre de perlimpinpin.

Le Merco est garé rue Baudin. Quartier bicot – La Saulaie. Une perspective monumentale sur les six voies de l'autoroute.

La mosquée est une maison rose sur deux étages. Elle a très mauvaise réputation. Elle est classée fondamentaliste. En dehors des heures de prière, l'imam marocain autoproclamé prêche dans la rue.

Hébert est le Houdini des barbouzards. Il psalmodie des sons gutturaux. Il se marre tout seul.

– *Allahou Akbar, Allahou Akbar !*

Dieu a programmé le coucher du soleil à 17 h 10. La prière de l'Asr débutera dans deux heures. Nassim Boushaki en sera. Il est trésorier de l'association qui gère le machin.

Hicham sort du bâtiment. Il enfile ses Ray-Ban. Il traverse la rue.

Hébert shoote. Il shoote, il shoote, il shoote.

Hicham saute sur le siège passager. Hébert dit :

– Direction Les Bleus.

Les Bleus est une cité de Pierre-Bénite. Philippe a dégoté un garage sous une tour à boucaques. Il a acheminé des produits chimiques.

Hicham a payé un an d'avance au proprio avant-hier. Il a juste donné son prénom. Il a dit : Reda.

Hébert démarre. Plein sud. Il demande :

– L'imam a dit quoi ?

– Il parle à moitié français. Limite analphabète.

– Tu lui as dit que Reda Z. t'envoyait ?

– J'ai été obligé de l'écrire sur un papier, avec le lieu de rendez-vous.

– C'était pas dans le plan.

– Tu voulais que je fasse comment ?

– Tu as dit parc Chabrières, le dimanche, 10 heures ?

– Je l'ai écrit, je te dis !

– De la part de Reda Zouabri ?

– « Dimanche, 10 heures, parc Chabrières. De la part de Reda Z. »

– Quel dimanche ?

– Le dimanche 20, comme tu m'as dit.

Hébert contrôle dans le rétro latéral. Il pile. La cargaison tangue dans le coffre. Hébert fixe Hicham. Il hoche la tête. Il se parle à lui-même.

– Tu as pensé aux empreintes ?

Hicham ne sait pas si c'est du lard ou du cochon. Il dit :

– Oui, j'ai calé le papier avec mon poing. Il n'y a pas mes empreintes. Tu me prends pour qui ?

– On a quinze jours, maintenant.

Hicham déglutit. Il pourrait lui faire une clef. Il pourrait dégainer son Glock. Il pourrait lui brûler le cerveau. Mais Hicham trouve toujours un point d'équilibre entre ses malveillances et son inquiétude.

Hébert zieute dans le rétro central. Casquette des Yankees – blouson à zip – yeux ronds. Il ressemble à Looping, de *L'Agence tous risques*.

Hébert enclenche la première vitesse. Le van repart en terre inconnue.

La cité – le garage – la cache.

Hicham visualise le parking. Hébert visualise les voitures garées. Il n'y a pas de condés en planque.

Le van file dans la rue. Hébert fait demi-tour. Il roule au pas. Le van passe une barre d'immeubles.

C'est le retour des écoles. Des mioches gambadent sur le goudron et dans les étages. Deux femmes déchargent les commissions d'une Fiat Punto.

Le van pénètre sous la tour. Hébert allume les phares. Il discerne la silhouette grise au fond.

Philippe porte des gants en cuir. Il déverrouille la porte

d'un box. Il fait glisser le rideau métallique sur ses rails. Il éclaire à la lampe-torche.

Hébert fait une manœuvre. Il gare la camionnette à cul. Il contrôle à droite et à gauche.

Hicham passe ses gants noirs. Il monte dans le coffre. Il culbute la caisse en bois.

Hébert et Philippe transbahutent la caisse au fond du garage. Ils l'entreposent sous un établi.

Il y a un fût bleu et cylindrique de deux cent dix kilos. Il y a cent bidons rectangulaires et blancs de cinq litres.

Dans le fût : de l'acétone. Dans les bidons : de l'acide chlorhydrique et du peroxyde d'hydrogène, plus communément appelé eau oxygénée. On trouve ces composants à Castorama, sur Amazon, n'importe où.

La poudre blanche latino-américaine est la cocaïne. La poudre blanche des fous d'Allah est le TATP, le peroxyde d'acétone, un explosif low cost. On peut accoucher de la mère de Satan dans une cuisine.

Dans la caisse en bois : trois Kalachnikov, cinq pistolets Uzi. Dans la caisse en bois : trois boîtes de détonateurs Riodet en aluminium, de chez Maxam. Dans la caisse en bois : deux rouleaux de 5 000 euros en coupures de vingt.

Philippe boucle le garage. Hébert ouvre la porte latérale du Merco. Il bondit dans le coffre.

Le véhicule démarre. Hébert dégote son Zippo. Il allume un cigarillo. Il fixe Hicham.

La toile se tisse d'elle-même. Pénétrer chez Nassim Boushaki. Voler une pièce d'identité, trouver des références bancaires.

Une connexion ancestrale se réactive. Hébert ne se souvient plus du prénom. Il fait défiler les contacts sur son BlackBerry.

H, I, J, K comme Kergat. Hervé Kergat. Un Breton qui prétend être un ancien des forces spéciales alors qu'il a à peine fait son service militaire dans les chasseurs alpins. Un gars qui navigue dans les mouvances de la droite identitaire. Le prénom du frère lui revient immédiatement. Jean. Jean Kergat. Journaliste à *Valeurs actuelles*.

L'affaire est dans le sac. Reda Zouabri est reparu chez lui, dans le Rhône. Il a un stock de produits chimiques dans un garage de Pierre-Bénite. Il a rencontré l'iman cinglé d'Oullins.

Hébert sourit. Les photos de Reda Z. lui rapporteront cinq mille balles. En plus de tout.

Avec le noir inestimable – sous le bout rougeoyant de son Davidoff – dans les épaisses volutes de fumée invisible.

DOCUMENT EN ENCART : *06/01/2013. Transcription mot pour mot de l'ITW de Serge Ruggieri au « Grand rendez-vous » Europe 1/I-Télé/Le Parisien.*

[...]
SR - Ce n'est pas mon genre de jeter l'éponge.
[...]
SR - C'est très difficile à obtenir de la part d'une banque luxembourgeoise.
[...]
SR - Certains bons apôtres ou bons amis ou supposés experts qui prétendent qu'on a ces documents facilement, ceux-là parlent de choses qu'ils ne connaissent pas.
[...]
SR – J'ai bon espoir.
[...]
SR - Je nie en bloc et en détail.
[...]
SR - Ça ne peut pas être moi, puisque je n'ai jamais eu de compte à l'étranger.

DOCUMENT EN ENCART : *06/01/2013. Transcription mot pour mot d'une interception de correspondance SMS par la NSA.*
ENREGISTREMENT À LA DEMANDE DU DIRECTEUR – CLASSEMENT : CONFIDENTIEL 1-B ; DESTINATAIRE : LE DIRECTEUR ; Interlocuteurs : Jean-Michel Garrand, chef de cabinet de Serge Ruggieri ; Coralie Bargoud, attachée de presse de Serge Ruggieri.

[...]
JMG – Vous rentrez au ministère ?
CB – Départ imminent.
JMG – Pugnace, nickel. EN BLOC ET EN DÉTAIL, c'est vraiment parfait. Il faut le marteler.
CB – Excellente répète avant Calvi demain soir !
JMG – La Corse, rien de mieux pour recharger les batteries.
CB – Je parlais d'Yves Calvi. Mais la Corse, j'en rêve, putain !
JMG – Si nous bossons le dimanche, c'est que la vie normale ne nous intéresse pas.
CB – Oui. Mais j'en rêve quand même !!
JMG - :)))))
[...]
JMG – La contre-offensive est un raz-de-marée.
CB – Même pas besoin d'insinuer que ça implique un soutien. Toutes les rédacs sont persuadées que FH a décidé de l'envoyer au front en personne.
JMG - ♥♥♥ J'adoooooore. Mais, en vérité, il a dit ça, Flanby.
CB – T'es con ! S'il était capable de prendre une décision, on le saurait.
JMG – La vérité s'invente. C'est notre chance.

DOCUMENT EN ENCART : *07/01/2012. Bordereau de transmission inter-services – EXP : DIRECTION GÉNÉRALE DE LA SÉCURITÉ EXTÉRIEURE – DEST : DIRECTION RÉGIONALE DE LA POLICE JUDICIAIRE DE LA PRÉFECTURE DE POLICE DE PARIS – CC : DIRECTION GÉNÉRALE DU RENSEIGNEMENT INTÉRIEUR ; AGENT DGSE X-D. Barlatier, JÉRUSALEM.*

Objet : *Reda Zouabri / Localisation Tel-Aviv*

03 janvier 2013, Tel-Aviv

Localisation Reda Zouabri par correspondant FL à Tel-Aviv le 31 décembre 2012. Identité vérifiée par ses soins : ancien passeport retrouvé dans chambre d'hôtel. Individu possiblement en provenance du Luxembourg. Trace perdue le 02 janvier 2013 à Tel-Aviv. Vérification vidéo-surveillance de l'aéroport : néant. Vérification des passagers vols au départ : néant. Services en veille active. Probable parution d'un article de presse dans journal Le Parisien. *Liens présumés avec anciens de la cellule de Chasse-sur-Rhône.*

DOCUMENT EN ENCART : *07/01/2013. Transcription mot pour mot d'une interception de correspondance SMS par la NSA.*
ENREGISTREMENT À LA DEMANDE DU DIRECTEUR – CLASSEMENT : CONFIDENTIEL 1-A ; DESTINATAIRES : LE DIRECTEUR/LE PRÉSIDENT DES USA ; Interlocuteurs : François Hollande, président français ; Pierre-René Lemas, secrétaire général de l'Élysée.

PRL – François Molins active demain.
FH – Tu l'as eu ?
PRL – Pas direct. Via dircab justice. Mais Molins = problème.
FH – Au contraire. On ne me suspectera pas de partialité. Je l'ai laissé en place.
PRL – Il peut donner des infos à Guéant ou à Sarko direct.
FH – Ne t'inquiète pas de ça. Redis la qualification, stp.
PRL – Blanchiment de fraude fiscale. Enquête préliminaire menée par la brigade financière, Paris.
FH – Voilà, justice indépendante avec moi.
FH – La lettre de Mosco à la banque, elle est partie ?
PRL – Normalement. Je m'en occupe.
FH – Vite.

DOCUMENT EN ENCART : *07/01/2013. Transcription mot pour mot du débat entre Serge Ruggieri et Jean-Luc Mélenchon dans l'émission Mots croisés animée par Yves Calvi sur France 2.*

YC – Bonsoir à toutes et à tous et surtout bonne année. Un face-à-face dans « Mots croisés », nous en faisons peu mais

celui-là nous semble important, car le Parti socialiste détient tous les leviers de pouvoir dans notre pays. Il y a un an la France perdait son triple AAA, et cinq mois plus tard, Nicolas Sarkozy la présidentielle. Dans cette élection, deux gauches se sont opposées. L'une d'entre elles refuse le diktat des marchés, c'est celle de Jean-Luc Mélenchon, qui n'est pas ministre, l'autre a pris en main le pays et confié le ministère de l'Intérieur à Serge Ruggieri. Vous avez accepté de débattre en direct, gauche contre gauche, donc merci à tous les deux, en l'occurrence Serge Ruggieri, ministre socialiste de l'Intérieur, et Jean-Luc Mélenchon, candidat à l'élection présidentielle, coprésident du Parti de gauche, et député européen. [...] Mais avant d'ouvrir ce débat, Serge Ruggieri, nous revenons sur les accusations dont vous faites l'objet depuis un mois. Nos confrères du site *Mediapart* affirment que vous avez eu un compte au Luxembourg. Pourquoi avoir attendu si longtemps avant de demander à la Banque de Luxembourg le document qui peut lever le soupçon ?
SR – Qu'est-ce qui vous permet de dire que j'ai attendu si longtemps ?
Silence (2 s)
YC – Depuis la sortie, heu, par nos confrères, des informations ou des allégations, heu, selon, heu...
SR – Non mais vous me dites...
YC – que... votre démarche est arrivée...
SR – Oui, oui. Vous me dites, vous avez attendu très longtemps. Je me permets à mon tour de vous interroger. Qu'est-ce qui vous permet de dire que j'ai attendu si longtemps ?
YC – Le délai qui s'est écoulé entre les accusations dont vous faites l'objet et le moment où vous annoncez, heu, avoir engagé cette démarche.

SR – Je comprends que vous me posiez, non pas cette question, mais une question, sur heu, ce que vous appelez cette affaire et qui pour moi n'en est pas une, car si vous ne l'aviez pas fait, on vous aurait probablement accusé de complaisance, et, et, ça serait probablement dommage pour vous. Je vais donc vous dire ce que je ne cesse de dire quand on m'interroge : je démens, en bloc et en détail, les accusations portées contre moi.

YC – Mmm, mmm.

SR – J'ai demandé à mes avocats, non pas récemment, mais depuis le début, d'obtenir de la banque au sein de laquelle je suis accusé à tort d'avoir possédé un compte… J'ai demandé à mes avocats, je demande à mes avocats de faire tout ce qu'il faut, tout ce qu'ils peuvent, pour obtenir ce document qui, je l'espère, balaiera toutes ces accusations.

YC – Concernant l'enregistrement fourni par *Mediapart*, pouvez-vous affirmer simplement : « Ce n'est pas moi » ? Je parle évidemment de la voix qu'on entend sur cette bande.

SR – Je démens, en bloc et en détail, et en conséquence, ce n'est pas moi.

YC – Si ce n'est pas vous, pourquoi ne pas porter plainte, pour faux et usage de faux ? Ça permettrait à la justice de lever tous les doutes.

SR – J'ai posé trois plaintes. J'attends d'ailleurs qu'un juge d'instruction soit désigné…

YC – Mmmm.

SR – … Je m'étonne qu'il ne l'ait pas déjà été. Et j'ai d'ailleurs demandé très récemment à mes avocats de faire tout ce qu'ils pouvaient pour que ce juge d'instruction soit désigné, et ce juge d'instruction, lui…

YC – Ma question…

SR – … dira…

YC – … pourquoi ne pas porter plainte pour faux et usage de faux, point.
SR – Ce juge d'instruction décidera, lui, des procédures et des procédures, heu, et des… comment dirais-je, heu… moyens qu'il devra mettre en œuvre. Et maintenant, si vous le voulez bien, puisque j'ai démenti, en bloc et en détail, on va commencer à débattre avec Jean-Luc Mélenchon.
YC – Bon. Je suis d'accord pour qu'on passe à autre chose.
SR – Ha-ha-ha-ha.
YC – Hu-hu. Vous souhaitez réagir Jean-Luc Mélenchon ?
JLM – Oui, un mot ! D'abord, je n'ai pas l'intention ce soir de donner d'une quelconque manière une tournure personnelle, heu, au choc que nous allons avoir. D'autant que c'est le premier socialiste qui, depuis que je le demande, août 2010, qui accepte de débattre avec moi.
YC – J'en atteste.
JLM – Mais sur le fond, je vais vous dire.
YC – Hu-hu.
JLM – Oui, c'est un événement, vous savez, Yves Calvi.
YC – Oui, oui, oui, oui.
JLM – Mais sur le fond, tout de même, l'accusation est énorme, heu, Serge Ruggieri, vous ne pouvez pas passer à côté de ça. L'accusation énorme. On imagine que l'initiative de porter cette accusation a dû être méditée. Si bien que moi je me trouve comme tout le monde, comme tout citoyen, pris entre deux sentiments : si c'est vrai, c'est terrible ; mais si c'est pas vrai, c'est ignoble. Et, chacun d'entre nous est interrogé, comme vous le faites là, à l'instant, normalement. Que voulez-vous qu'on réponde ? Nous n'en savons rien. Mais, ce qui est très important, c'est que des procédures judiciaires ont été engagées qui, elles, peuvent, d'un coup, laver tous les doutes, d'un côté ou de l'autre. Eh bien, moi

je demande très solennellement que la justice ne traîne pas, car il y va de l'ordre public, au sens où la respectabilité d'un homme, son honneur, ou bien celui d'un média, *Mediapart*, sont en jeu dans cette affaire. Et, vraiment, je demande avec force que le garde des Sceaux, là c'est moi qui le dis, c'est pas lui, il peut pas le dire, que le garde des Sceaux, qui a la responsabilité de la bonne exécution de la justice, s'empare de cette affaire pour exiger que, le plus vite possible, il y soit donné suite, parce que, ça va pourrir la vie politique de ce pays. Et franchement, on a autre chose à faire.
YC – On va donc en venir au débat gauche contre gauche. J'aimerais qu'on comprenne ce qui vous oppose, réellement, sur le fond.
[...]

DOCUMENT EN ENCART : *07/01/2013. Transcription mot pour mot d'une interception de correspondance SMS par la NSA.*
ENREGISTREMENT À LA DEMANDE DU DIRECTEUR – CLASSEMENT : CONFIDENTIEL 1-A ; DESTINATAIRE : LE DIRECTEUR ; Interlocuteurs : Serge Ruggieri, ministre ; Pierre Moscovici, ministre.

PM – Bravo pour ta prestation. C'était le débat de la gauche sérieuse contre la gauche irresponsable.
SR – Merci. Beaucoup.
PM – Mélenchon a été *light* au début.
SR – Oui, oui. Il est comme il est mais il connaît la musique.
PM – Le SG a appelé mon dircab pour le courrier au Luxembourg.

SR – Mes avocats regardent vite. On revient vers toi. On a notre avocat là-bas aussi.
PM – Où ça ?
SR – Luxembourg.

DOCUMENT EN ENCART : 08/01/13. *Titre et sous-titre de* Libération

« RUGGIERI À MÉLENCHON : “VOUS ÊTES UN HOMME SEUL” »
Le ministre de l’Intérieur et le leader du Front de gauche se sont affrontés lundi soir sur France 2. Pour un « face-à-face gauche contre gauche » toujours tranché, parfois violent et globalement prévisible.

DOCUMENT EN ENCART : 08/01/13. *Titre et sous-titre du* Journal du dimanche

« AFFAIRE RUGGIERI : OUVERTURE D’UNE ENQUÊTE PRÉLIMINAIRE »
Une enquête préliminaire pour blanchiment de fraude fiscale a été ouverte par le parquet de Paris mardi, pour vérifier si le ministre de l’Intérieur, Serge Ruggieri, a détenu un compte au Luxembourg. C’est ce qu’a annoncé le parquet dans un communiqué du procureur de la République, François Molins, confirmant une information révélée un peu plus tôt par *Mediapart*.

DOCUMENT EN ENCART : 08/01/13. *Titre des* Échos

RUGGIERI SOUTENU PAR HOLLANDE ET AYRAULT

DOCUMENT EN ENCART : 08/01/13. *Article de* L'Express

« Paris – Le président de la République et le Premier ministre soutiennent Serge Ruggieri, a indiqué mardi l'entourage de François Hollande estimant qu'en l'état actuel de la procédure judiciaire, "Il n'y avait pas d'éléments susceptibles de changer la situation" du ministre de l'Intérieur. »

DOCUMENT EN ENCART : *08/01/2013. Transcription mot pour mot d'une interception de correspondance SMS par la NSA.*
ENREGISTREMENT À LA DEMANDE DU DIRECTEUR – CLASSEMENT : CONFIDENTIEL 1-A ; DESTINATAIRE : LE DIRECTEUR ; Interlocuteurs : Stéphane Le Foll, ministre ; Simone Huppert, cheffe de cabinet de François Hollande, président français.

[...]
SLF – FH n'a pas pu valider ça.
SH – Je ne sais pas, je te dis.
SLF – Qui a dit ça chez vous ?
SH – Je ne sais pas !!!
SLF – J'appelle Gaspard Gantzer je vais me le faire.
SH – Fais gaffe, quand même.
SLF – Il bouffe à tous les râteliers. Ségo après Delanoë, ensuite DSK à la primaire. Un jour, il sera de droite.

SH – C'est peut-être des conseillers…
SLF – C'est Havas aussi ?! Ou Pierre-René, tant qu'on y est !! Non, mais Gantzer a validé, c'est sûr. J'en peux plus de ces énarques qui pètent plus haut que leur cul. Qu'ils s'occupent de l'administration et nous, on gère la politique.
[…]

DOCUMENT EN ENCART : *08/01/2013. Transcription mot pour mot d'une interception de correspondance SMS par la NSA.*
ENREGISTREMENT À LA DEMANDE DU DIRECTEUR – CLASSEMENT : CONFIDENTIEL 1-A ; DESTINATAIRE : LE DIRECTEUR ; Interlocuteurs : Serge Ruggieri, ministre ; Anne Hommel, Havas Worldwide/Euro RSCG.

AH – Tu veux les résultats du sondage BVA ? :)
SR – C'est bon ?
AH – Non à 58 %.
SR – Tu rigoles ?
AH – 70 % à gauche et même 40 % à droite.
SR – Rappelle la question.
AH – Voulez-vous que Serge Ruggieri quitte le gouvernement ?
SR – Génial. Incroyable !
AH – Mots croisés est une vraie réussite. Tu as été encore meilleur que ce qu'on pensait.
SR – Mélenchon a bien aidé. Ça paraît chez qui ?
AH – I-Télé. On blinde pour qu'il y ait une dépêche AFP.
SR – De la bombe !
AH – BOUM-BOUM !

DOCUMENT EN ENCART : *08/01/2013. Transcription mot pour mot d'une écoute téléphonique de la NSA. ENREGISTREMENT À LA DEMANDE DU DIRECTEUR – CLASSEMENT : CONFIDENTIEL 1-A ; DESTINATAIRE : LE DIRECTEUR ; Interlocuteurs : Stéphane Le Foll, ministre ; Gaspard Gantzer, conseiller chargé des relations avec la presse, chef du pôle communication de François Hollande, président français.*

[...]
GG – En fait, je t'explique, tu pouvais me donner des ordres durant quatre jours dans ta vie, quand j'étais à ton cabinet. Mais c'était un genre de passage éclair. Mon patron, c'est le président de la République.
SLF – Mais, putain, on va faire quoi si Molins identifie sa voix, hein, tu vas faire quoi ?
GG – Tu sous-entends que le compte existe pour de vrai ? C'est pas ce que dit le Président en privé.
SLF – François parle pas de ça avec toi. Ne me la fais pas à l'envers. T'étais pas né que j'étais déjà son dircab.
Silence (2 s)
SLF – Ton job, c'est de contrôler la flopée de conseillers au Château. Ils ne parlent pas à la presse, ils produisent leurs notes et ils la bouclent.
Silence (2 s)
SLF – Le président de la République soutient Serge Ruggieri. Non mais vous êtes cons ?
GG – Tu te trompes. Je suis pas dircab, moi. C'est au dircab de faire ça. Et c'est Matignon qui s'exprime. Appelle le PM si ça te pose un problème. Et Ruggieri est encore ministre de l'Intérieur, que je sache.

SLF – Les gens comme toi et ton pote Emmanuel passent, les gens comme nous restent.
GG – 58 % des Français ne veulent pas qu'il quitte le gouvernement.
SLF – Pardon ?
Silence (2 s)
SLF – Vous avez quand même pas fait un sondage sur Ruggieri ?

DOCUMENT EN ENCART : *08/01/2013. Transcription mot pour mot d'une interception de correspondance SMS par la NSA.*
ENREGISTREMENT À LA DEMANDE DU DIRECTEUR – CLASSEMENT : CONFIDENTIEL 1-A ; DESTINATAIRES : LE DIRECTEUR/LE PRÉSIDENT DES USA ; Interlocuteurs : Stéphane Le Foll, ministre ; François Hollande, président français.

SLF – C'est une connerie cette histoire de soutien.
(Aucune réponse)

DOCUMENT EN ENCART : 09/01/13. *Titre du* Journal du dimanche

LA DROITE SOUTIENT PRESQUE RUGGIERI

DOCUMENT EN ENCART : *09/01/2013. Transcription mot pour mot d'une écoute téléphonique de la NSA.*
ENREGISTREMENT À LA DEMANDE DU DIRECTEUR – CLASSEMENT : CONFIDENTIEL 1-A ; DESTINATAIRES :

LE DIRECTEUR / LE PRÉSIDENT DES USA ; Interlocuteurs : Nicolas Sarkozy, ancien président français ; Claude Guéant, ancien ministre.

[...]
CG – Merci Nicolas, d'enfin me prendre au téléphone.
NS – C'est pour quoi ?
CG – J'ai un pépin gravissime.
NS – C'est quoi ?
CG – Tu as vu l'article de *Mediapart*...
NS – Ils en publient tous les jours de leurs articles. Tu crois que j'ai que ça à faire de lire ce torchon ?
CG – Je parle de l'article du 2 janvier.
NS – Hum. Il faut taper sur Hollande, bon sang. Dis-le à Éric. C'est très visible ce qu'il fait pas, là.
Silence (3 s)
CG – J'ai fait vérifier auprès de notre informateur. Takieddine a vraiment tout balanc...
NS – Stop, stop, stop ! Tu m'as pris pour qui ? Je le connais pas votre monsieur Takidine, là. Je veux pas en entendre parler.
Silence (2 s)
NS – Et puis, non mais tu sais, ils m'ont mis sur écoute. C'est sûr qu'ils m'ont mis sur écoute. Hein, monsieur Van Ruymbeke que vous m'avez mis sur écoute ?
Silence (2 s)
NS – Attends, je te rappelle.

DOCUMENT EN ENCART : *09/01/2013. Transcription mot pour mot d'une écoute téléphonique de la NSA. ENREGISTREMENT À LA DEMANDE DU DIRECTEUR*

– CLASSEMENT : CONFIDENTIEL 1-A ; DESTINATAIRES : LE DIRECTEUR / LE PRÉSIDENT DES USA ; Interlocuteurs : Paul Bismuth alias Nicolas Sarkozy, ancien président français ; Claude Guéant, ancien ministre.

NS – Tu vas bien m'écouter, tu vas écouter une bonne fois pour toutes. J'ai rien à voir avec ces histoires. Je connais pas monsieur Kadhafi non plus. Je connais personne. Occupez-vous de taper sur Hollande et laissez-moi tranquille. Je me prépare. *Mediapart*, là, Plenel c'est un fieffé menteur qui veut mon scalp comme tous ces juges acharnés, mais je vais te dire, il dit la vérité sur Ruggieri, toute la vérité, rien que la vérité. Tu appelles qui de droit pour le reste. Mais pas moi ! Moi, je m'occupe de la France. Et là, c'est pas la France.
Silence (4 s)
CG – D'accord.

DOCUMENT EN ENCART : 10/01/13. *Titre du* Point

LES AVOCATS DE RUGGIERI DEMANDENT À LA BANQUE DE LUXEMBOURG DE FOURNIR LA PREUVE QU'IL N'A PAS DE COMPTE

DOCUMENT EN ENCART : 11/01/13. *Titre et sous-titre de* Mediapart

« AFFAIRE RUGGIERI : "TROP DE MAUVAIS SOUVENIRS" POUR ÉRIC WOERTH »
Interrogé sur l'affaire Ruggieri, Éric Woerth a reconnu le

silence de son parti, avouant que cela lui « rappelait trop de mauvais souvenirs ».

DOCUMENT EN ENCART : 11/01/13. *Titre du* Point

LES FRANÇAIS NE VEULENT PAS QUE RUGGIERI QUITTE LE GOUVERNEMENT

22

Charbonnière-les-Bains/Lyon, 14 janvier 2013.

La commune la plus friquée du 69 – un rectangle de verre à demi sur pilotis – trop excentré de la préfecture.

Djamila assiste à la réunion mensuelle du groupe majoritaire à l'hôtel de Région. Avec les partenaires écolos, radicaux et *tutti quanti*. Personne ne semble se soucier du cas Ruggieri. Même pas le président de la Région qui le hait.

Le président de la Région pique une fausse colère sur la modulation des tarifs dans les cantoches lycéennes. Il monte sur ses grands chevaux au nom de la justice sociale. Ethos post-matérialiste. Niveau de langage agrégé de lettres. Connexion avec les classes populaires 0 %. Ça ne distraie pas Djamila de son agenda.

Djamila poursuit avec la réunion hebdomadaire de l'exécutif. La salle est plus petite. La valse des services est symétrique aux prises de parole des vice-présidents. Les données budgétaires ont été blindées par le cabinet et le premier vice-président aux Finances.

Djamila traite ses mails. Elle n'attend pas vraiment son tour.

Elle reçoit un spam qui vante la biennale d'art contemporain de Lyon. Un signe des algorithmes et du ciel.

Djamila passe une main sous sa veste. Son ventre est plat comme jamais. Elle pense à la folle nuit des mille baisers. Elle pense aux strass de la désinhibition. Elle pense à la galerie.

Djamila a définitivement un truc avec la richesse. Elle voudrait que tout le monde roule en BMW. Elle est secrètement favorable au luxe de masse.

Djamila n'a pas le temps d'avoir la tête ailleurs. C'est son tour. Elle se poste à la droite du président de la Région. Le vice-président aux Bâtiments se poste à la droite de Djamila. Les *slides* du PowerPoint défilent sur l'écran géant.

Le cabinet du président a désigné Djamila pour mettre en valeur le fond du dossier. Djamila lit nonchalamment la note des services. La note s'intitule « Restructuration du Centre de formation sociale Lyon Est ». La directrice de la formation professionnelle complète le propos. Le vice-président aux Bâtiments fait semblant de ne pas le prendre comme un affront. C'était à lui de présenter le dossier en bureau.

La note des services s'intitulait auparavant « Restructuration du Centre de formation sociale de Saint-Priest ». Le conseiller spécial du président a modifié le titre avant diffusion à l'exécutif. Hors de question de pointer le nom de la commune. Le *modus operandi* est ridicule comparé au coût du projet. Le montant des travaux est pharaonique : 23 millions d'euros.

Djamila conclut. Elle propose un soutien financier de la collectivité à hauteur de 40 %. Le président de la Région fait mine de ne pas être concerné. Il est en réalité dans ses petits souliers.

Le président de la Région a été maire de Saint-Priest jusqu'en 1997. Son beau-père occupait déjà cette fonction à la fin des années 60. La femme du président était adjointe à la Culture jusqu'à ce que la nouvelle maire socialiste lui retire sa délégation. La femme du président projette de mener une liste contre cette dernière aux municipales.

La mairesse de Saint-Priest est vent debout contre le projet de Centre de formation sociale. Les 9,2 millions d'euros de subvention régionale sont une peau de banane politicienne. L'ascension du président doit trop à sa femme et à sa belle-famille.

Le président aime les soirées calmes au théâtre et la musique classique. Sa femme sera contentée grosso merdo. Elle ne l'est jamais vraiment. C'est une chieuse, l'agent actif de la dynastie.

Les micros clignotent. Le président distribue la parole. Son fidèle de l'Enseignement supérieur entame à fleuret moucheté. Berny soutient le super projet, super de gauche.

Le vice-président écologiste monte au créneau. La subvention lui semble très élevée.

La vice-présidente écologiste à la Santé a le regard dans le vague. Elle décoche un sourire anxieux. La Région doit déterminer les lieux d'implantation de deux nouveaux lycées ainsi que le calendrier de construction. Le premier lycée pourrait être implanté dans sa ville d'élection, en Isère. Ou pas. Voilà comment se gère l'avenir de nos enfants.

– Ce bâtiment sera un véritable laboratoire. Une vitrine pour notre territoire ! Pour une fois que l'on affirme que l'écologie peut rapporter financièrement.

Les écolos sont les pires. Le président de la Région est prêt à tout pour contenter les caprices de sa femme. Djamila n'a plus de nouvelles de son mari depuis dix jours. Son abrutie de collaboratrice parlementaire la harcèle. C'est le cinquième SMS.

Sa collaboratrice parisienne souhaite que Djamila signe un amendement. Djamila ne sait même pas de quoi il retourne. Sa collaboratrice parisienne remplit des verres d'eau pour se noyer dedans. Djamila envoie un message à Aurélien :

« Gère Paris, elle me fait chier. »

Les services vont et viennent. Tout le monde a droit à du thé chaud et du café. L'affaire Ruggieri n'est même pas évoquée lors de la discussion générale.

Pascal conduit Djamila au centre-ville. Djamila déjeune avec Aurélien rue de la Barre. Poisson grillé et écrasé de patates. Aurélien dit :

– Il a été très bon à Mots croisés. Il va sauver ses miches.

Djamila pourrait lui parler du coffre de son mari. Elle pourrait lui dire que Ruggieri est mort. Elle pourrait vider son sac. Au lieu, elle commande des profiteroles.

Aurélien dit :

– Tu n'as rien sur ton agenda cet après-midi.

– Je dois passer chez moi. Avant le TGV de 17 h 24.

Djamila passe par la place des Célestins. Elle monte chez elle. Elle récupère son trolley à roulettes. Elle l'a préparé la veille au soir.

Djamila reçoit un SMS de Jean-Michel Garrand :

« Je serai à Lyon jeudi soir. »

Djamila répond :

« Pas moi. »

Djamila descend la Presqu'île à pied. Elle parvient place Carnot. Elle trouve le cabinet de maître Le Vert.

C'est un jeune homme qui la reçoit. Djamila va droit au but. L'avocat dit :

– Pour un divorce ?

Djamila a escompté son effet. Elle lui décoche un sourire théâtral.

– C'est le nom de la procédure lorsque l'on est marié, non ?

L'avocat scrute les étagères. Sa cravate rose le rajeunit. Il n'a pourtant que vingt-neuf ans.

– C'est-à-dire que… Excusez-moi.

Le jeunot se lève. Il quitte le bureau rangé comme un lundi. Djamila patiente quatre minutes. Elle contrôle le vernis incolore de ses ongles parfaits.

Béatrice Le Vert rapplique. Elle ferme la porte derrière elle. Elle jette un coup d'œil roublard.

– Madame la députée.

– Bonjour.

– Vous venez donc pour un divorce ?

– Votre collaborateur vous a bien renseignée.

– Pourquoi choisir mon cabinet pour entamer une procédure de divorce ?

– Je n'ai pas dit que je voulais entamer une procédure. Je viens pour obtenir des renseignements.

– Sur quoi, Madame la députée ?

– Mais sur les procédures de divorce, maître.

Béatrice Le Vert croise les bras. Elle s'adosse à la porte. Ses seins débordent de son décolleté.

– C'est une blague ?
– Vous êtes la personne la mieux placée, en l'espèce.
– Qu'entendez-vous par là ?
– Soit votre enregistrement est authentique, soit il ne l'est pas.
– Je dois tout de même reconnaître une chose… Vous avez du toupet.
– C'est ce qu'on apprend tout jeune, d'où je viens.
Béatrice Le Vert scrute les dossiers de l'avocat sur le bureau. Elle scrute l'althéa qui a besoin d'eau. Elle dit :
– J'ai dit ce que j'avais à dire à la presse. J'ai aussi appelé la présidence de la République. Une enquête indépendante est en cours. Mais vous êtes mieux placée que moi pour le savoir.
– Toute chose étant égale par ailleurs… Votre enregistrement est authentique ?
– Il m'a rappelée par mégarde. Je n'ai pas décroché. Il a tout déballé sur mon répondeur téléphonique.
– C'est digne d'un film avec Pierre Richard…
– C'est assez comique, oui. Et je réserve désormais ma parole aux enquêteurs.
Djamila se lève. Elle s'approche de Béatrice Le Vert. Elle lui tend la main. Béatrice Le Vert ne la saisit pas.
– Vous ne voulez pas être mon avocate ?
– De prime abord, bien sûr que non. Mais laissez-moi un temps de réflexion.
Djamila attend qu'elle libère le passage. Béatrice Le Vert ouvre la porte. Elle demande :
– Vous êtes envoyée par votre mari ou par Ruggieri en personne ?

Djamila rétorque :

– Je n'ai jamais considéré que les femmes étaient des potiches. Vous non plus, je crois.

Béatrice Le Vert ne répond pas.

– Je suis aussi rancunière que vous. Ils paieront bien plus cher que ce que vous les avez fait payer jusqu'à présent.

– N'oubliez pas que cette circonscription était la mienne avant d'être la vôtre.

Les deux femmes échangent une poignée de main. Béatrice Le Vert sourit. Elle dit :

– Je vous ferai part de ma réponse sous quarante-huit heures.

23

Chassieux/Vaise/Lyon, 14 janvier 2013.

Action intimidation.

Dubak aimerait foutre le feu au pays ou peut-être à lui-même. À moins qu'il veuille savoir, qu'il soit juste flic au fond de lui-même.

L'imprimerie Vadel sent l'encre et le papier chaud. Dubak sort sa carte de police à qui mieux mieux. La secrétaire à l'accueil est terrorisée. Le contremaître est terrorisé. La secrétaire passe un coup de bigo. Le contremaître veille au grain.

La patronne débarque sur les chapeaux de roues. Elle n'est pas franchement malléable. Elle monte Dubak dans son bureau.

Par la baie vitrée : l'entrepôt, les rotatives, les copieurs géants. La patronne ne propose ni café, ni rien.

Dubak expose les documents déclarés. Profession de foi. Bulletins de vote. Affiche officielle.

La patronne n'est pas souriante. Elle ménage la chèvre et le chou. Elle a effectivement pu imprimer une partie de la campagne des municipales de 2008. Dubak dit :

– C'est le nom de votre imprimerie, là, regardez.

La patronne rétorque :

– On fait beaucoup de campagnes. Et c'était il y a un paquet d'années.

– Quatre ans, seulement. Vous pouvez vérifier ?

– Pas besoin. J'ai de la mémoire. Nous avons imprimé ces documents.

Dubak sort le document putassier sur Dominique Perben. La patronne vire pivoine. Elle se met en mode « vous êtes qui, vous voulez quoi ». Elle conclut :

– Il n'y a pas de mentions légales. Tous les documents d'une campagne électorale doivent de plus porter la mention « papier recyclé ». Ça ne peut pas sortir de chez moi, ça.

– Il va falloir être plus coopérative si vous ne voulez pas que je vienne fouiller dans votre comptabilité et retourner votre entrepôt avec quinze enquêteurs.

La patronne se reprend. Elle le rembarre vertement. Elle dit :

– Vous sous-entendez quoi ? Vous croyez que vous pouvez débarquer chez moi avec une carte de police, interroger mes employés ? Vous vous prenez pour qui ?

– Un commandant de police.

– Eh bien revenez avec une autorisation, Monsieur le commandant de police. Vous avez des méthodes de cow-boy.

Dubak pourrait dégainer son Beretta. Il pourrait aussi lui passer les bracelets. Il dit seulement :

– Vous n'êtes pas sans savoir que monsieur Ruggieri a une affaire sur le dos. Si des fonds sont parvenus du Luxembourg sur les comptes de votre société, vous serez dans de sales draps. J'aurais la compta de Licorne, aussi. Si vous n'êtes qu'un prestataire, vous avez intérêt à coopérer.

La patronne se lève. Elle dit :
– Vous connaissez le chemin.
– Madame Vadel…
– Je ne m'appelle pas madame Vadel.
La patronne monte le ton :
– Sortez !

Dubak quitte l'entrepôt. Il demeure derrière son volant. Il scrute les allées et venues sur le parking.

Rien à signaler. Un camion accoste à 9 h 43. C'est la livraison hebdomadaire de papier.

Dubak appelle le bureau. Il informe Peggy qu'il aura du retard. Peggy lui apprend que Joseph est de repos aujourd'hui et qu'elle est seule. Peggy terminera plausiblement déléguée syndicale.

Dubak avale deux anxiolytiques. Les cachets restent bloqués dans sa gorge. Il dégote une bouteille d'eau sous le siège avant. Il boit trois gorgées du liquide douteux.

Dubak entre dans Vaise à 10 h 46. C'est la terre d'élection de Serge Ruggieri. Une commune transformée en arrondissement, le 9e de Lyon.

La Peugeot remonte la Saône verdâtre. Elle passe une friche industrielle. Elle se perd entre de vieux bâtiments.

Des tuiles rouges, des vitraux percés, de grandes portes en bois délavé. Dubak entre l'adresse de l'agence de communication Licorne sur son GPS.

Un panneau plastifié. Une licorne bleu roi. Un atelier de filature reconverti en agence hi-tech.

Dubak demande après Bastien Gobert. Il ne dit pas « le

soutier de la com Ruggieri ». Il ne dit pas « le pote à Jean-Michel Garrand ».

Dubak patiente dans un hall design. Il ne s'assoit pas sur l'un des Voltaire en plastoc. Il passe la langue sur ses dents. Sa langue est lourde, pâteuse.

Bastien Gobert est un grand mec. Il est déguisé pour ne pas ressembler à un patron. Jean, veste de costume sur une liquette blanche, baskets New Balance.

Ils traversent un open space. Des briques. Du métal dépoli. Une armée de gosses.

Les écrans Apple sont surdimensionnés. Un flipper et un baby-foot délimitent le coin détente. Un type est affalé sur un pouf géant.

Gobert entre dans un box. Il s'assoit sur le plateau d'une table en verre. Il propose un café. Dubak assène :

– Vous avez organisé une double comptabilité pour couvrir entre 150 et 200 000 euros de dépenses sur la campagne municipale de Serge Ruggieri en 2008.

Gobert s'esclaffe. Il écarte les jambes. Il se penche en arrière.

– Je vais devoir vous placer en garde à vue.

– Pardon ?

– Ainsi que M. Jean-Michel Garrand. C'est votre témoin de mariage, c'est ça ?

Gobert saute de la table. Il est excité comme une puce. Il se frotte trop le nez. Dubak mise sur un cocktail caféine, vitamine D, coco.

– Vous me placez en garde à vue ?

– Ça dépend de vous. Vous pouvez coopérer, c'est dans votre intérêt.

– Donnez-moi cinq secondes.

Gobert quitte le box. Il referme la porte. Dubak l'observe par la cloison en plexiglas.

Gobert pianote sur son iPhone. Il s'essuie les narines. Il appelle un correspondant.

Gobert entrouvre la porte. Il demande :

– Vous avez une commission rogatoire ?

Dubak ne répond pas. Gobert dit à son correspondant :

– A priori, non.

Gobert s'adresse à Dubak :

– C'est dans le cadre d'une enquête préliminaire ?

Dubak ne répond pas. Gobert dit à son correspondant :

– A priori, non plus.

Gobert demande :

– Vous pouvez me donner votre nom, votre grade et votre service ?

Dubak rétorque :

– Commandant Alain Dubak, SRPJ de Lyon, brigade financière.

Gobert dit à son correspondant :

– Commandant Alain Dubak, SRPJ de Lyon, brigade financière.

Gobert s'éloigne dans le couloir. Il renifle follement. Dubak entend :

– Très bien, maître. Merci, maître. À bientôt, maître.

Gobert pénètre dans le box. Il se rassoit sur la table. Il croise les bras.

– Vous me placez en garde à vue, donc ?

– Non. Je reviendrai.

– Super bonne nouvelle ! Vous voulez un café, avant ?
– Je ne bois que du thé.
– Nous avons du thé, aussi. Vous en voulez un ?
– Non merci.
Gobert place les mains sur le plateau en verre. Un sourire narquois fait remonter ses joues. Le mec a le syndrome du surhomme.
– Alors, cassez-vous.
Dubak se marre. Il quitte le siège de la société Licorne. Il se gare au premier croisement.
Dubak patiente quinze minutes. Il avale un anxiolytique. Il plane toujours.
Une Porsche Boxster dévale la rue. Gobert hurle derrière son volant. Il tourne à droite et le véhicule disparaît. Dubak n'essaie même pas de le suivre.

Dubak prend par le tunnel de la Croix-Rousse.
Son téléphone sonne douze fois. Il ne décroche pas. Il ne contrôle pas les noms sur son écran.
Il lui faut de l'alcool. Il lui faut de la drogue. Il n'a rien pris depuis trop longtemps.
Dubak est persuadé qu'il est entré dans le trou noir après sa rupture. Le trou noir s'est pourtant formé bien avant. C'étaient trois années après son entrée aux Stups.
Dubak a tapé une fois pour rire. Il a repris de la coke. À la fin, il en prenait tous les jours, pour rire à perpétuité.
Son amour l'aimait. Et il l'aimait depuis tout le temps. Mais la coke ne la faisait pas rire, elle.
Après, il y a eu la routine, le boulot, Mamy. Dix ans, plus.

Vingt. Mamy l'a sauvé, tout le temps. Elle aurait dû le laisser mourir.

Dubak traverse le Rhône pont Wilson. Il se gare au parking souterrain de la place Bellecour. Il marche jusqu'aux Célestins.

Dubak se pose sur un banc. Il observe les badauds. Il détaille la façade du théâtre. Il fixe la porte d'entrée de l'immeuble de Djamila Garrand-Boushaki.

Son téléphone sonne. Dubak repère l'identité. C'est la directrice du SRPJ. C'est son quatrième appel en absence.

Une fille sort de l'immeuble. Elle a les cheveux mi-longs. Elle est fringuée en tailleur-pantalon. Elle porte un trois-quarts chic. C'est *la fille*.

Dubak la suit. Elle traîne un trolley à roulettes place Bellecour. Elle descend plein sud par la rue Victor-Hugo. Elle s'enfile sous un porche place Carnot.

Dubak lit les noms sur l'interphone. Il repère les plaques professionnelles. Un dentiste, un médecin, un ostéopathe. Deux avocats. Il lit la plaque : « Maître Béatrice Le Vert »

Dubak plane. Dubak tilte. Béatrice Le Vert. L'enregistrement Ruggieri. Il se cale contre la façade.

Djamila Garrand-Boushaki sort de l'immeuble à 15 h 25. Dubak l'interpelle. Il dit :

– Mademoiselle.

La fille ne l'entend pas. Elle s'apprête à traverser en direction de la gare de Perrache. Dubak reste adossé à l'immeuble. Il crie :

– Mademoiselle Boushaki !

La fille se tourne. Elle le dévisage. Dubak approche.

– Vous avez cinq minutes ? C'est votre cousin qui m'envoie.

– Mon cousin ?
– Abdel. Je suis le commandant Alain Dubak.
La fille fronce les sourcils. Elle a une bouche douce. Elle a le regard dur.
– Je suis enquêteur principal sur l'affaire Ruggieri.
La fille contrôle à droite et à gauche. Dubak désigne la terrasse du grand café place Carnot.

Djamila repère la cicatrice qui remonte de l'oreille pour se perdre sous les cheveux bruns. Elle ne sait pas trop s'il a les yeux bleus ou verts. Elle sait juste qu'il voit en elle. Ça ne lui est pas arrivé souvent dans la vie. Et elle ne s'y attendait pas aujourd'hui.
Djamila Garrand-Boushaki dit :
– D'accord.
Ils ont vingt ans d'écart et ils traversent la route.

24

Pierre-Bénite/Oullins/Paris, 15 janvier 2013.

Froid. Brume. Des merdes de pigeon sur le pare-brise.

À Pierre-Bénite, il y a d'anciennes cités ouvrières. Il y a des Arabes. Il y a une femme voilée et ses trois gosses.

Les géographes appellent la zone « la banlieue ». Les politiciens appellent la banlieue « la ceinture rouge ». Hébert appelle la ceinture rouge « son terrain de jeu ». Les mioches de Nassim et Najat Boushaki appellent le terrain de jeu d'Hébert « chez eux ».

Sana est la plus petite, elle tient sa mère par la main. Ahlem et Chemsa marchent devant, cartables sur les épaules. De gentilles écolières modèles.

Hébert est sur le siège avant du Merco. Il se frotte les mains. L'intrusion chez les Boushaki s'est faite en fanfare et sans bruit. Il possède les coordonnées d'un compte épargne à la Banque postale au nom de Najat Boushaki. Le premier shooting à la sortie de l'école Paul-Éluard a été un fiasco.

Hébert se récite le poème. *L'été l'hiver je t'ai vue, dans ma maison je t'ai vue, entre mes bras je t'ai vue, dans mes rêves je t'ai vue.*

Hicham à moustache remonte la rue du 8-Mai-1945. Il porte ses Ray-Ban en plein hiver. Il est Reda Zouabri. Le Reda Z. du Luxembourg. Le Reda Z. de Tel-Aviv. Le Reda Z. qui a rencontré l'iman cintré d'Oullins. Hicham se poste à hauteur de la femme voilée.

Hébert appuie sur le déclencheur. Il shoote. Il sait ce qu'Hicham dit à Najat Boushaki. Hicham demande son chemin. Hébert mitraille. La femme Boushaki fait de grands gestes.

Ahlem et Chemsa tracent dix mètres devant. Hicham les rattrape. Il passe une main affectueuse sur la tête d'une gosse. Hébert shoote en rafale.

Ahlem bondit en arrière. Hébert sait ce qu'Hicham dit. Hicham conseille à Ahlem Boushaki d'attendre sa maman.

Hicham dépasse les deux gamines. Il se tourne, marche à reculons. Il salue Najat Boushaki de la main.

Le cadrage est parfait. Les photos sont parfaites. Le deuxième shooting est une franche réussite. Hébert dit à Philippe :

– On le récupère où déjà ?

– À la sortie de Haute-Roche.

Philippe dit :

– Sale quartier.

Hébert se poile. Il monte le chauffage au max. Il rétorque :

– Hicham est comme un poisson dans l'eau.

Hébert a maintenant Reda Zouabri avec la femme de Nassim Boushaki dans la boîte. Il a aussi Reda Z. avec les filles de son ancien pote de zonzon. Reda Z. n'est plus à Londres. Reda Z. est passé par le Luxembourg et ses banques. Il est passé par Tel-Aviv et ses marchands d'armes. Reda Z. est à Pierre-Bénite, France. Tout ça sera bientôt sur papier glacé.

Les fous d'Allah sont fous d'Allah. Hébert est fou d'eux. Hébert aimerait les cramer au napalm. Mais avant, il fabrique des connexions, des mèches souterraines, de futures lignes de feu.

Hébert pense à Delphine. Il pense à Louis et Maximilien. Il se récite le dernier vers du poème. *Je ne te quitterai plus.*

Hébert ouvre la boîte à gants. Il récupère un portefeuille. Le portefeuille a été volé hier à 7 h 52, vestiaires d'un dépôt de la société Pizzorno. Le portefeuille appartient à Nassim Boushaki.

Hicham saute dans le Merco à la sortie de Haute-Roche. Le Merco file en direction du nord.

Hôtel Campanile, Oullins, bordure d'autoroute. Ils montent dans leurs piaules. Hébert dit :

– Ne déconnez pas avec mon carton.

Dans le carton, il y a les photos d'Hicham à moustache devant la mosquée d'Oullins. Dans le carton, il y a des photos d'Hicham à moustache dans le jardin de Nassim et Najat Boushaki. Dans le carton, il y a les coordonnées bancaires du compte épargne de Najat Boushaki à la Banque postale.

Hicham à moustache est Reda Zouabri. Reda Z. a un compte dans la même banque que Serge Ruggieri à Luxembourg city. Najat Boushaki est la femme de Nassim. Nassim Boushaki est le frère de Djamila Garrand-Boushaki. Reda Z. achète des armes à Tel-Aviv. Reda Z. loue un garage à Pierre-Bénite. Le garage est une planque à TATP. Comme ça, juste Okazou.

Hébert se rend au centre-ville d'Oullins. Il boit un Perrier dans un bar. Il pénètre dans un magasin Bouygues Telecom. Il achète un téléphone portable. C'est pour son cousin malade. Son cousin n'a pas pu se déplacer. Il a sa carte d'identité.

Son cousin s'appelle Nassim, Nassim Boushaki. Le téléphone est enregistré à son nom et à son adresse à Pierre-Bénite. La carte SIM sera active dans six heures.

Reda Z. va adresser beaucoup de messages à son correspondant. Beaucoup beaucoup de messages compromettants. Il va donner l'adresse de la planque à TATP des Bleus, à Pierre-Bénite. Okazou. À moins que Reda Z. soit juste un enfoiré.

Hébert préfère ses écritures à lui plutôt que la fausseté du monde. Il rejoint ses hommes une heure plus tard. Philippe les conduit à la gare de la Part-Dieu. Hébert dit à Philippe :

– Que tout soit prêt pour le parc Chabrières. On revient dans soixante-douze heures.

Philippe dit :

– Et s'il ne vient pas ?

– Il viendra.

– Un ancien pote de prison passe par son imam et il se pointe ? Tu y crois vraiment ?

– Tu es là pour la logistique et éventuellement tuer. Si tu tues, tu es mieux payé, on est d'accord ?

Philippe baisse la garde. Philippe dit :

– Oui, excuse-moi.

– Prends trois chambres à l'hôtel du Théâtre. Tu nous attends là-bas.

– Quel théâtre ?

– Place des Célestins. Que l'une des chambres donne sur la place. Et la 16. On veut la 16. Ça sera ma chambre.

Hébert confie le téléphone portable à Philippe. Il l'avertit qu'il recevra plusieurs appels et des SMS. Il indique qu'il ne doit pas répondre.

Hébert murmure :

– Arrête de trop parler avec Hicham. Il est moins malin que toi, même s'il pense le contraire.

Hicham prend le même TGV qu'Hébert. Un autre wagon. Direction Paris. Hébert entrepose son carton sur un fauteuil vide.

Hébert a rendez-vous à 19 h 45 à Aubervilliers. Chez Antoine, un pote tenancier. Hébert sirote déjà sa deuxième mauresque. Hébert discute le coup avec le patron. Il dit :

– Je suis ici incognito.

Le journaliste de *Valeurs actuelles* pénètre dans le rade à l'heure convenue. Il est sapé genre reporter de guerre. Veste plein-de-poches, jean usé, chaussures de baroudeur.

Hébert honnit les hurluberlus de la droite identitaire. Il se font toujours passer pour des gros bras. Ce sont sempiternellement des couilles-molles.

Jean Kergat fait direct son malin. Tout dans la bouche et rien dans le froc. Il dit :

– Mon correspondant à la DGSE a confirmé vos informations.

– Et ?

– Et le Quai des Orfèvres est sur le qui-vive. Mais à qui ai-je l'honneur ?

– Votre frère vous a donné le prix ?

– C'est cher. Vous le connaissez d'où, Hervé ?

– C'est le tarif d'une exclusivité.

– Je peux voir le produit ?

Hébert sort une enveloppe de la poche de son trois-quarts. Il la fait glisser sur le granit. Jean Kergat décachète l'enveloppe. Il ausculte les portraits d'Hicham à moustache.

– Les photos ont été prises où ?

– La première série au Luxembourg. La seconde à Tel-Aviv.

Jean Kergat désigne Hicham devant l'immeuble de Léry & Cie.

– C'est où ça ?

– Siège d'une banque.

– Et il y a quoi dans le sac ?

– À votre avis ?

– Du fric ?

– CQFD.

Jean Kergat désigne Hicham à moustache sur la piste de danse à Tel-Aviv.

– Et celle-là ?

– Un club à Tel-Aviv.

– Lequel ?

– Le Bootleg.

– La fille qui se colle, là ?

– Une pute, peu importe.

– Il ne s'agit pas de sa petite copine ?

– Non.

– Il se tape des putes ?

– Les vierges, c'est au paradis…

Jean Kergat se poile. Hébert sourit. Jean Kergat dit :

– Il me faudra les fichiers en HD.

– Il me faudra 8 000.

– C’est cher.
– C’est Reda Zouabri.
– Vous avez une preuve de son identité ?
– Il a fait de la chirurgie esthétique. Mais la DGSE a la preuve. Et vous le savez, puisque vous êtes bien informé…
Jean Kergat commande un demi. Antoine lui tire une pression. Jean Kergat demande :
– Vous en doutiez ?
– Ils ont trouvé son passeport dans sa chambre d’hôtel.
– Je vais vérifier.
– Faites.
– Si c’est exact, j’achète. Comment je fais pour vous contacter ?
– Je vous appellerai dans soixante-douze heures. Je ne veux pas de publication avant mi-février.
– Très bien. Il faudra convaincre ma rédaction, de toute façon.
Hébert se lève. Il ne tend pas la main. Il dit :
– Il serait rentré en France.
– Où ça ?
– Région lyonnaise a priori.
Hébert glisse la main dans la poche intérieure de son blouson. Il en sort un document plié en quatre. C’est la fiche S de Nassim Boushaki. Il la jette sur la table.
Jean Kergat la déplie. Il l’ausculte. Il murmure :
– Nassim Boushaki…
Jean Kergat dit :
– C’est qui ça ?
– Rendez-moi la fiche.

Jean Kergat hésite. Hébert se penche sur la table. Jean Kergat discerne la crosse du semi-automatique.

– Cherchez. Chasse-sur-Rhône.

– Vous travaillez pour qui ?

Hébert lui arrache la fiche S caviardée de Nassim Boushaki des mains.

– Vous publiez les photos et vous aurez le reste après. Vous ne serez pas déçu.

Hébert dit :

– Allahou Akbar.

Hébert sort du bar. Il contrôle sa montre Swatch. Il allume un cigarillo.

Hébert contemple le ciel étoilé. Il doit encore dîner avec Hugues Corvoisier. Il consacrera son mercredi après-midi à ses amours, les enfants.

Mercredi – c'est demain.

DOCUMENT EN ENCART : 16/01/13. *Titre et sous-titre du* Monde

« MEDIAPART-RUGGIERI : LE BRAS DE FER »
D'un côté, un site d'information qui affirme que le ministre de l'Intérieur a possédé un compte au Luxembourg. De l'autre, un ministre qui nie en bloc. Retour sur les coulisses d'une affaire qui empoisonne le gouvernement.

DOCUMENT EN ENCART : *16/01/2013. Transcription mot pour mot d'une interception de correspondance SMS par la NSA.*
ENREGISTREMENT À LA DEMANDE DU DIRECTEUR – CLASSEMENT : CONFIDENTIEL 1-A ; DESTINATAIRE : LE DIRECTEUR ; Interlocuteurs : Serge Ruggieri, ministre ; Anne Hommel, Havas Worldwide/Euro RSCG.

[...]
SR – Dis à Stéphane de m'appeler. Vous êtes cités dans l'article du *Monde*. Il y a son nom.
AH – Je ne suis pas citée.

SR – Coralie, si. Ça commence à faire chier. Des proches parlent.
AH – Tu as vraiment dit « C'est comme une coloscopie » ?
SR – Ils vont fouiller ma vie privée ! Mais l'important n'est pas que je l'ai dit. L'important est à qui je l'ai dit.
AH – À qui ?
SR – Dis à Stéphane de m'appeler. Il ne me répond pas. Ça me gonfle. Hollande et Ayrault ont forcé la main à Mosco. Il va demander une entraide administrative avec le Luxembourg. FH fait croire que c'est de JMA, mais l'idée vient de lui, c'est sûr.
AH – Mais quand ?
SR – À la sortie du Conseil des ministres, on a fait une réunion. FH est double-face.
AH – Ariane Chemin écrit que tu es parano dans l'article. Il ne faut pas perdre nos nerfs.
SR – Tu penses la même chose qu'elle ?
AH – Je dis à Stéphane de t'appeler.
SR – Sinon, je n'ai pas dit qu'il y avait d'autres vies que ministre. Elle est mal informée.
AH – On garde la même ligne.
SR – On a gagné le premier set. L'enquête de Molins, c'est le deuxième. On peut pas le perdre.

DOCUMENT EN ENCART : 17/01/13. *Titre et sous-titre de* Mediapart

« RUGGIERI : LA POLICE A RÉCUPÉRÉ L'ENREGISTREMENT, L'ENQUÊTE DÉMARRE »
L'avocate Béatrice Le Vert a remis à la police, le 16 janvier, une copie d'un enregistrement dans lequel le ministre

de l'Intérieur, Serge Ruggieri, évoque son compte au Luxembourg non déclaré.

DOCUMENT EN ENCART : *18/01/2013. Transcription mot pour mot d'une écoute téléphonique de la NSA. ENREGISTREMENT À LA DEMANDE DU DIRECTEUR - CLASSEMENT : CONFIDENTIEL 1-A ; DESTINATAIRE : LE DIRECTEUR ; Interlocuteurs : Serge Ruggieri, ministre ; Jean-Michel Garrand, chef de cabinet du ministre.*

[...]
SR – Mais qu'est-ce que tu fous à Lyon ?
JMG – Une affaire personnelle.
Silence (2 s)
JMG - J'ai vu avec le cab de Mosco. La demande d'entraide avec le Luxembourg va partir asap.
SR – L'avocat est dessus ?
JMG – Bien sûr, Dorcel valide. Avec maître Audiard au Luxembourg.
SR – On s'est fait niquer sur l'enquête de Molins.
JMG – Maître Audiard est le meilleur.
SR – Ils parlent de lui dans *Le Monde*... C'était une connerie de donner son nom sur mon blog.
Silence (2 s)
SR – C'est le deuxième round, là.
JMG – Les enquêteurs ont déjà été notifiés par Molins. Je suis dans le viseur de l'Élysée.
SR – Le principe, c'est la muraille de Chine. Tu prends les infos que le préfet de police de Paris te donne de lui-même. Je le revendiquerai plus tard, qu'on n'est pas intervenus.

JMG – On ne peut pas.
SR – C'est bien pour ça que je le revendiquerai.
JMG – Le préfet m'a dit qu'ils avaient déjà l'enregistrement.
SR – Il faut combien de temps pour analyser ?
JMG – Mon contact au labo de Saint-Cyr-au-Mont-d'Or dit quinze jours, trois semaines.
SR – Tant que ça ?
JMG – Oui. On dira que c'est un montage.
SR – Il est sûr, ton contact, là-bas ?
JMG – Oui.
SR – Il nous faut une réponse négative du Luxembourg avant le résultat des analyses de Molins.

DOCUMENT EN ENCART : *18/01/2013. Transcription mot pour mot d'une écoute téléphonique de la NSA. ENREGISTREMENT À LA DEMANDE DU DIRECTEUR – CLASSEMENT : CONFIDENTIEL 1-A ; DESTINATAIRES : LE DIRECTEUR / LE PRÉSIDENT DES USA ; Interlocuteurs : François Hollande, président de la République ; Jean-Pierre Mignard, avocat de* Mediapart *et ami du président.*

[...]
JPM – Tu devrais régler le problème.
FH – Je veux des preuves.
JPM – Edwy a fait analyser l'enregistrement.
FH – Plenel n'est ni la justice, ni la police même si je t'accorde qu'il aimerait être les deux.
(Ricanements)
FH – Le temps décante les choses à son rythme. Et souvent, le rythme du temps est le mien.
[...]

25

Lyon, 19 janvier 2013.

Djamila Garrand-Boushaki participe à l'assemblée générale d'une association pour la sauvegarde du patrimoine dans le Vieux Lyon. Elle prend la parole aux vœux de l'hôpital de la Croix-Rousse. Elle fait un point agenda avec Aurélien Vernochet à sa permanence parlementaire, rue de Brest. Elle ne déjeune pas.

Djamila reçoit un appel téléphonique en numéro masqué à 14 h 32. Elle ne décroche pas non plus. Elle écoute le message vocal. Maître Béatrice Le Vert accepte de la conseiller pour son divorce. Elle confiera la mission à un collaborateur.

Djamila signe cinq parapheurs. Aurélien met les soixante courriers sous pli. Il place les enveloppes sur le bureau de la secrétaire. Il confirme à Djamila qu'il l'accompagnera lundi matin. Ils passeront la prendre avec Pascal à 7 h 30 direction l'hôtel de Région.

Aurélien demande :

– Ça va ?

– Je ne veux plus en parler. Ça ne me concerne pas.

Djamila rentre chez elle à 17 h. Jean-Michel Garrand boit un café dans le salon. Bastien Gobert est assis en face de lui. Son mari dit :

– Bonjour Mila.

Bastien Gobert dit :

– Salut Djamila.

Djamila n'embrasse pas son mari. Elle ne salue pas Bastien Gobert. Elle pend son sac au portemanteau et file à la salle de bains.

Djamila entend son mari. Son mari dit à Bastien Gobert :

– Laisse tomber, elle est lunaire en ce moment.

Djamila fait couler l'eau. Elle se colle contre le mur de la chambre. Elle saisit des bribes de conversation. Ça parle du SRPJ de Lyon. Ça parle du préfet du Rhône.

– Ça vient de chez nous. Si c'est pas de chez moi, c'est chez toi.

Son mari répond :

– De toute façon, ce flic a dépassé ses prérogatives. Il va finir à Tataouine. Il n'y aura aucune enquête.

Djamila se désape. Elle plie ses vêtements et pend sa veste à l'homme-debout. Elle ferme la porte de la salle de bains à clef.

Djamila demeure assise sur le carrelage mosaïque. Elle se fait des nœuds au cerveau. L'eau coule toujours.

Le flic du SRPJ lui a laissé son numéro de téléphone. L'enquête sur Ruggieri est aussi entre les mains du parquet de Paris. Bastien Gobert est dans le salon.

Djamila passe son peignoir. Elle coupe l'eau et sort de la salle de bains. Son mari boucle sa valise dans la chambre. Elle dit :

– Tu devrais te débarrasser des documents qui sont dans le coffre.

Jean-Michel Garrand ne répond pas. Il met une cravate. Il est bientôt chauve et manifestement bedonnant.

Djamila enfile une culotte en coton. Son mari va nouer sa cravate devant le miroir de la salle de bains. Djamila se poste dans l'encadrement de la porte. Elle s'appuie contre le chambranle.

– Tu sais pourquoi je n'ai pas voulu me laisser baiser, hier ?

Son mari rate son nœud de cravate. Il le dénoue. Il fixe ses propres yeux dans le miroir.

– Je suis enceinte.

Jean-Michel Garrand réitère l'opération Windsor, le même nœud de cravate que Ruggieri, celui des gens de droite. Il croise le regard de Djamila par miroir interposé.

– Tu vas toutes me les faire, en fait ?

– Ça fait douze semaines.

Jean-Michel Garrand se tourne.

– Et tu comptais me le dire quand ?

– Après le délai légal d'interruption de grossesse.

Son mari se frotte les narines. Il déglutit. Il bouscule Djamila pour atteindre la chambre.

Jean-Michel Garrand attrape le cadre de leur photo de mariage et le jette sur la tête de lit. Le cadre explose. Le verre se brise sur le boutis turquoise. Il dit :

– On ne va pas continuer comme ça.

Djamila rétorque :

– Bien sûr que si.

– Après, on divorcera.

– Bien sûr que non.

Jean-Michel Garrand file dans le salon. Il récupère son trousseau de clefs, son portefeuille. Il enfile son manteau.

Djamila le poursuit.

– Pourquoi Gobert était-il ici ?

– C'est mon ami. Je suis son témoin de mariage.

Il ajoute :

– Tu as d'autres trucs à me cacher ?

Djamila rétorque :

– L'échographie du troisième mois est la semaine prochaine.

– J'ai toujours su que tu étais une fille à problèmes. J'aurais pas dû te sortir de ton trou à rats.

Jean-Michel Garrand renifle. Il cherche de la coke dans ses sinus. Il claque la porte de l'appartement.

Djamila cuisine. Elle prépare un risotto aux champignons. Elle appuie sur le vin blanc et la crème fraîche. Elle se sert un verre de Bourgogne aligoté puis le vide dans l'évier.

Djamila ingurgite le risotto devant la série *Les Experts*. Elle le vomit au début du deuxième épisode. L'acteur est un rouquin qui regarde les suspects de travers. Il a l'air méchant mais il est gentil. Tout l'inverse de son mari.

Djamila se brosse les dents. Elle s'ausculte dans le miroir. Elle dégote la clef du coffre dans sa boîte à bijou.

Djamila ouvre la penderie. Elle insère la clef dans le coffre-fort. Elle ne connaît pas le code.

Djamila visionne le troisième épisode des *Experts*. C'est toujours à Miami. Elle ouvre sa boîte mail. Elle lit ses SMS en retard. Elle envoie un message :

« Il faut que je vous parle. »

Le commandant Dubak répond en moins d'une minute :

« Maintenant ? »

Djamila écrit :

« 2 place des Célestins. Interphone : GB. »

Djamila passe un pantalon en toile et une chemisette subtilement transparente. Elle se maquille et parfume ses vêtements. L'interphone sonne à 23 h 12.

Dubak hésite à pénétrer dans l'appartement. Djamila aime vraiment la cicatrice qui va du milieu de son front à la base de son oreille. Elle sent le tabac et le citron.

Ils se posent autour de l'îlot central de la cuisine. Djamila lui offre un verre de Chardonnay. Dubak rétorque qu'il ne boit plus d'alcool.

Djamila lui demande une cigarette. Elle crapote les trois premières taffes. Après, elle avale la fumée. Sûrement que les émanations tourbillonnent dans son ventre.

– Je ne bois pas d'alcool non plus. Je suis enceinte.

Dubak encaisse. Son amour a été enceinte. Elle a fait une fausse couche. Djamila dit :

– Si vous cherchez des preuves, elles sont dans le coffre-fort de notre chambre.

Dubak manque de dégringoler de son tabouret. Ça fait sourire Djamila. Ce grand type qui ne sait pas où il habite.

– L'analyse de l'enregistrement a été confiée aux enquêteurs parisiens, sous la responsabilité du parquet de Paris. Je n'ai pas d'informations à ce sujet.

– Vous pensez que je veux des informations ?

Dubak ne dit pas qu'il a disparu depuis cinq jours. Que la directrice du SRPJ le cherche. Que Joseph et Peggy le cherchent. Et que Mamy le cherche aussi.

– Vous êtes marié ?

– Non. Je n'ai plus de famille depuis longtemps. Je n'en ai jamais trop eu, d'ailleurs.

– Pas d'enfants alors ?

– Non plus.

Djamila se sert un verre d'eau au frigo américain. Elle humecte ses lèvres chaudes. Dubak la voit au ralenti.

– Mon mari me soupçonne de vous avoir mis sur la piste du financement.

– Vous avez un mobile ?

Djamila sourit. Dubak voit la femme qui rit.

– Vous voulez voir ce coffre ?

– Vous me feriez pas un thé, avant ?

Djamila écrase sa cigarette dans l'évier. Elle pèse la moitié de figue et la moitié de raisin. Elle appuie sur le bouton poussoir de la bouilloire électrique. Ce mec est un mélange de fausse classe et de vraie vie.

– Vous ne voulez pas me sortir la théière ?

Djamila désigne un placard en hauteur. Dubak attrape la théière en porcelaine et en inox. Il la lui tend.

Djamila saisit la théière par le bec. Dubak ne lâche pas l'anse. Elle lui lance un regard par-dessous.

Dubak recule, trébuche. Le mur le retient. La fille voit à travers lui. Dubak dit :

– Je suis désolé.

L'eau frémit dans la bouilloire électrique. Djamila avance

sur lui. Elle se met sur la pointe des pieds. Sa main remonte le pectoral de Dubak et passe derrière son cou.

Djamila a besoin d'avoir ce flic dans son camp et Mila ne calcule pas vraiment.

Mila profite des opportunités que Djamila invente. Mila est une peste. Djamila est une enflure.

La dernière fois que Djamila s'est laissé aller remonte à longtemps. Sûrement sur un terrain de football. Certainement pas depuis la mort de son père. Elle a besoin de contrôler ce type.

Pourtant, sa mère dit :

– *Oh, Mila…*

L'eau boue. Dubak ferme les yeux. Leur premier baiser est un fiasco.

26

Oullins/Lyon, 20 janvier 2013.

Mitraillage :

De la tête aux pieds – chéchia, sarouel, baskets Adidas –, des pieds à la tête.

Philippe est en poste à l'entrée du parc Chabrières. Hicham à moustache est Reda Zouabri. Reda Z. patiente sur un banc. Hébert se tient trente mètres plus haut.

Nassim Boushaki est parfait. Il a le port de tête cavalier, les mains dissimulées sous les manches de sa djellaba, dans le dos.

Les couples d'amoureux tracent. Les familles qui le croisent détournent le regard. Les mamies appuyées sur leurs déambulateurs sont épouvantées. Sa barbe fait très très peur.

Philippe shoote. Hicham à moustache récupère le sac de sport entre ses cuisses. Hébert est aux aguets.

Le sac. Le même sac qu'Hicham portait devant Léry & Cie, Luxembourg. Le sac n'est toujours pas rempli de coupures de 50. Le sac est encore bourré de boules de papier-journal.

Hicham à moustache ne lui sert pas la main. Il le salue d'un hochement de tête. Ils cheminent dans l'allée principale.

Hicham sort un téléphone portable de sa veste en jean molletonnée. Il le tend à Nassim Boushaki. Il dit :

– Il appellera. Il donnera une adresse.

Nassim Boushaki garde les mains dans le dos. Il ne saisit pas le téléphone. Hébert replace son écouteur. Le retour son est parfait. La voix est religieuse :

– Qui es-tu, jeune homme ?

– Un ami de Reda. Il faut prendre des précautions.

– Et Reda veut me voir ?

– Oui.

– Le prophète a dit : « Prêtez-moi serment de fidélité en vous engageant à ne rien associer à Allah, à ne commettre ni la fornication, ni le vol et à ne pas tuer l'âme qu'Allah a rendue sacrée. »

– Le rendez-vous avec Reda sera à Pierre-Bénite. À midi.

– Tu es bien présomptueux…

– On peut réparer ses péchés en aidant ses amis.

– Le Reda que je connais a disparu de la circulation et n'a jamais été vraiment dans mon cœur.

– On peut sortir un frère de son cœur mais on ne peut pas l'excommunier du cœur de l'islam.

Nassim Boushaki stoppe les machines. Philippe saisit le reflet de son visage dans les lunettes de soleil d'Hicham. Hébert est aux anges. Hicham ajoute :

– Ce qui vaut pour Nassim vaut pour Reda.

Hicham tend le téléphone. Nassim Boushaki finit par retirer les mains de son dos. Il attrape l'objet et regarde vers le ciel.

Ils se serrent la main. Nassim Boushaki dit :

– *As-salāmu 'alaykum wa-rahmatu llāhi wa-barakātuh*[1].

Hicham s'éloigne avec son sac de sport. Nassim Boushaki reste planté au milieu du parc Chabrières. Il se cale contre le tronc d'un platane et observe un groupe de garçons. Les garçons jouent au football.

Nassim Boushaki pense à sa sœur. Il chasse Djamila de ses circuits neuronaux. Il garde le téléphone à la main.

Les pieds nickelés déhottent. Philippe gare le van sur le parking extérieur des Bleus, Pierre-Bénite. Des chibanis discutaillent en bas de la tour.

Hébert fume deux cigarillos. Hicham fume un stick de *weed*. Philippe sort de l'habitacle.

Hébert scrute l'entrée du parking souterrain. Il envoie un SMS à Nassim Boushaki. Il donne la localisation exacte.

Nassim Boushaki se pointe à 11 h 55. Il a cinq minutes d'avance. Hébert et Philippe sont à bord du Merco. Bien visibles. Hicham est dans le coffre.

Hébert ouvre la trappe. Il informe Hicham. Il dit :

– Il est là.

Philippe prend vingt clichés supplémentaires. Nassim Boushaki est désormais devant l'entrée des garages.

La tour – les garages – le box rempli de matos. De quoi faire sauter la tour Eiffel. Nassim Boushaki porte le téléphone à son oreille.

Hicham dit :

1. Que la paix soit sur vous, et la miséricorde de Dieu et ses bénédictions.

– Il y a un problème.

Hicham ajoute :

– Tu vois la camionnette Mercedes sur ta gauche ? À cinquante mètres…

Nassim Boushaki pivote, un demi-cercle. Il regarde en direction d'Hébert et de Philippe. Il visualise le van.

– Ce sont des flics.

Les lèvres de Nassim Boushaki ne remuent toujours pas. Hicham dit :

– Tu repars calmement, comme si de rien n'était. Ils sont là pour Reda, pas pour toi. Reda rappellera. Pas tout de suite. Le temps que les choses se calment. Garde bien le téléphone. Tu vas recevoir un virement sur le compte de ta femme. Prends soin de toi.

Nassim n'a pas le temps de contester.

Hicham a déjà raccroché. Hébert sort de la cabine. Il regarde en direction de Nassim Boushaki. L'autre a tourné les talons. Hébert va pisser contre une haie.

Nassim Boushaki disparaît. Hébert se rembraille. Il remonte dans le van. Il le fait en sifflotant.

Hôtel du Théâtre, chambre numéro 16. De la moyenne gamme et une ambiance sombre. Surtout, de l'autre côté de la rue Pazzi : l'appartement de Djamila Garrand-Boushaki en contrebas.

Ils déballent le matos. Hébert place le téléobjectif sous le voilage. Il dissimule le trépied derrière le rideau. Hicham installe le PC sur la petite table. Philippe déballe les mouchards microscopiques.

Hébert zoome sur la cuisine. Il zoome sur le salon. Il zoome sur la chambre.

Décor Alinéa et meubles indiens. Un boutis turquoise. Un appartement typiquement lyonnais et affreusement bourgeois. Le surplomb est parfait.

Hébert repère une affiche de Che Guevara. Il déteste cet enfoiré de transfuge de classe qui chopait la trique à chaque exécution sommaire. Il sait que sa mort et le mensonge en ont fait une icône.

Hébert descend dans la ruelle. Il contrôle la fenêtre de la chambre numéro 16. Le trépied est invisible. Hébert discerne un disque opaque derrière le voilage beige.

Hébert remonte à la piaule numéro 13. Il s'allonge sur le lit. Il ferme les yeux. Il a trop sommeil pour dormir.

Hébert active son VPN. Il procède au virement bancaire sur le compte de Najat Boushaki. 20 000 euros.

Hébert entre une référence : RZ. C'est mieux qu'Hicham à moustache. Ce sont grossièrement les initiales de Reda Zouabri.

Ça tambourine à la porte. Philippe annonce que deux gars sont dans le salon de la meuf. Hébert traverse le couloir.

Deux gars parlementent effectivement sur les canapés design. Hébert identifie le premier gugusse. C'est Jean Michel Garrand, le chef de cabinet du ministre de l'Intérieur, le mari de Djamila Garrand-Boushaki. Hébert n'identifie pas le second gugusse.

Le second gugusse est menaçant. Il invective Jean-Michel Garrand. Il le pointe du doigt. Hébert est contrarié. L'appartement n'est pas encore farci. Hébert adorerait écouter la conversation.

Djamila Garrand-Boushaki débarque. Elle file dans la chambre. Elle se déshabille.

Philippe n'en rate pas une miette. Hicham sort de la piaule. Hébert prend trois clichés.

Djamila Garrand-Boushaki plie ses vêtements. Elle colle le dos au mur de la chambre. Elle écoute.

Djamila Garrand-Boushaki est en soutif. Elle entre dans la salle de bains. Philippe et Hébert imaginent.

Philippe aimerait la mater. Hébert aimerait la mater. Hicham revient dans la chambre. Il aimerait les défenestrer.

Le second gugusse se tire. Hicham demande s'il faut s'en occuper. Hébert hésite et répond que non. Jean-Michel Garrand dégote deux costumes dans sa penderie. Il boucle sa valise. Djamila Garrand-Boushaki sort de la salle de bains. Elle parle.

Hicham observe. La fille est en peignoir de bain.

Le spot est terrible. Philippe prend quatre clichés. Les époux s'engueulent. Jean-Michel Garrand-Boushaki balance un objet.

Des bris de verre – une photographie des tourtereaux agressifs.

La passe d'armes se poursuit dans le salon. Jean-Michel Garrand claque la porte. Philippe demande s'il faut s'en occuper.

Hébert n'hésite pas et répond que non. Hicham déglutit. Le peignoir de bain est définitivement trop sexy.

Djamila Garrand-Boushaki cuisine. Djamila Garrand-Boushaki se bâfre. Djamila Garrand-Boushaki vomit. Hicham fait des va-et-vient entre les chambres.

La fille regarde la TV. Elle envoie un SMS. Elle se fringue. Sa chemisette est diablement transparente.

Un type rapplique. Hébert ne l'identifie pas. Le type est grand. Le type dépareille. Il a une tête de flic.

C'est la fille qui embrasse. Hicham s'allonge sur le lit. Hébert n'en rate pas une miette. Philippe sort de la chambre. Hébert shoote frénétiquement.

Hicham ferme les yeux. Il serre les poings. Hébert zoome. Hébert shoote. Hébert dit :

– Mate la gazelle !

Hicham se lève. Il se rince le visage dans la salle de bains. Il se poste dans le hall d'entrée. Il ne dit pas :

– *Enculé de voyeur.*

Hicham dit :

– C'est bon là, non ? Tu as ce qu'il te faut.

– Attends, elle le passe dans la chambre.

Hicham n'approche pas. Il approcherait si elle ne s'appelait pas Djamila. Il approcherait si elle n'était pas née Boushaki. S'il approchait, il tuerait son patron.

Hicham ne contrôle pas. Il est agressif. Il lâche :

– Arrête ça, maintenant.

Hébert est rigolard. Il lui fait un doigt. Il dit :

– Occupe-toi du mec quand ils auront fini. C'est pain bénit

Hicham claque la porte. Hébert est aux aguets. Il n'a plus de commanditaire. C'est entre lui et lui. Il ferme la porte à double tour.

Djamila Garrand-Boushaki ouvre la penderie. Elle montre un coffre-fort. Elle montre la clef. Le type hausse les épaules et teste des combinaisons au hasard.

Hébert shoote. Il dit :

– C’est quoi ce bordel ?

Il le dit à voix haute.

Hébert aimerait bien que Djamila Boushaki se tape le mec. Il s’assoit sur le lit. Il adorerait.

DOCUMENT EN ENCART : *21/01/2013. Transcription mot pour mot d'une écoute téléphonique de la NSA. ENREGISTREMENT À LA DEMANDE DU DIRECTEUR – CLASSEMENT : CONFIDENTIEL 1-A ; DESTINATAIRE : LE DIRECTEUR ; Interlocuteurs : Pierre Moscovici, ministre ; Luc Frieden, ministre du Luxembourg (des Finances et du Budget).*

Bruits parasites : moteurs d'avion (enregistrement aéroport, Belgique)
[...]
LF – Je ne voulais pas trop en parler à la fin de l'Ecofin mais vous attendez quoi de nous, exactement ?
PM - Vous savez que notre administration va interroger la vôtre, je vous demande juste d'être coopératifs. C'est une affaire très importante, il s'agit de notre ministre de l'Intérieur. S'il a un compte au Luxembourg, c'est vraiment problématique.
[...]

DOCUMENT EN ENCART : *22/01/2013. Transcription mot pour mot de l'interview de Serge Ruggieri par Guillaume*

Erner sur France Inter dans l'émission « Service public » consacrée à la police.

[...]
GE – Justement, très rapidement, vous avez écrit une lettre à la Banque de Luxembourg pour la délier du secret bancaire. Est-ce que vous avez une réponse, Serge Ruggieri ?
SR – Je ne peux délier une banque du secret bancaire dès lors que je ne suis pas client chez elle. Et donc, beaucoup de bêtises ont été dites à cet égard. Beaucoup. Trop probablement, même. Heu... J'ai fait deux demandes par l'intermédiaire de mes avocats auprès de cette banque... Je ne désespère pas d'avoir de celle-ci ce que l'on appelle une attestation négative, étant entendu, il faut le savoir, que les banques, et notamment les banques luxembourgeoises, ne délivrent jamais d'attestations négatives. C'est donc, heu... compliqué.
GE – Si l'on vous suit, vous dites donc que les éléments de *Mediapart* sont des faux, que le site a été abusé ou bien manipulé. Au sujet de l'enregistrement dont *Mediapart* dispose, pourquoi n'avez-vous pas porté plainte pour faux au lieu de porter plainte pour diffamation ?
SR – Une enquête préliminaire est en cours. La banque a été saisie... a été examinée par la position suivie... je vous suggère d'en rester là.
GE – Merci Serge Ruggieri. On va donc passer à notre police.
[...]

DOCUMENT EN ENCART : *24/01/2013. Bordereau de transmission au parquet de Paris - EXP : DIVISION NATIONALE D'INVESTIGATIONS FINANCIÈRES*

ET FISCALES (DNIFF) - DEST: PROCUREUR DE LA RÉPUBLIQUE, FRANÇOIS MOLINS.

Objet: analyse de l'enregistrement Béatrice Le Vert/*Mediapart*/Serge Ruggieri

D'après les premières analyses effectuées par le laboratoire de la police technique et scientifique de Saint-Cyr-au-Mont-d'Or (69), enregistrement confié par madame Béatrice Le Vert et déposé chez huissier de justice par ses soins parfaitement intègre. Aucune trace de montage ou trucage. Voix n° 1 et 2 identifiables. Voix n° 3 non identifiable. Revenons vers vous quand voix n° 1 comparée à celle de Serge Ruggieri, avec réponse positive ou négative.

DOCUMENT EN ENCART: *24/01/2012. BLANC DE LA DCRI À LA PRÉSIDENCE DE LA RÉPUBLIQUE FRANÇAISE DESTINATAIRE: NÉANT; ÉMETTEUR: NÉANT.*

Comme indiqué 31/12/2012, enregistrement *Mediapart* authentique. [...]

DOCUMENT EN ENCART: 24/01/13. *Titre et sous-titre de* Valeurs actuelles

« FIN DE CAVALE POUR REDA ZOUABRI ? »
EXCLU VA – [...] Le salafiste franco-algérien recherché par toutes les polices d'Europe a été localisé au Luxembourg puis à Tel-Aviv (Israël) par le renseignement extérieur.

Selon nos informations, il serait actuellement sur le territoire national.
(Trois photos non créditées : Reda Zouabri à la sortie d'une banque luxembourgeoise, dans une discothèque et en discussion avec un marchand d'armes du Hamas à Tel-Aviv)

DOCUMENT EN ENCART : 24/01/13. *Titre du* Parisien

BÉATRICE LE VERT : « J'AI RECONNU LA VOIX DE SERGE RUGGIERI À SES INTONATIONS »

DOCUMENT EN ENCART : 24/01/13. *Titre de* Mediapart

AFFAIRE RUGGIERI : LA DÉTENTRICE DE L'ENREGISTREMENT S'EXPLIQUE

DOCUMENT EN ENCART : *25/01/2013.* Transcription mot pour mot d'une écoute téléphonique de la NSA.
ENREGISTREMENT À LA DEMANDE DU DIRECTEUR – CLASSEMENT : CONFIDENTIEL 1-A ; DESTINATAIRE : LE DIRECTEUR ; Interlocuteurs : Jean-Michel Garrand, chef de cabinet de Serge Ruggieri ; Coralie Bargoud, attachée de presse du ministre.

JMG – Il est rincé.
CB – Oui, son passage sur Inter, c'était de la lassitude. Mais c'est pas si mal, le mec usé, obligé de répéter sans cesse la même chose…

JMG – Les résultats sur l'enregistrement vont bientôt tomber.
CB – Mais pourquoi on n'a rien, nous ?
JMG – C'est que ça pue.
CB – Comment ça ?
JMG – Si les nouvelles étaient bonnes, tu penses bien que la direction m'aurait informé d'une façon ou d'une autre.
CB – Mais...
Silence (3 s)
CB – Ça veut dire quoi, ça ?
JMG – Faut trouver la parade. Le montage, ça marchera pas. La bande est intègre, a priori.
CB – Mais... il a juré à tout le cabinet que ce n'était pas lui.
JMG – On pourrait plaider la blague, il faisait une blague ?
CB – Non mais ça va pas ?
JMG – Ou l'embauche d'un imitateur. Quelqu'un qui sait reproduire ses intonations. C'est ses intonations. Le Vert dit qu'elle l'a reconnu aux intonations. On pourrait trouver un imitateur qui fait ça, non ?
CB – Ça paraît gros, quand même.
JMG – Faudrait le tester en off...
CB – Mouais.
JMG – Il faut tenir jusqu'à la réponse du Luxembourg, de la banque.
CB – Tu es sûr de toi à 200 % ?
JMG – Oui. Tout a été bouclé avec l'avocat luxembourgeois. La banque dira qu'il n'a pas eu de compte.
CB – Pas eu de compte du tout ?
JMG – Pas de compte.
CB – *Mediapart* va plaider le prête-nom.
JMG – Mosco fera le SAV. J'espère qu'on peut compter sur lui. Faut retarder au max la sortie des analyses de

l'enregistrement. On peut peut-être s'en sortir avec le coup du Luxembourg.
CB – On l'aura vite, la réponse du Luxembourg ?
JMG – Oui. Mosco a vu leur ministre, là-bas. Ça mettra une dizaine de jour d'après son cab.
CB – Seulement ?
JMG – Ouais. Il est encore avec nous, là.
Silence (2 s)
JMG – Commence à réfléchir à tout ça. Un enregistrement, ça veut rien dire. C'est pas la preuve d'un compte. Ils n'ont pas la preuve du compte. Surtout si le Luxembourg dit qu'il n'y a pas de compte.
CB – Je vais en parler avec Anne et Stéphane quand même.
JMG – Faut juste se préparer à tout.

DOCUMENT EN ENCART : *26/01/2013. Transcription mot pour mot d'une interception de correspondance SMS par la NSA.*
ENREGISTREMENT À LA DEMANDE DU DIRECTEUR – CLASSEMENT : CONFIDENTIEL 1-A ; DESTINATAIRE : LE DIRECTEUR ; Interlocuteurs : André Worms, banquier français ; Anthony Léry, banquier luxembourgeois. (André Worms et Anthony Léry sont demi-frères)

AW – Ça sera négatif ?
AL – Oui, sûr. Ils pourraient remonter aux calendes grecques. Son nom n'apparaît jamais. Il n'y a pas de compte.
AW – Il est très abattu. J'ai dit qu'ils tomberaient sur 600 max, c'est ça ? Le reste est ventilé ?
AL - Oui. 11 millions à Hong Kong, 3 à Singapour, intraçables.
AW – En gros, on sauve 14 ?

AL – 14, 15.
AW – Je crois qu'il est mort.
AL – Il ne faut pas que ça éclabousse le reste. J'ai un métier, moi. Je préfère te prévenir.
AW – J'ai des clients, moi aussi. 2 milliards viennent de chez moi. Certains commencent à s'inquiéter...
AL – Je sais. 600 K € c'est pas cher payé, au final.
[...]

DOCUMENT EN ENCART : *27/01/2013. Transcription mot pour mot d'une écoute téléphonique de la NSA. ENREGISTREMENT À LA DEMANDE DU DIRECTEUR – CLASSEMENT : CONFIDENTIEL 1-A ; DESTINATAIRE : LE DIRECTEUR ; Interlocuteurs : Edwy Plenel, directeur rédaction* Mediapart*; Fabrice Arfi, journaliste* Mediapart.

EP – Je vais enfin voir la DNIFF. Je viens de recevoir la convocation. C'est jeudi.
FA – Moi aussi. Le 5 février. Ils en mettent du temps...
EP – Molins marche sur des œufs. Mais c'est un cran au-dessus de ces pin-pins de Lyon.
FA – Je te rappelle que je suis Lyonnais.
EP – Dès que la voix sera authentifiée, Hollande va le débrancher.
FA – J'attends de voir la gueule de ceux qui ont servi la soupe.
EP – Ils vont continuer à nier.
FA – Je ne comprends pas que Hollande ne l'ait pas encore démissionné.
EW – Son intérêt a toujours été que Ruggieri soit blanchi. Ça aurait été la voie royale. Quand il tombera, il dira qu'il

n'est pas intervenu, qu'avec lui, la justice est indépendante. Le choix de Molins n'est pas anodin.
FA – Qui peut croire que le président de la République ne reçoit aucune information du renseignement intérieur ?
EW – Il sait parfaitement que c'est crédible parce que c'est lui. 80 % du pays le pense incapable. Il annoncera une grande loi de moralisation de la vie politique. Il laisse les autres le sous-estimer parce que ça l'a toujours servi.
[...]

27

Lyon/Paris/Le Havre/Aubervilliers/Strasbourg/Oullins, 25 janvier-8 février 2013.

Djamila se rend à l'hôpital de la Croix-Rousse. Le gynécologue introduit une sonde dans son vagin. Il commente les allégories qui apparaissent sur son écran.

Le gynécologue mesure le fœtus. Il dit « soixante-dix-sept jours ». Djamila calcule. La conception remonte au 11 novembre.

Une escapade en solitaire. Une galerie d'art du 13e arrondissement de Paris. Des petits fours et du chardonnay en présence de Maurizio Cattelan.

Le muscle cardiaque bat à cent soixante pulsations par minute. Le gynécologue mesure l'épaisseur de la nuque. L'échographe diffuse des bruits sous-marins. Mila l'aime déjà.

Hémisphères cérébraux. Thorax. Abdomen. Vessie et reins. Quatre membres.

Mila s'essuie. Mila remonte sa culotte et boutonne son pantalon. Mila sera bientôt maman.

Mila demande le sexe. Le gynécologue botte en touche. Le risque de trisomie 21 est écarté. L'analyse sanguine le confirmera.

Mila insiste. Elle est aussi la députée de la circonscription. Le gynécologue est précautionneux. Il procède par circonvolutions. Il concède que le tubercule génital est orienté vers le haut. Huit chances sur dix qu'il s'agisse d'un garçon.

Djamila ne change pas son train-train. Région, Assemblée nationale, permanence parlementaire, terrain.

Djamila ne veut pas couler avec le radeau Ruggieri. Elle a embrassé le flic. Elle se ménage une porte de sortie. Elle veut que son mari explose en vol. Elle veut rester une blanche colombe.

Mila aime qu'un homme la désire. Elle en a besoin. Elle trouve que le flic sent bon.

Djamila se méfie de Mila. Mila déteste Djamila.

Mila est une orpheline de Bron-Terraillon qui voulait devenir joueuse de football. Djamila est une ordure qui a trahi Mila pour étancher son ambition.

Djamila appelle Abdel. Elle lui pose des questions sur son collègue. Elle demande si Dubak est vraiment fiable, s'il serait opportun de le rencontrer pour se confier à lui. Abdel s'énerve et lui raccroche au nez.

Djamila croise son mari dans les couloirs de l'Assemblée. Elle l'ignore et salue Ruggieri. Ruggieri a la mine déconfite. Il lui fait la bise. Djamila est charmante. Elle est l'incarnation de la volonté pure et réfléchie.

Hébert change ses plans. Le type que Djamila Garrand-Boushaki a embrassé est l'OPJ qui enquête sur le volet diffamation de l'affaire Ruggieri. La révélation est rocambolesque.

Hébert raque mille balles auprès d'un gradé de la Direction

centrale de la police judiciaire. Il obtient le dossier administratif du commandant de la PJ. C'est un nid à délires psychanalytiques et à embrouilles judiciaires.

Alain Dubak est une conjoncture captivante. La députée Djamila Garrand-Boushaki est une opportuniste sans égal. Les conclusions d'Hébert sont doucereusement avides.

Hébert est en furie. L'enfoiré de journaliste de *Valeurs actuelles* n'a pas respecté le timing. Hicham à moustache est devenu un personnage public. C'est trop tôt pour Reda Z. Hébert s'est fait baiser par un mytho de la France éternelle.

Hicham déambule dans l'appartement de Djamila Garrand-Boushaki. Il est en caleçon et boit un café. Il passe des coups de fil et somnole sur le canapé. Il joue avec son pistolet Uzi.

Hébert est le metteur en scène. Philippe est au cadrage. Hébert dit :

– Action !

Hébert hurle :

– Coupez !

Hicham et Philippe farcissent l'appartement de mouchards microscopiques.

Hébert étudie le coffre-fort. Il trouve la clé dans la salle de bains. Il se le fait au stéthoscope.

Le premier disque lui prend dix-huit minutes. Le deuxième disque lui prend vingt-quatre minutes. Le troisième tourne sur l'axe et trouve enfin son ergot. Pour le dernier chiffre, Hébert a dix possibilités. Il en tente sept. Le bon chiffre est le 8.

Le coffre est vide. Il n'y a qu'une boîte à bijoux et des dollars américains. Dans la boîte : une alliance. Dans la boîte :

la fiche S de Nassim Boushaki. Ses fantasmes à lui dans le coffre du mari.

La fiche S n'est pas caviardée. Le nom de Djamila Garrand-Boushaki est stipulé. Hébert aboie :

– Rapplique avec le fric !

Hicham place trois liasses de billets dans le coffre. Philippe procède au shooting. Hébert renifle les prémices de son apothéose.

Dubak est secoué. La directrice du SRPJ ne lui retire pas le dossier. Paris est entré dans la danse et le volet diffamation est suspendu dans l'attente des résultats de l'enquête préliminaire diligentée par le procureur Molins.

La directrice du SRPJ est folle furieuse. On ne disparaît pas des radars durant des jours et des nuits. Danielle Bernard ne l'informe pas que le préfet du Rhône l'a réprimandée car un officier de police a menacé une directrice d'imprimerie et le PDG d'une agence de communication sans fondement judiciaire aucun. Elle lui fourgue deux mois de congés forcés.

Trop d'heures supplémentaires, trop de jours en retard, beaucoup de repos. Elle dit :

– Vous terminerez malgré moi dans un commissariat de quartier.

Hébert rencontre Hugues Corvoisier sur le port du Havre. Il dit que l'étage 1 de la fusée Okazou s'est détaché sans embuche. Il affirme que l'étage 2 sera un feu d'artifice.

Hébert voyage. Il travaille pour Hugues Corvoisier. Il travaille pour le fric. Il travaille pour lui. Pour Louis, Maximilien et sa concubine.

Hébert sollicite un agent de la division T4 de la DCRI. Marion Drachline rapplique dans un bar de la rue du Cherche-Midi. Hébert lui refile un bon tuyau sur une cache d'armes à Pierre-Bénite.

Hébert lui livre la photo de Nassim Boushaki devant la tour des Bleus. Il cause de la mosquée d'Oullins. Il stipule l'achat de produits chimiques.

Marion Drachline connaît la mosquée d'Oullins et la dangerosité de Nassim Boushaki. Elle subodore la fabrique de TATP. Elle casque deux mille euros pour le renseignement.

Les dossiers existent : Reda Zouabri est en vie au Luxembourg et en Israël. Ils sont inédits : Nassim Boushaki fabrique des explosifs pour commettre un attentat terroriste. Les dossiers accumulent les saloperies. Reda Zouabri va financer les plans maléfiques de son pote aussi salafiste que lui.

Reda Z./Nassim B./Djamila GB. Hébert consolide la base du triangle barbare. Il manque des clichés d'Hicham à moustache et de la meuf bonnasse.

Le plan Okazou sera activé si ses commanditaires sont directement visés. L'écran de fumée provoquera un grand incendie. Les fous d'Allah et une députée de la République.

Voilà la vérité en grandes pompes. Voilà le contre-feu. Voilà la vertu du vice. La famille Boushaki a détourné des fonds du compte Ruggieri.

Hébert phosphore sur la connexion DGB/Dubak. Sa conclusion est harmonieusement rationnelle. La députée est une pute.

Hébert se cure les dents à la terrasse du bar La Loge, juste sous l'hôtel du Théâtre. Il sirote un Martini blanc. Il gobe des olives vertes et crache les noyaux dans le creux de sa main. Il profite de la torpeur de la place des Célestins.

Hébert pressent un paquet d'emmerdements. Hicham se concentre sur le commandant Alain Dubak. Il trouve un détail. Le gars a dirigé un Boushaki. Le Boushaki en question est le cousin de Djamila Garrand-Boushaki. Abdelkader Boushaki a servi sous les ordres du commandant Alain Dubak. Hébert élabore une théorie sur la rencontre flic/députée.

Hicham perd Dubak. Dubak squatte chez Mamy. Mamy dégrafe le dossier Ruggieri des murs de son salon. Mamy le lamine au Scrabble. Dubak a juste envie de crever et il a juste envie de la fille. Il gobe des anxiolytiques. Les quantités sont vertigineuses.

Djamila appelle Dubak. Peut-être qu'il s'agit de Mila. Elle lui propose de boire un verre. Djamila veut qu'il ouvre ce putain de coffre. Elle veut se protéger. Mila veut le voir. Djamila ne contrôle pas Mila. Et *vice versa*.

Dubak n'informe pas Mamy. Il se convainc que l'amour est encore possible. Il désire couvrir un corps de baisers.

Djamila ne change pas son train-train. Région, Assemblée nationale, permanence parlementaire, terrain.

Djamila siège en séance. Jean-Michel Garrand échange des papiers avec la conseillère parlementaire de Pierre Moscovici. Djamila observe le circuit des petits papiers.

La conseillère parlementaire de Moscovici fait passer un papier plié en deux à son ministre. Jean-Michel Garrand fait passer un papier plié en deux à Ruggieri. Moscovici hoche la tête et déchire ledit papier. Ruggieri est radieux.

Les bonnes nouvelles circulent dans l'hémicycle. Serge Ruggieri cherche Jean-Michel Garrand du regard. Jean-Michel Garrand lui fait un clin d'œil. Djamila devine la très bonne nouvelle. La très bonne nouvelle vient de chez Mosco.

Djamila prend le TGV. Dubak rapplique place Bellecour. Ils boivent deux Spritz à Saint-Georges. Mila aimerait l'aimer. Dubak en raffole déjà.

Djamila lui propose de monter chez elle. Ils s'installent dans le salon. Ils commandent des pizzas.

Hébert et Philippe mangent aussi des pizzas. Chambre numéro 16 de l'hôtel du Théâtre. Hicham dort dans la chambre numéro 13. Hébert dit :

– Nom de Dieu.

Mila a besoin de sexe. Elle le veut pour elle. Elle ne veut pas que ça concerne le bébé.

Djamila sait faire. Ils s'embrassent. Elle le fait avec la bouche et il le fait avec la langue. Il veut entrer en elle.

Elle dit :

– Attends. Pas comme ça.

Mila ne veut pas. Elle aime trop le bébé. Et surtout pas par là.

Djamila le convie dans la chambre. Elle tire les rideaux. Elle ouvre le tiroir de son chevet de lit et dégote un tube de lubrifiant. Elle préserve son pucelage perdu.

Le filet de lumière entre les rideaux. La position de la fille. Le V entre les cuisses.

Hébert écoute. Philippe l'abandonne. Djamila dit :
– Laisse-moi faire.
Hébert boit un café au petit matin avec Hicham. Il dit :
– Elles se font sodomiser en premier les filles, chez vous ?
Hicham rétorque :
– Pas les Marocaines.
Hébert se gondole. Il demande :
– C'est réservé aux Algériennes ?
– Je te signale qu'elle est Française. Elle n'a pas la double nationalité.
Hébert rétorque :
– Cette meuf n'a rien gardé d'autre de votre culture. Elle a honte de ce qu'elle est.
Hébert voyage. Il voyage et il travaille.
Les mouchards microscopiques accumulent les saloperies. Hébert est à Paris. Il écoute la conversation entre le commandant Alain Dubak et la députée Djamila Garrand-Boushaki. Louis et Maximilien dorment. Hébert caresse les cheveux blonds de sa concubine. Delphine dort sur son épaule.
La nuit – les deux petits cochons et le grand méchant loup.
La députée Djamila Garrand-Boushaki a reconnu la voix de Serge Ruggieri sur l'enregistrement de *Mediapart*. C'est forcément lui. Pas besoin d'une analyse scientifique. Tout le monde devrait le savoir. Et la troisième voix est celle de son mari. Elle a reconnu ses intonations. Elle pleure. Elle dit :
– Il est violent avec moi.
Hébert a un léger doute. Elle affabule certainement par calcul. À moins que ça ne soit vrai.

Hébert se reprend. La sincérité n'existe pas. Seuls les fous sont sincères. La députée Djamila Garrand Boushaki est une manipulatrice hors pair.

Hébert pousse le plan Okazou jusqu'au raffinement. La sœurette est la cheville ouvrière. Elle est la voie d'accès au fric et la ceinture de sécurité de la fratrie. Elle s'est tapé le flic pour le contrôler.

Djamila possède la clef du coffre, mais ne connaît pas le code. Dubak est toujours dubitatif. La députée Djamila Garrand-Boushaki insiste :

– J'ai vu le dossier de mes yeux. C'est la double comptabilité. C'est sûr.

Dubak rétorque :

– Et tu penses que ça a été payé par Licorne via le compte au Luxembourg ?

Elle dit :

– Je ne sais pas. Ils voulaient juste ma gueule sur les affiches. Ce sont des porcs.

Elle ajoute :

– Gobert était là, l'autre fois. Ils se sont vus avec Jean-Michel.

Dubak ne dit pas que la directrice du SRPJ l'a débranché. Il ne dit pas qu'il s'en tamponne le coquillard. Il voudrait lui avouer qu'il est là juste pour elle. Il rétorque :

– Peut-être mais ça ne serait pas bon pour toi… Tout ce qui est lyonnais te concerne indirectement. Prudence est mère de sûreté.

Djamila trouve la formule ridicule. Mila l'embrasse.

Hébert retourne à Lyon. Il se cloître à double tour dans la chambre numéro 16.

Hébert fait des recherches sur la société Licorne. Il fait un tour au nord de Lyon. Il localise l'agence de communication dans une friche industrielle.

Hébert identifie Bastien Gobert. C'est le type qui parlementait avec Jean-Michel Garrand dans le salon de la place des Célestins. Hébert le photographie au volant de sa Porsche Boxster.

Hébert extrapole. Dubak est sur la piste d'un financement illégal. Djamila Garrand-Boushaki collabore avec la police. Dubak l'encule mais la fille tient Dubak par les couilles.

Dubak sollicite le lieutenant Joseph Filippo à contrecœur. Joseph est le roi de la serrure. Le coffre ne lui résistera pas.

C'est le quart de Philippe. Philippe réveille Hébert. Hébert ne dort pas. Il a bu un tiers d'une bouteille de vodka. Il a bu sept cafés. Il est à moitié bourré.

Un larron s'attelle au coffre. Il le fait au stéthoscope. La députée Djamila Garrand-Boushaki et le commandant Alain Dubak l'observent religieusement.

Dans les écouteurs d'Hébert : rien. Dans son cortex : la rotation des disques sur l'axe, Saturne au fond de lui avec le cosmos.

Le larron est doué. Il casse le code en vingt-trois minutes. Le coffre est toujours vide.

Il n'y a que la boîte à bijoux, les dollars américains et le fric d'Hébert. Djamila ouvre la boîte. Il y a l'alliance de sa mère et la fiche S de son frère. Elle glisse discrètement le papier dans la poche arrière de son pantalon. Elle soupèse les nouvelles liasses de billets.

Le troisième larron se tire. Hébert court dans la piaule numéro 12. Il dit à Philippe :

– Fonce, fonce, fonce.

Dans les écouteurs d'Hébert : la députée Djamila Garrand-Boushaki. Elle dit :

– Je suis désolée. Il se méfie de moi. Il a dû mettre ça en lieu sûr ou détruire les documents.

Dubak rétorque :

– Ce n'est pas grave. Il tombera de toute façon. Ils tomberont tous les deux. Laissons faire les choses.

Dubak ajoute :

– Je t'aime beaucoup, Djamila.

Mila dit :

– C'est mignon, ça. Mais on se connaît à peine.

Djamila dit :

– Appelle-moi Mila.

Mila ne dit pas :

Il faut qu'il crève et que je survive.

Dubak ne dit pas :

Tu te sers juste de moi ?

Pourtant : Hébert l'entend. Pourtant : Dubak devrait se méfier. Néanmoins : Mila a un léger béguin.

Dubak dit :

– Je vais me renseigner.

Hébert voyage. Il rencontre Hugues Corvoisier au Hilton de Strasbourg. Hugues Corvoisier est inquiet de la tournure prise par les évènements. Il est persuadé que la police judiciaire s'attellera à remonter jusqu'à l'origine des fonds quand tout le bastringue pétera.

Hébert le rassérène. Il a son plan Okazou. Juste au cas où.

Hébert se rend à l'entrepôt. Il envoie un SMS en numéro masqué avec son téléphone vierge. Philippe surveille Nassim Boushaki. Nassim Boushaki reçoit le SMS Okazou. C'est marqué :

« J'ai viré 20 000 euros sur le compte de Najat. Tu auras encore de l'argent bientôt. »

Nassim Boushaki se rend à la Poste d'Oullins. Le barbu prie à la mosquée. Le barbu est un enfoiré de barbu.

Hicham file le commandant Alain Dubak. Il ne le lâche pas d'une semelle. Le commandant Alain Dubak a élu domicile chez une certaine Nicole Piroli. C'est une ancienne capitaine du SRPJ de Lyon. C'était sa seconde à la Criminelle. Une grosse bonne femme trop vieille pour ses kilos.

Dubak va marcher dans le no man's land de Lyon Est. Le larron du coffre-fort débarque. Le larron parlemente avec Nicole Piroli. Hicham le piste. Il identifie le lieutenant Joseph Filippo, SRPJ de Lyon, un homme du commandant Alain Dubak, Financière. Il en informe Hébert.

Mamy hurle. Dubak doit oublier l'affaire Ruggieri.

– Joseph pense la même chose que moi. Ils vont te vider. Tu vas faire quoi, après ?

Dubak dit :

– Elle me plaît.

– Il manquait plus que ça… Tu t'es pas dit qu'elle le faisait par intérêt ? Tu te prends pour qui, bordel. Tu t'es vu ? Tu l'as vue ?

Dubak dort. Dubak joue au Scrabble. Mamy lui cuisine des plats de grand-mère.

Dubak relit le dossier Blanchin contre son gré. Il épingle des feuilles sur les murs. Mamy dégrafe les feuilles. Mamy l'engueule. Elle becte des rouleaux de réglisse.

Dubak appelle la capitaine Virginie Bauser, DNIFF, Nanterre. Sa copine ne répond pas. Il réitère l'opération et enregistre un message vocal.

Hicham pénètre dans la bicoque de Nicole Piroli. Il photographie les documents. Il envoie cinq photographies à Hébert. Hébert étudie les clichés.

La campagne des municipales de 2008. Le coffre. Une double comptabilité.

Hébert noiera la piste du financement occulte dans un océan d'infamies. Le commandant Alain Dubak barbotte dans la marre aux crocodiles. Hébert en informe son commanditaire. Hugues Corvoisier est au Brésil.

À Sao Paulo, c'est la nuit. Hugues Corvoisier prend feu. Lyon, c'est Winterry. Lyon, c'est lui. Lyon doit se fondre dans le paysage.

Hébert l'affranchit et le tranquillise. Le commandant Alain Dubak mène une enquête parallèle. C'est un tocard. Son dossier est saturé. Dépressif, suivi psychiatrique, traitement médicamenteux. Gros potentiel suicidaire.

Surtout : le commandant Alain Dubak se tape la députée Djamila Garrand-Boushaki. Hugues Corvoisier demande :

– Comment ça ? C'est quoi ce bordel ?

Hébert rétorque :

– Elle essaie de tirer son épingle du jeu.

Il ajoute :

– Et à la fin, nous tirerons notre épingle du jeu.

Hugues Corvoisier demande :

– Où en est-on de l'enquête officielle ?

Hébert appelle sa copine Fafa à l'antenne lyonnaise de la DCRI. Il la cuisine sur des bruits de chiottes, un réseau salafiste. Fafa se renseigne. Elle l'informe qu'un démantèlement sera opéré prochainement sur Pierre-Bénite. Elle ne peut pas lâcher plus.

Hébert rentre fissa à l'hôtel du Théâtre. Philippe repère la flicaille en planque devant chez Nassim Boushaki. Il localise le sous-marin aux Bleus à Pierre-Bénite. Hébert prend la relève.

Hébert roupille dans le van. Les cow-boys débarquent à 6 heures. Hébert admire l'intrusion du RAID chez le vilain barbu.

Najat Boushaki ne moufte pas. Les mains sur la tête, devant la façade. Tous les mioches en rang d'oignon.

Ça pleurniche. Ça braille. Ça fond en larmes.

Une fillette crache sur une policière. Hébert shoote. Il shoote, il shoote, il shoote. Un bâtard de moins.

Les équipes de démineurs à la tour des Bleus. La cité pendue aux fenêtres. Les bidons sont remontés à la main par des costauds cagoulés. Un cow-boy ouvre la caisse en bois. Hébert photographie le pied de biche et la kalachnikov.

Dubak appelle Djamila. Djamila lui envoie un SMS. Elle écrit :

« Je suis à Paris. »

Djamila est à l'hôtel. Elle lit *Le Nouvel Observateur.* Un article qui dédouane Serge Ruggieri. C'est le résultat de la valse des petits papiers. L'entraide administrative entre la France et le Luxembourg confirme que Ruggieri n'a jamais eu de compte là-bas.

Personne ne peut en parler officiellement. Ni Moscovici ni Ruggieri. Ruggieri prétend ne pas avoir vu la réponse à cause du secret bancaire. C'est une imposture médiatique. Son mari et l'attachée de presse l'ont savamment orchestrée.

Djamila entend la voix de son mari. Jean-Michel hurle :

– Ce n'est pas lui.

Il dit :

– Ce n'est pas moi.

Il susurre :

– On peut compter sur toi, Mila.

Le copain Mosco à la rescousse. Reculer pour mieux sauter. Djamila envoie un SMS à Dubak. C'est écrit :

« Demain soir, 20 h ? »

C'est écrit :

« Chez moi. »

Le téléphone de Dubak vibre. Il est allongé sur son lit. Il fixe le plafond.

Le téléphone de Dubak vibre. Il se noie sous la cascade. Il a le goût de Djamila au fond de la gorge.

Le téléphone de Dubak vibre. Il nage sous l'eau gelée. Il cherche derrière les roches millénaires.

– C'est Virginie.

Dubak boit de l'eau gelée. Il essuie la sueur sur son front.

Dubak informe le capitaine Virginie Bauser, DNIFF, Nanterre, qu'il a été mis au rancart. Virginie Bauser l'informe qu'elle n'est pas en charge de l'enquête préliminaire sur Ruggieri. L'enquête est menée par un autre groupe. Mais :

l'enregistrement est intègre. Mais : la voix n° 1 a été identifiée. La PTS procède à une seconde analyse avant de larguer la bombe H.

Dubak écrit un SMS à Djamila. Il n'écrit pas :

« La voix a été identifiée. »

Il n'écrit pas :

« C'est Ruggieri. »

Il écrit :

« Parfait. »

Hébert procède à un nouveau virement de 10 000 euros. Il appelle Anthony Léry au Luxembourg. Il dit :

– Nous aurons un versement de 5 millions. Donnez-moi le numéro de compte.

– La provenance ?

– Monaco.

Anthony Léry s'exécute. Hébert note une série de chiffres. Anthony Léry dit :

– LC UNITED. Code Swift : ALLKPAPA

Hébert demande :

– Panama ?

Anthony Léry ne répond pas. Hébert respire trop fort. Il a les mains moites. Il dit :

– Le versement interviendra d'ici un mois.

L'arrestation de Nassim Boushaki n'a pas été médiatisée. Hébert lance un hameçon au SRPJ de Lyon. C'est la section antiterroriste du parquet de Paris qui a la garde du bébé. Hébert n'appelle pas Marion Drachline à la division T.

Hébert lance un hameçon à la préfecture de Paris. Il ne recueille aucune information sur l'affaire Ruggieri et l'enquête officielle. Tout le monde marche sur des charbons ardents.

Hébert lance un hameçon au parquet de Lyon. Il apprend que le parquet de Paris dicte le tempo. Il apprend que le parquet de Lyon met la pédale douce.

Hicham appelle Hébert. Il lui apprend que le commandant Alain Dubak est officieusement suspendu. Le type est bouclé chez lui.

Hébert donne rendez-vous au journaliste Jean Kergat chez Antoine, à Aubervilliers. Il l'emmène dans l'arrière-boutique du bistrot. Il place le canon de son Beretta entre ses yeux.

Le journaliste de *Valeurs actuelles* se pisse dans les brailles. Hébert lui met un uppercut au foie. Il lui confie une enveloppe. Il dit :

– Tu publies ça jeudi 14, espèce de connard. Si tu ne publies pas, je te bute.

Hébert redresse le journaliste. Il le cale contre le mur. Il dit :

– Tu écris : « Après la réapparition de Reda Zouabri, son ami salafiste rencontré en prison et ancien de la cellule de Chasse-sur-Rhône, Nassim Boushaki, lui aussi fiché S, a été arrêté par le renseignement intérieur. »

Il dit :

– Répète.

Le journaliste tremblote. Il va finir par se chier dessus. Il demande :

– Les deux éléments sont liés ?

– Tu te poses les questions que tu veux. Le barbu préparait un attentat. Je t'ai mâché le travail. Jeudi 14. C'est gratuit. Ne déconne pas, cette fois.

Jean Kergat ouvre l'enveloppe. Dans l'enveloppe, il y a : la famille de Nassim Boushaki en rang d'oignon. Dans l'enveloppe, il y a : les équipes de démineurs à la cité des Bleus. Dans l'enveloppe, il y a : le topo d'Hébert.

Ils baisent. Ils baisent dans la salle de bains. Dubak dit :

– Ils ont identifié la voix.

Djamila se tait. Mila se tait. Dubak s'allonge sur le lit et s'endort.

Chambre numéro 16. La fenêtre ouverte. Hicham fume un stick de *weed*.

Le flic dort dans la piaule. La fille débarque à la cuisine. Hicham ne réagit pas. Il suit les courbes de son visage. Il n'est pas assez blanc pour elle. Il est défoncé et trop sûr de lui.

Les rideaux sont grand ouverts. Le trépied est bien visible. Le téléobjectif est en position.

Djamila s'approche de la fenêtre. Hicham réagit à la seconde. Il tire les rideaux. Il sait que la fille a perdu son âme.

Djamila allume une cigarette. Elle scrute la façade de l'hôtel. Elle observe les rideaux fermés. Elle jurerait qu'un gars la matait. Il avait le crâne rasé.

À la jumelle – encore du pervers.

Djamila fait du thé. Elle boit un jus de pomme. Elle beurre une biscotte au froment. Elle allume le téléviseur.

BFM – « la Matinale » – la voix du chroniqueur vedette.

C'est dans les écouteurs. Hicham entend :

– Serge Ruggieri…

C'est dans le téléviseur. Jean-Jacques Bourdin demande :

– Les yeux dans les yeux. Est-ce que vous avez eu un compte au Luxembourg ou pas ?

Djamila jette son mégot dans la ruelle. Elle n'aurait pas dû allumer cette cigarette.

La voix de Serge Ruggieri. Le sourire mielleux. L'air faussement farouche de Jean-Jacques Bourdin. Djamila ferme les paupières.

Toujours du noir – toujours des mensonges – et pour vivre, le monde.

DOCUMENT EN ENCART : *06/02/13. Article du* Nouvel Obs

« RUGGIERI N'A "AUCUN DOUTE" SUR LES INFORMATIONS TRANSMISES PAR LE LUXEMBOURG »
Le ministre de l'Intérieur assure ne pas douter de la réponse des autorités luxembourgeoises concernant la recherche d'un éventuel compte bancaire dans ce pays.
[...]
« Je conçois que l'on puisse se tromper sincèrement. »
Serge Ruggieri a affirmé en outre que sa plainte en diffamation contre le site d'information en ligne *Mediapart* était « bien évidemment maintenue : je ne veux la mort de personne, je peux même accorder le crédit d'une forme de sincérité (aux journalistes) de *Mediapart*, qui se sont trompés, sincèrement peut-être ».
Comme on lui demandait s'il réclamait au site de reconnaître son erreur, le ministre a répondu : « C'est un problème entre eux et leur conscience, maintenant qu'ils savent ou devinent la vérité. Je conçois que l'on puisse se tromper sincèrement. Le reconnaître relèverait d'une certaine élégance. »

DOCUMENT EN ENCART : *07/02/2012. Transcription de l'interview de Pierre Moscovici par Patrick Cohen sur France Inter.*

PC – Le ministre de l'Économie et des Finances est notre invité ce matin. Bonjour Pierre Moscovici.
PM – Bonjour Patrick Cohen.
PC – Avez-vous demandé oui ou non aux autorités luxembourgeoises de rechercher un éventuel compte non déclaré de Serge Ruggieri ?
PM – Je ne peux pas m'exprimer sur ce sujet parce que nous sommes dans le cadre du secret fiscal qui protège tout contribuable, quelle que soit sa nature et en plus dans le cadre de procédures qui sont des procédures intergouvernementales. Mais c'est vrai que j'ai demandé, comme ministre des Finances, que jouent des mécanismes, qu'on appelle des mécanismes d'entraide fiscale, qui existent depuis 2009 avec le Luxembourg, et que nous avons pu faire jouer ces mécanismes dans le cas d'espèce.
PC – Avez-vous reçu, donc, un document des autorités luxembourgeoises ?
PM – J'ai reçu un document que j'ai transmis à qui de droit, c'est-à-dire à ceux qui sont en train de mener aujourd'hui une information judiciaire, à la justice.
PC – Que disent ces documents ?
PM - Je ne peux pas le dire puisque c'est précisément le secret fiscal.
PC – Mais c'est une pièce essentielle dans un dossier qui intéresse l'un de vos collègues.
PM – Sans aucun doute mais il faut que la justice joue son rôle. Je dirais simplement que, en lançant cette procédure, je n'avais pas de doute sur son résultat.

[...]
PC – Sur votre agenda officiel, je lis « entretien avec Axel Peeters, président du conseil d'administration de la Banque de Luxembourg », ça s'est bien passé ?
PM – Ben, ça n'a pas eu lieu. Parce qu'en réalité, je vous explique pourquoi parce, de 16 heures hier jusqu'à 2 heures du matin, j'étais à la commission des finances qui a examiné et voté... et voté heu... sans opposition, le projet de loi de réforme bancaire que je porte, séparation et régulation des activités bancaires, qui a été...
PC – Et dont on va parler.
PM – ... en outre considérablement amélioré pour renforcer heu...
PC – Et durci, donc.
PM – Si vous voulez, oui, amélioré.
PC – Musclé, comme le souhaitaient les députés socialistes...
PM – Mais, mais c'est pas le problème qu'il soit musclé parce que c'était dès l'origine un projet très fort – si vous voulez, on peut en dire deux mots – qui d'une part...
PC – Mais simplement. Donc, vous avez raté votre rendez-vous avec la Banque de Luxembourg ?
PM – Je l'ai annulé, oui.
PC – Bon. Vous les verrez une autre fois.
[...]

DOCUMENT EN ENCART : *07/02/2013.* Transcription mot pour mot d'une interception SMS de la NSA.
ENREGISTREMENT À LA DEMANDE DU DIRECTEUR – CLASSEMENT : CONFIDENTIEL 1-B ; DESTINATAIRE :

LE DIRECTEUR; Interlocuteurs: Edwy Plenel, directeur Mediapart*; Fabrice Arfi, journaliste* Mediapart.

[...]
FA - Comme prévu, Moscovici sur Inter. Et Bourdin, demain?
EP - Oui, c'est confirmé. SR fait BFM demain matin. Ils déroulent leur plan com.
FA - On a beau savoir comment le système va se protéger, ça me subjugue. Cohen n'a même pas évoqué la dépêche Reuters qui contredit les éléments du *Nouvel Obs.*
EP - Le cirque médiatique est ritualisé. Mais le cirque ne distrait que les enfants.

DOCUMENT EN ENCART : *08/02/2012. Transcription mot pour mot de l'interview de Serge Ruggieri par Jean-Jacques Bourdin à « La matinale » de RMC.*

[...]
SR - La France, dans le cadre de ce qu'on appelle l'entraide administrative, a demandé au Luxembourg de l'aider à obtenir des réponses heu... de la banque dans laquelle...
JJB - La Banque de Luxembourg !
SR - ... je suis accusé d'avoir détenu ou de détenir un compte.
JJB - Hmmm.
SR - Et il se trouve que, dans le cadre de cette entraide...
JJB - Oui ?
SR - ... la banque a accepté de répondre à l'État luxembourgeois, et que l'État luxembourgeois a transmis cette réponse à l'administration française.
JJB - Quand ?

SR – Le semaine dernière je pense, car quand je dis je pense, c'est bien pour préciser que je n'ai pas reçu cette réponse, que je n'ai pas vu cette réponse, mais que parce que...
JJB – Vos avocats ont eu la réponse ?
SR - ... mais parce que le droit le commande, mes avocats ont été informés par l'État luxembourgeois que toutes les réponses étaient apportées à toutes les questions posées par la France.
JJB – Et vos avocats ne vous ont pas dit quelles étaient les réponses du Luxembourg ?
SR – Pour une raison assez simple... C'est que mes avocats doivent être informés qu'une réponse est apportée mais la nature de ces réponses n'a pas à être portée à leur connaissance. Pour autant Jean-Jacques Bourdin, moi je connais la vérité. Et je n'ai donc aucun doute...
JJB – Oui...
SR - ... des réponses qui ont été apportées.
JJB - ... vous, vous la connaissez, *Mediapart* dit la connaître, mais le grand public ne la connaîtra jamais...
SR – J'espère...
JJB – ... Serge Ruggieri !
SR – J'espère que le grand public, notamment après cette émission heu... à défaut de la connaître, la devinera avec suffisamment de force pour en faire une conviction, car cette réponse, les autorités françaises la connaissent. Cette réponse...
JJB – Mais elle est couverte par le secret fiscal, Serge Ruggieri !
SR – C'est précisément parce qu'elle est couverte par le secret fiscal que personne ne peut en parler publiquement. Mais, les autorités françaises la connaissent et la justice la connaît.

JJB – Mais...
SR – Jean-Jacques Bourdin...
JJB – Oui... Allez-y.
SR – Je vais peut-être me permettre de vous poser une question.
JJB – Allez-y.
SR – Cette réponse, elle a été portée à la connaissance des autorités françaises, la semaine dernière je crois...
JJB – Hmm.
SR - ... aujourd'hui celui que vous invitez, c'est le ministre de l'Intérieur. Quelle conclusion tirez-vous de ces deux éléments factuels ? Je suis toujours ministre de l'Intérieur et cette réponse a été portée à la connaissance des autorités françaises la semaine dernière. Quelle réponse heu... quelle conclusion en tirez-vous ? Je peux vous aider. La conclusion...
JJB – Je n'ai aucune conclusion à tirer Serge Ruggieri, en ce qui me concerne.
SR – La conclusion à tirer c'est que, depuis le début, c'est moi qui dis la vérité.
JJB – N'aimeriez-vous pas que tout cela soit rendu public ?
SR – Je le souhaite, naturellement, je le souhaiterais, mais en même temps, je connais les règles, je suis par ailleurs...
JJB – Oui...
SR –... attaché au respect du secret fiscal pour toutes les autres affaires, je veux dire toutes celles qui ne me concernent pas. Et donc je sais ce qu'est la valeur du secret fiscal et, d'une certaine manière, je plains Pierre Moscovici qui, lui, connaît la vérité mais qui, au nom du secret fiscal, ne peut la dire.
JJB – Les yeux dans les yeux. Est-ce que vous avez eu un compte au Luxembourg ou pas ?

SR – Je n'ai pas, je n'ai jamais eu de compte au Luxembourg, Jean-Jacques Bourdin, et la réponse c'...
JJB – À aucun moment ?
SR – ... la réponse... À aucun moment. Et la réponse, apportée aux autorités françaises par le Luxembourg, permettra, je l'espère, et très vite, et le plus vite serait le mieux, d'en finir avec ces saletés.
[...]

DOCUMENT EN ENCART : *09/02/2013. Transcription mot pour mot d'une écoute téléphonique de la NSA.*
ENREGISTREMENT À LA DEMANDE DU DIRECTEUR – CLASSEMENT : CONFIDENTIEL 1-B ; DESTINATAIRE : LE DIRECTEUR ; Interlocuteurs : Éric Woerth, député, ancien ministre ; Claude Guéant, ancien ministre.

[...]
CG – Nicolas est très irritable en ce moment.
EW – Il veut qu'on tape sur Ruggieri pour le plaisir...
CG – Il subodore que nous sommes trop conciliants.
Silence (3 s)
EW – Il dit surtout que j'ai des intérêts personnels. On me l'a fait savoir.
Silence (2 s)
EW - Peut-être ne se rappelle-t-il plus d'André Worms...
CG – C'est un sous-entendu ?
EW – C'est un ami de longue date de Cécilia.
CG – Je suis bien placé pour savoir qu'elle, c'est elle et que lui, c'est lui.
Silence (2 s)

EW – N'empêche qu'il les a conseillés.
Silence (2 s)
CG - Il s'occupe de beaucoup de personnes, je crois savoir.
EW – Tu as raison.
CG – Il est remonté.
EW – Tu te rappelles de Bouchardon-Gravier ?
CG – Le Suisse ?
EW – Voilà, notre ancien président de l'UMP suisse. Jeannot.
CG – Quel est le rapport ?
EW – C'était un associé de Léry & Cie en 2007.
CG – Comment ça, la banque impliquée dans le dossier Ruggieri ?
EW – Il ne s'agit pas d'une banque. Il gérait le bureau suisse à l'époque.
CG – Mince, alors !
EW – C'est le moins que l'on puisse dire. Et Ruggieri a pris maître Audiard au Luxembourg.
CG – On le connaît lui aussi ?
EW – Évidemment ! C'est le meilleur ! Il a conseillé madame Bettencourt pour une fondation. Je ne veux pas être mêlé à tout ça.
CG – Je suis parfaitement d'accord. Parfois, il faut le protéger de lui-même.
EW – Honnêtement, c'est le meilleur. Il se relève de tout.
Silence (4 s)
EW – Fais comprendre à Nicolas, si tu peux, que ça ne serait bon pour personne. Ils fabriqueraient tout un tas de supposées ramifications.
[...]

DOCUMENT EN ENCART : *09/02/2013. Transcription mot pour mot d'une interception SMS de la NSA. ENREGISTREMENT À LA DEMANDE DU DIRECTEUR - CLASSEMENT : CONFIDENTIEL 1-A ; DESTINATAIRE : LE DIRECTEUR ; Interlocuteurs : Anne Hommel, Havas Worldwide/Euro RSCG ; Coralie Bargoud, attachée de presse de Serge Ruggieri.*

AH - Serge est joignable ?
CB - Je ne suis pas avec lui. JMG, si tu veux le contacter.
AH - Informe que Stéphane a eu le *JDD*.
CB - OK.
AH - On a le titre : « Les Luxembourgeois blanchissent Ruggieri ».
Pas de réponse (5 min)
AH - Ils vont parler de manipulation et de montage type Clearstream.
CB - Nickel & bravo. Il va être aux anges.
[...]

DOCUMENT EN ENCART : 09/02/13. *Titre et sous-titre du* Journal du dimanche

« LES LUXEMBOURGEOIS BLANCHISSENT RUGGIERI »
Les autorités fiscales luxembourgeoises excluent que le ministre de l'Intérieur ait eu, depuis 2006, un compte à la Banque de Luxembourg à son nom ou à celui d'une société. L'affaire cache-t-elle une manipulation ?

DOCUMENT EN ENCART : *09/02/2013. Transcription mot pour mot d'une écoute téléphonique de la NSA. ENREGISTREMENT À LA DEMANDE DU DIRECTEUR – CLASSEMENT : CONFIDENTIEL 1-A ; DESTINATAIRES : LE DIRECTEUR, LE PRÉSIDENT DES USA ; Interlocuteurs : François Hollande, président français ; Stéphane Le Foll, ministre.*

[...]
FH – Reste poli.
SLF – Mosco a franchi la ligne rouge, là.
Silence (3 s)
SLF – Tu es toujours là ?
Silence (2 s)
FH – Le Luxembourg n'a pas trouvé de compte. Donc toujours pas de preuves.
SLF – À son nom ! Depuis 2006 !
Silence (2 s)
SLF – Abracadabrantesque, dirait Chirac. C'est Gérard Majax, le type.
Silence (2 s)
SLF – Le problème est que les Strauss sont capables de tous nous couler avec eux.
FH – Arrête avec ça.
SLF – Tu crois que Plenel taperait autant si c'était pas eux ?
Silence (3 s)
SLF – Mais putain, tu l'as entendu comme moi. Il a dit que Jean-Marc le soutenait. Il a dit que tu le soutenais !
Silence (2 s)
SLF – Tu devras le débrancher dans quinze jours. Molins va le mettre en examen et il faudra qu'il démissionne.
Silence (3 s)

SLF – Molins aura le résultat des analyses de l'enregistrement d'ici une semaine !
FH – Tu as connaissance de ces résultats ?
SLF – Non. Mais tu les as toi ?
Silence (5 s)
SLF – Tu es toujours là ?
FH – Non.

QUATRIÈME ROUND

Expédition

10 février-18 mars 2013

DOCUMENT EN ENCART : *11/02/2013. Titre du* Point

FIN D'ALERTE ORANGE DANS L'EST, LE SUD-OUEST À RISQUE D'AVALANCHES ET DE GROSSES VAGUES

DOCUMENT EN ENCART : *11/02/2013. Transcription mot pour mot de la déclaration de M. Jean-Marc Ayrault, Premier ministre, sur les grands axes du plan national de lutte contre la fraude pour l'année 2013, à Paris.*

Mesdames et Messieurs,

Je viens de réunir le Comité national de lutte contre la fraude. Je voudrais vous faire brièvement le point, en rappelant que lutter contre la fraude, c'est faire respecter le droit. C'est un impératif à la fois d'efficacité économique et aussi de justice à l'heure où notre pays est engagé dans un effort sans précédent de redressement de ses comptes publics.
Conformément aux objectifs que j'avais fixés dans ma déclaration de politique générale, le 3 juillet 2012, le

gouvernement est engagé dans un combat contre toutes les formes de fraude avec détermination, d'abord, sur celles qui pèsent le plus lourd, les fraudes fiscales, qui sont par nature complexes. C'est pour ça qu'il faut être extrêmement vigilant et déterminé.

[…]

28

Paris, 12 février 2013.

À deux pas de Saint-Sulpice. Au fond du bar. Une table isolée.

La réunion de groupe a été joviale. Les députés socialistes sont rassérénés. Serge Ruggieri a été blanchi par le Luxembourg.

Les questions au gouvernement ont été expédiées. La droite a ciblé les nouveaux rythmes scolaires promis par François Hollande sur le mode de « qui-va-payer-le-délire ». La gauche a contré l'offensive par une question du député PRG du Rhône, Thierry Braillard.

Braillard est un Lyonnais pur jus qui a mobilisé le poids minoritaire de son parti et son réseau d'influence local pour faire son trou à la mairie de Lyon et à la Région Rhône-Alpes. Djamila l'aime bien. Elle le trouve drôle. Aussi bien, il sera nommé ministre avant elle. Le parti, toujours le parti. Son talon d'Achille.

Les communistes ont appuyé sur l'évasion fiscale. Les écolos ont enquillé sur les paradis fiscaux. Pierre Moscovici a mobilisé sa science de la réglementation européenne et son sourire narquois. Serge Ruggieri se tenait bien droit sur les bancs du gouvernement. Son ombre flottait sur toutes les travées du palais Bourbon.

Évasion fiscale – compte en banque – paradis fiscaux – Luxembourg.

Nicolas Dupont-Aignan a accusé Jean-Marc Ayrault de préférer les pédés à l'emploi et à l'Europe. Il ne l'a pas formulé ainsi. Il a dit mariage pour tous. Puis il a interrogé le Premier ministre sur le scandale de la viande de cheval. C'est le ministre à la Consommation, Benoît Hamon, qui a répondu. Djamila n'a rien écouté. Dupont-Aignan dirige sa petite entreprise souverainiste. Il fait son beurre. Sa verve simili-gaullienne fatigue immanquablement. Benoît Hamon est un beau gosse aux dents longues.

Djamila a surtout attendu le vote solennel de la loi sur le mariage pour tous. Accessoirement, Djamila se sent intimement concernée. Surtout, c'est un truc qu'elle pourra raconter au bébé.

Trois cent vingt-neuf députés ont voté pour. Deux cent vingt-neuf ont voté contre. Djamila a curieusement pensé que Christiane Taubira était à Hollande ce que Robert Badinter fut à Mitterrand.

Les lesbiennes pourront se marier. Les homos pourront adopter. Une défaite insurmontable pour les religieux de tout poil et une trace indélébile dans l'histoire du pays.

Le miroir piqueté. La bouteille de Coca zéro. La vie.

Djamila écrase la rondelle de citron avec sa touillette. Elle lâche sa bombe. Stéphanie Lantome demande :

– Comment ça, une procédure de divorce ?

Stéphanie Lantome est journaliste à *Libération*. Elle a

commencé sa carrière au *Progrès*. Elles sont devenues amies depuis que Djamila monte régulièrement à Paris.

– Jean-Michel est violent. Il boit et il se came, mais ce n'est pas une excuse. Je suis allée voir une avocate il y a six mois.

– Putain… C'est pas vrai ?

– Il y a eu l'affaire. Donc, j'ai stoppé. D'autant que mon avocate est Béatrice Le Vert…

– Comment ça ? Celle…

Stéphanie Lantome a la chique coupée. Djamila commande une montée de larmes. Elle pense à son père.

– L'avocate qui était en possession de l'enregistrement de *Mediapart*, oui…

– Mais pourquoi tu es allée voir une avocate de droite ?

– Parce qu'avec un avocat de gauche, Jean-Michel l'aurait appris en cinq minutes.

Djamila s'essuie une larme au coin de l'œil. Elle déglutit.

– Excuse-moi, je comprends…

– De toute façon, ça va s'arrêter.

– Quoi ?

– L'enregistrement a été authentifié par les enquêteurs.

– Pardon ? Comment tu sais ça ?

– Il est chef de cabinet du ministre de l'Intérieur. Tu crois que ça fonctionne comment ?

– C'est lui qui te l'a dit ?

– Il ne se rend même plus compte quand je suis dans la même pièce que lui. J'ai surpris une conversation. Mais c'est du off, je parle à mon amie, là, pas à la journaliste.

– J'arrive pas à y croire ! Le Luxembourg vient de confirmer que Ruggieri n'avait jamais eu de compte.

– Je sais juste que les enquêteurs confirment que c'est lui. Je m'en doutais de toute façon. Tous ceux qui ont déjà parlé avec Serge savent que c'est lui. Ne me dis pas que tu ne l'avais pas reconnu…

– J'avais un doute, mais… C'est gros quand même, cette histoire. Rappeler son opposante politique sur son répondeur… C'est énorme ! Ça sent même un peu le coup monté depuis le début. Et puis *Mediapart*, je ne sais pas trop quoi en penser. Arfi est un franc-tireur. Il était à la *Tribune de Lyon* quand j'étais stagiaire au *Progrès*.

– Même Diane l'a reconnue.

– Qui ça ?

– Diane, sa fille, la toubib.

– Je ne la connais pas.

– Elle a voulu me voir la semaine dernière. Elle est dévastée. Serge lui aurait confié des numéros de compte et des codes secrets avant l'été.

– Non mais tu déconnes ?

Djamila boit une gorgée de Coca. Elle la dévisage.

– Garde tout ça pour toi. Diane est fragile. Elle ne peut pas balancer son propre père. Sa mère s'en occupe…

– Bien sûr. Ne t'inquiète pas. Et je suis aux pages internationales de toute façon. Je n'enquête pas sur l'affaire.

– Je ne comprends pas que ça traîne depuis tout ce temps. C'est grâce à Jean-Michel. Et aux équipes de communicants. Ce mec est censé faire respecter la loi. Il est ministre de l'Intérieur. Il nous a tous trahis. On sera les dommages collatéraux de son naufrage.

Djamila rentre le menton. Les larmes roulent sur ses

pommettes. Stéphanie Lantome tend le bras. Elle effleure la main de Djamila.

– Il faut que tu tiennes le coup. Je sais que tu es honnête. Si ça explose, je l'écrirai. Tu as ma parole.

– C'est gentil mais je ne demande rien. Et c'est trop tard de toute façon. Je suis la députée suppléante d'un ministre qui va faire sauter la République. Mon mari est son homme de confiance. S'il y a eu un compte, c'est sûrement lui qui l'a fermé.

Djamila accélère le rythme de sa respiration. Elle sent l'air filer entre ses dents et remonter son palais. Elle ferme les yeux.

Djamila sèche ses larmes. Elle débite :

– Ils m'ont choisie parce que je suis née à Bron-Terraillon. Je me suis laissée faire. Je me suis mariée parce que je l'ai toujours admiré.

Djamila reprend son souffle. Elle ajoute :

– Je pense que Jean-Michel est le troisième interlocuteur sur la bande. Mais les enquêteurs ne peuvent pas l'identifier. Et il s'en tirera. Il trouvera un moyen.

Stéphanie Lantome est subjuguée par les révélations. Le quinquennat de François Hollande brûle sous ses yeux. Elle a voté pour lui. Djamila dit :

– Ça sera sans moi. C'est la seule chose dont je suis sûre. Et qu'ils me dégoûtent aussi. Tous les deux. Socialistes, mon cul.

– L'essentiel, c'est toi, Djamila.

– Je ne pèserai pas grand-chose quand ça finira. Les vautours rôdent. Ils pourront se débarrasser sans frais de la petite Arabe. Une femme, en plus, j'étais trop une menace. Tu les verrais tous ces vieux mecs dans l'hémicycle…

Djamila se mord la lèvre inférieure. Ses yeux montent vers le haut. Elle met tout ce qu'elle peut dans les intonations de sa voix.

– Mon cas personnel n'a pas d'importance. Mon père travaillait à l'EDF et ma mère est morte avant que j'aie pu l'appeler « maman ». Je sais d'où je viens et je peux vivre sans la politique.

– Tu resteras députée. Tu n'es pas concernée par tout ça.

– Pour l'instant, je suis surtout fatiguée, rincée.

Elles échangent un long regard. Djamila sort son porte-monnaie. Elle se lève.

– Je dois y aller. J'ai un dîner.

Djamila dit :

– J'avais besoin de vider mon sac. Je suis désolée.

Boulevard Saint-Germain. Le portable de Djamila vibre dans la poche de son manteau. Sur l'écran, c'est écrit A. Comme Abdel.

Son cousin dit :

– Nassim a été arrêté la semaine dernière.

– Pardon ?

– Il planquait des explosifs dans un garage à Pierre-Bénite.

– Quoi ?

– Il est encore en garde à vue.

– Pourquoi est-ce qu'il est en garde à vue s'il a été arrêté la semaine dernière ?

– C'est cent quarante-quatre heures pour du terrorisme.

– Mais il est où ?

– Paris, antiterrorisme, je te dis.

Djamila le pense pendant que son cousin le dit :

– Ça commence à faire beaucoup. Je suis allé chez eux avant que la DCRI place Najat en garde à vue elle aussi.

– Mais c'est quoi ce bordel ?

– Les flics sont tombés sur des virements, un livret. Du fric qui venait de Singapour.

– Comment ça, du fric de Singapour ?

– On n'en parle pas au téléphone. Les enfants sont chez moi. Il faut qu'on se voie.

– Mais quels enfants ?

– Les enfants de Nassim, bordel !

– Comment tu sais tout ça ?

– Ils sont venus m'interroger au SRPJ. Je suis évidemment hors de cause.

– Ils ne m'ont pas appelée…

– Toi, tu es députée. Moi, je suis flic.

– Non mais…

– On peut se voir quand ?

– Jeudi, je rentre jeudi. Je suis à Paris, là.

– Rentre demain.

– Je ne peux pas.

29

Lyon, 13 février 2013.

Parc de la Tête-d'Or. À la fosse aux lions : Dubak le cramé et Abdel aux dents longues.

Abdel dit :

– Ta copine de la DNIFF ne veut pas me donner d'infos. Elle ne serait pas sur l'enquête, il paraît.

– Tu devrais rester en dehors de ça, frérot…

La lionne est allongée sur une plateforme. Dubak observe sa croupe. Il jette son mégot dans le fossé. Une pichenette.

– Ma cousine est en danger.

Abdel ajoute :

– Ils ont arrêté Nassim.

– C'est qui ça ?

– Le frère de Djamila. Un ancien de la cellule de Chasse-sur-Rhône.

– Pardon ?

– Mon cousin a fait la Bosnie et tout.

– Elle a un frère salafiste ?

– Nassim va être inculpé pour association de malfaiteurs

terroristes criminelle. La DCRI a trouvé des stocks de TATP dans un garage à lui. Ils sont venus m'interroger.

Dubak rajuste le col de sa parka. Il allume une autre cigarette. Il cherche le lion sous les rochers, derrière les grilles.

– Excuse-moi, mais je ne vois pas trop le rapport.

– Mon cousin aurait acheté du matos pour fabriquer de l'explosif. Du fric est parvenu sur le compte de ma belle-sœur depuis Singapour. Elle ne sait pas d'où ça sort. Parallèlement, Reda Zouabri aurait été repéré au Luxembourg.

– Doucement, je ne pige pas.

– Là où Ruggieri planque son pognon. Luxembourg, Singapour, comme par hasard.

Dubak s'essuie les narines. Le bout de ses doigts est gelé. Il pompe une énorme latte.

– Qui est Reda Zouabri ?

– Un ancien de la cellule de Chasse, comme mon cousin. La DGSE vient de le loger à Tel-Aviv et au Luxembourg. Au Luxembourg, comme par hasard… C'était dans *Valeurs actuelles*.

– Tu lis la presse d'extrême droite, toi ?

– Je suis pas d'humeur, Alain. Mon cousin n'est plus dans le circuit, c'est un coup monté.

Abdel s'accoude à la rambarde. Sa tête dodeline. Il zieute Dubak du coin de l'œil.

Dubak souffle un nuage vaporeux. Le silence dure trop longtemps. Toujours pas de lion.

Dubak lorgne une famille. Une femme voilée, cinq gosses. Les gosses accourent pour admirer les méchants fauves. Ils se pendent à la rambarde. La mère est terrorisée.

– Qu'est-ce que tu attends de moi ?

– Tu as quoi dans le dossier Ruggieri ?

– Rien. Je suis en congé, si tu savais pas. C'est Paris qui a la main désormais.

– Et Paris justement ?

Dubak hésite. Il mordille le filtre de sa cigarette.

– Ils ont quelque chose à Paris ?

Dubak se racle la gorge. Il s'éclaircit la voix.

– Ruggieri a été identifié. Ils procèdent à une contre-expertise.

– Sur l'enregistrement ?

– Oui.

– Putain, voilà !

– Putain voilà quoi ?

– Ils fabriquent un contre-feu.

Dubak écarquille les paupières. Il scrute les gosses ébahis. D'autres bambins affluent.

– Tu entends quoi par là ?

– Une députée de la République compromise avec des salafistes fomentant un attentat… Ils osent tout.

– Si tu précises pas qui est « ils », je considère que tu es plus paranoïaque que moi.

Abdel place les mains dans les poches de son futal. Il lui jette un regard de boxeur. Il décampe.

Dubak le laisse s'éloigner. Il gueule :

– Abdel !

La femme s'exclame. Elle montre le lion aux mouflets. Le roi des fauves sort enfin de sa tanière.

Dubak rattrape Abdel. Il tire une dernière latte sur sa Chesterfield. Il bloque la fumée toxique dans ses poumons.

– Tu vas faire une connerie.
– Je ne suis pas toi.
– C'est quoi ton plan ?
– Vérifier si l'appartement de Djamila est équipé. Je vois arriver le truc gros comme une maison. Après, j'ai pas de plan.
– L'appartement de ta cousine…
– Ouais.
– S'il est équipé ?
– Exactement. Comme ça, on verra si je suis parano. Ou pas.
– Ton truc m'a l'air assez fumeux. Je viens avec toi.
– Pourquoi tu viendrais avec moi ?
– Équipier un jour, équipier toujours. Et puis, je suis déjà grillé, moi.
Dubak ajoute :
– Sans compter que j'aime bien les trucs fumeux.
– Tu t'es toujours méfié de moi, pas vrai ?
– Ouais. Pas toi ?
– On se méfiait surtout des emmerdes que tu génères.
Abdel sourit. Dubak sourit. Abdel reprend sa marche. Dubak l'accompagne. Il insiste :
– C'est qui « ils » ?
Abdel débite :
– Son mari est le chef de cabinet de Ruggieri. Ils sont prêts à tout, ces gens.
– Du genre ?
– Du genre : « Oui, il y a eu un compte qui a été ouvert à une autre époque, on faisait de la politique comme ça avant, mais il n'a jamais été utilisé. Sauf par la famille Boushaki… » Ça tombe bien.

– Si l'appart de ta cousine est *clean*, on considère que tu affabules ?

– J'ai rendez-vous chez elle demain. À 19 heures.

– Elle habite où ?

– 2, place des Célestins.

– On se retrouve en bas. OK ?

Ils se serrent la main. Abdel disparaît dans la foule du mercredi après-midi. Dubak sort son téléphone. Il écrit à Djamila :

« Je serai au rdv avec Abdel demain soir (on ne se connaît pas). »

Les gosses sont émerveillés. Une gamine part comme une balle. Elle coupe la route à Dubak. Direction le stand de barbe à papa.

Dubak écrit à Djamila :

« Tu as un frère ? »

30

Paris/Lyon, 14 février 2013.

Tour opérateur.

Hébert met tout en branle. Hicham et Philippe s'équipent. Le van pénètre dans le parking du centre commercial de la Part-Dieu.

Djamila Garrand-Boushaki est dans le TGV de 17 h 58. Elle descendra par la passerelle. Elle sera prise au dépourvu.

Hicham est adossé à un distributeur de friandises. Il porte ses lunettes de kéké. Il veille sur son sac de sport. Hicham à moustache est le ténébreux Reda Zouabri, un enfoiré de première.

Philippe contrôle la passerelle de déchargement. Chapka, blouson de ski, appareil photo autour du cou. Hébert contrôle les caméras de vidéo surveillance. Philippe se postera dans l'angle mort.

La connexion Reda/Djamila sera foncièrement établie – plus que douze minutes.

17 h 46. Hébert pénètre dans le Relay nord. Il achète le numéro 3981 de *Valeurs actuelles*.

La Une est mirifique. Un syndicaliste black en gilet rouge – des pneus incandescents – fumée noire sur papier glacé.

Le hall est bondé. Trois bidasses s'ennuient autant que leurs Famas. Les voyageurs suivent des trajectoires évanouies.

Hébert lit le titre. LES SYNDICATS VOYOUS. CASSEURS, MAGOUILLEURS ET DEMAIN… AMNISTIÉS ! ENQUÊTE SUR LES NOUVEAUX « INTOUCHABLES ». COMMENT ILS RUINENT L'ÉCONOMIE.

17 h 48. Hébert feuillette le magazine très très très à droite. Il est épaulé contre un pilier. Il décortique l'article de Jean Kergat, le journaliste franchouillard et corruptible.

Un sourire radieux barre son visage. L'article est juste au poil. UN RÉSEAU SALAFISTE DÉMANTELÉ DANS LE RHÔNE.

La photo de Nassim Boushaki. Un encart sur les cuisines à TATP. Les gros bras du RAID casqués et matraqués.

Bouh, bouh, bouh – La mort aux trousses de tout un chacun.

Une tiers-page et une connexion cosmique. Nassim B. est un pote de Reda Zouabri, l'enfoiré de terroriste réapparu au Luxembourg et à Tel-Aviv. ABRACADABRA.

Nassim B. est fiché S. Il a fait la Bosnie. Il a déjà été incarcéré. La DCRI ne confirme pas l'arrestation. Le renseignement intérieur se refuse à tout commentaire

Kergat n'a pas écrit que Nassim Boushaki est le frère aîné de Djamila Garrand-Boushaki. C'est un mauvais journaliste. Ah-ah. MAIS NASSIM BOUSHAKI EST LE FRÈRE AÎNÉ DE DJAMILA GARRAND-BOUSHAKI. Voilà pourquoi Hébert l'a choisi.

17 h 53. Hébert chope sa fameuse envie de pisser. Hicham

saisit les anses du sac de sport. Philippe avance vers la passerelle de chargement de la voie F.

17 h 56. Hicham est prêt à fendre la foule. Philippe monte les marches. Il shootera le faux Reda et Djamila depuis la piste aux étoiles.

17 h 57. Jingle de la SNCF – *Tling, ta ta da* – Le train est annoncé entrant en gare. *Tling, ta ta da :* la meuf arrivera aussi.

Le crissement strident des roues qui sifflent. Le déferlement des passagers assoiffés. Hébert se concentre sur les escaliers à gauche. Hicham visualise les escaliers à droite. Philippe se serre contre la balustrade.

18 h 01. Les valises surdimensionnées. Les embrassades dans le hall. Les odeurs de sueur.

Hébert n'a toujours pas repéré la fille. Hicham n'a toujours pas repéré la fille. Philippe se fait rembarrer par un vieux. Il obstrue le trafic. Le plan connexion apoplexique est en train de tomber à l'eau.

18 h 02. Djamila Garrand-Boushaki descend les escaliers. Manteau chic, tailleur-pantalon. Elle porte sa valise à roulettes dans la main droite. Elle se concentre sur le bout de ses escarpins vernis.

18 h 02. Même seconde. Hicham lève le bras. Philippe place une main sur le boîtier du Nikon. Hébert est en transe.

La fille pose le premier pied sur le carrelage. Elle relève la poignée télescopique de son trolley. Hicham s'élance bille en tête.

Hicham évite un premier grand gars. Il évite un deuxième grand gars. Il percute la cible à l'épaule. *Tling, ta ta da* : *PAM.*

Le choc est violent. La fille virevolte en vitesse accélérée. Elle n'a pas le temps de s'échouer.

Hicham l'a déjà stabilisée. Il dit :

– Pardon, je suis désolé.

Hicham pose une main sur son épaule. Il demande :

– Ça va, vous n'êtes pas blessée ?

Même seconde. Philippe shoote. Reda Z. et la frangine Boushaki. *Clac.* Le sac de sport. *Clac.* Les yeux effrayés de la frangine. *Clac-clac-clac-clac.*

Djamila Garrand-Boushaki est sonnée. Ça va vite, beaucoup trop vite. Elle grimace. Elle se masse l'épaule.

Hicham à moustache dit :

– Je suis désolé, Mademoiselle.

18 h 03. Hicham à moustache disparaît. Il embarque son crâne rasé, ses lunettes de soleil, sa moustache à la Reda Zouabri.

Djamila Garrand-Boushaki a besoin de sucre. Elle se retourne. Elle fouille dans la foule.

Hébert se régale. La fille fronce les sourcils. La fille prend la direction de l'esplanade. Tout est vrai et tout est dans la boîte noire.

18 h 04. Hébert jette le numéro de *Valeurs actuelles* dans une poubelle transparente. Les bidasses sont à proximité. Hébert reluque le militaire négro à béret vert.

18 h 08. Les allées mouillées du parking. L'ouverture automatique du Merco. *Couic-couic.* Les trois mousquetaires embarquent dans le van.

19 h 05. Après les bouchons de la Presqu'île. Rue de Savoie. Philippe met les warnings.

Hébert et Hicham montent aux chambres. Hébert salue la gamine derrière le comptoir. Il règle la note COLOSSALE.

Hébert se poste derrière les rideaux de la chambre numéro 16. Le matos est remballé. Les valises sont prêtes. Hicham s'active.

Hébert voit : Djamila Garrand-Boushaki dans la chambre. Il voit : Alain Dubak dans la cuisine. La fille fait ses valises. Le flic inspecte chaque étagère. La couille dans le potage.

Hébert se tient derrière les rideaux. Voyeur professionnel. Fossoyeur de ses propres passions.

Hébert voit : un autre homme dans le salon. L'homme à une tête d'Arabe. L'homme soulève chaque objet. Lampes, vases, babioles. La couille dans le potage, *bis repetita*.

Hébert fonce dans la chambre numéro 12. La chambre est vide. Hicham est déjà en bas. Il procède au deuxième voyage.

Hébert charge le sac à dos. Il cale la valisette métallique sous son aisselle. Dans la valisette, le kit d'écoute, récepteur, écouteurs, ordinateur portable. Hébert aimerait brancher l'installation. Il adorait entendre.

19 h 12. Hébert est chargé comme une bourrique. C'est plus fort que lui. Il se poste derrière les rideaux.

Connerie MONUMENTALE. Erreur CAPITALE. Alain Dubak a entrouvert la fenêtre. Il scrute la façade de l'hôtel.

Leurs regards se croisent subrepticement. Ses yeux traversent la nuit. Le flic le fixe.

Le flic court vers la porte d'entrée. Hébert recule. Il manque de s'affaler. Il dévale les escaliers.

19 h 14. Hébert débouche dans la rue. Il gueule à Hicham :

– Grouille, grouille !

Ils chargent les valises et le matos. Hébert saute sur le siège passager. La porte arrière coulisse. Le van démarre. Philippe roule.

19 h 14. Dans la même seconde. Alain Dubak déboule de la place des Célestins. Il court comme un dératé. Il remonte la rue de Savoie.

Par la vitre teintée du Merco. Dans le rétroviseur latéral. Le flic pénètre dans l'hôtel du Théâtre.

Les micros microscopiques – l'échange de regards – la couille dans le potage.

Hébert ne dit pas :

On est repérés.

Hébert allume un cigarillo et entrouvre la vitre automatique. Le van contourne la place des Jacobins. Hébert l'interprète comme un signe du ciel.

Hébert pense à Delphine. Sa concubine, Ô Delphine. Il susurre les paroles du chanteur :

– « On était tous les deux destinés, à voir nos chemins se rencontrer. »

Il susurre :

– « Inutile de fuir ou de lutter, c'est écrit dans notre destinée. »

Il chantonne :

– « Tu ne pourras pas y échapper, c'est gravé. »

Philippe reste concentré sur la trajectoire. Il n'esquisse aucun sourire. Hébert souffle un nuage de fumée. Il se moque de lui-même. Bientôt, il va falloir tuer.

Bientôt.

31

Saint-Priest, 15 février 2013.

La planque :

Une maisonnette bordélique d'un lotissement famélique. Lyon Est. Le cauchemar dans lequel elle ne retombera pas.

Djamila ne veut plus jamais être Mila. Elle glisse une main sous un pan de sa veste. Elle place la main sur son bas-ventre.

Chéri, tu seras mon roi. Chéri, tu ne vivras pas là. Chéri, tu posséderas plus que moi.

Abdel boit de l'eau. Mamy boit de la Kronenbourg. Dubak boit du Fanta orange et fume clope sur clope.

Ils sont dans la cuisine. Son cousin appelle la vieille « Mamy ». Ladite Mamy ressemble à une goulue zombie. Djamila perçoit des bribes de conversation.

Ça parle de Nassim. Ça parle d'un Reda Zouabri. Ça parle de la famille Boushaki et de la pièce rapportée : Jean-Michel Garrand, son mari.

Mamy a le cul sur le radiateur en fonte. Dubak observe le manège. Abdel fait des moulinets derrière la table. Il secoue un exemplaire de *Valeurs actuelles.*

Grosso merdo. Des hommes de l'ombre fabriquent un contre-feu pour sauver les miches du ministre de l'Intérieur. Reda Zouabri est un pote cintré de Nassim et Nassim va finir en zonzon. Djamila est le dindon de la farce.

Paradis fiscal – Luxembourg – trafic d'armes – Tel-Aviv – islamisme radical – Pierre-Bénite. Mademoiselle Djamila n'est pas vernie.

Mamy dit :

– Tu as trop travaillé avec lui.

Mamy parle de Dubak.

– Vous délirez complètement tous les deux.

La voix d'Abdel :

– Alors comment tu expliques qu'il y avait des putains de micros dans l'appartement de ma cousine ?

Mamy répond :

– Peut-être bien parce que c'est aussi le logement de son mari, non ?

La main de Djamila remonte son sein. Elle masse son petit pectoral gauche. La douleur électrise ses circuits neuronaux.

La moustache – les lunettes – le sac.

Djamila fonce à la cuisine. Sur la table, les deux articles de *Valeurs actuelles*, quatre chiures de mouche technologiques. Tout le monde la boucle. Djamila dit :

– Il m'a bousculée à la gare.

Abdel pose son verre. Il se lève, approche. Il l'attrape aux épaules. Djamila a le regard dans le vague.

– De quoi tu parles, Mila ?

Djamila désigne l'article de *Valeurs actuelles*. Elle bafouille.

– Le type, là. Il m'est rentré dedans. À la Part–Dieu. Quand je suis descendue du train…

– Tu parles de Reda Zouabri ?

– Ce mec, là. Un grand avec une moustache. Je tilte que maintenant, je suis désolée.

Djamila se défait de l'étreinte. Elle se frotte l'épaule. Abdel demande :

– Tu as mal ?

Abdel attrape l'article de *Valeurs actuelles*. Il le présente à Djamila. Il demande :

– C'est lui, là, t'es sûre ?

Djamila hoche la tête frénétiquement. Elle fond en larmes. Pour de vrai.

Abdel serre sa cousine dans ses bras.

– OK. OK. OK. Calme-toi.

Abdel prend Mamy à témoin. Il prend Dubak à témoin. Abdel assoit Djamila sur une chaise.

– Tu sais quoi sur ce compte, Mila ?

Djamila place les coudes sur ses cuisses. Elle se prend la tête entre les mains. Abdel dit :

– Tu peux parler. Rien ne sortira de cette pièce.

– Je ne sais rien. Je sais rien. J'sais rien.

– Tu es sûre ? Si tu es mouillée, il faut le dire, là, tout de suite.

Djamila relève le menton. Elle essuie ses larmes. Elle fixe Dubak.

– Dis-lui, toi, que je ne sais rien !

Abdel fixe Dubak. Dubak détourne le regard. Mamy glisse du radiateur en fonte. Comme au ralenti. Abdel hurle :

– Ça veut dire quoi, ça ? Vous vous connaissez ?

Dubak recule. Il se protège avec les mains.

– C'est quoi ce bordel, Mila ?

Djamila lui lance un regard à la Mila. Celui des terrains de football. Celui de l'adolescente aux doigts d'honneur.

Abdel aspire une longue goulée d'air. Le gaz remonte ses cloisons nasales. Abdel serre le poing.

L'oxygène gonfle ses muscles. Abdel plonge sur Dubak. Dubak monte tardivement sa garde. Abdel tape dans le foie.

L'uppercut l'embrase. Le choc coupe sa respiration. Ses jambes flanchent.

Dubak s'écroule. Abdel distribue des coups de pied. Jambes, abdomen, membres supérieurs.

Mamy approche prudemment. Elle repousse Abdel. Elle enjambe Dubak. Elle lève la main.

– T'es mort.

Abdel hésite. Mamy est Mamy. Mamy va l'aligner.

Abdel abdique. Dubak reprend une portion d'air. Mamy jette un regard à Djamila. Djamila connaît ce regard.

Ça veut dire : *je ne t'aime pas*. Ça veut dire : *je vois clair dans ton jeu*. Ça veut dire : *tu ne me niqueras pas, sale petite bougnoule.*

32

Aubervilliers/Paris, 16 février 2013.

Hébert scotche du film polyane.

Il est à quatre pattes. Il s'applique. L'entrepôt d'Aubervilliers – le glacis passé à l'aspiro – du ruban adhésif.

L'arrivée d'Hicham est programmée à 13 h 30. Celle de Philippe interviendra deux heures après.

Hébert monte au bureau. Il se fait couler un ristretto. Il se gratte les baloches.

Le plan Okazou est étalé sur la table de travail. Le compte Reda Z. à Singapour. Les photos de la famille Boushaki. Le commandant de police et la frangine. Les articles de *Valeurs actuelles*. La dépêche AFP sur le démantèlement d'un réseau salafiste. Le sac de sport au Luxembourg. Le sac de sport sur la route de l'école. Le sac de sport au parc Chabrières. Le sac de sport à la gare de la Part-Dieu.

Reda Z. – Najat B. – Nassim – Djamila. Les Arabes disruptifs de la République.

Il y a une enveloppe. Tout est dans l'enveloppe. Avec un blanc pour Hugues Corvoisier imprimé sur du papier vert.

Hébert a condensé les derniers éléments de l'affaire Ruggieri. Il a glané des informations ici et là. Il a réécrit l'histoire à sa sauce.

Hébert mate le calendrier Pirelli 97. La lolita du mois de février a de gros nibards. Hébert compte ses morts en opération.

Un, deux, trois, douze. Douze morts. Sept en solo. Et ce bâtard de flic l'a vu.

La portée blindée – l'armurerie.

Hébert hésite entre son fusil L115A3 de l'armée britannique et un pistolet 22 long rifle. Le fusil est un bel engin pour shooter du cerf à trois cents mètres. 8,59 mm qui font des trous d'obus.

Hébert prend en main son Ruger SR22. C'est un flingue de tapette pour le stand de tir. Maniable et sûr.

Hébert ôte la bague de protection du filetage. Il visse le modérateur de son. Il garnit le chargeur de Golden Eagle.

Hicham sonne à 13 h 32. Hébert est déjà au rez-de-chaussée. Il appuie sur le bouton-poussoir de l'interrupteur.

La porte se referme derrière Hicham. Hébert est face à lui. Hicham s'est rasé la moustache. Hicham comprend inéluctablement.

La première balle frappe au poumon droit. La seconde transperce sa joue. La troisième se loge dans sa boîte crânienne.

Hébert avance. Hicham est encore debout dans la pénombre. Hébert tire trois nouvelles balles.

Hicham porte une main à son pectoral et tombe à genoux. Du sang coule dans son cou. Du sang coule sur le film polyane.

Hébert le renverse d'un coup de talon. Il place le silencieux à la base de sa nuque. Il tire un autre coup.

Il reste trois projectiles. Hébert vide son chargeur au petit bonheur la chance. Il fait des trous, des petits trous, toujours des petits trous.

Hicham sans moustache n'est plus le ténébreux Reda Zouabri. C'est un Franco-Marocain vidé du SPHP qui terminera dans la faille océanique de l'Atlantique Nord. Une des dix mille personnes qui disparaissent chaque année en France et qu'on ne retrouve jamais.

Hébert enfile des gants de femme de ménage. Il coupe les phalanges avec une pince monseigneur. Il arrache les dents à la tenaille et au tournevis. Il s'essuie les mains avec du Sopalin.

Les vêtements – le Glock – les chaussures – les doigts.

Hébert déroule une bande de polyane. Il fait rouler le corps sur le plastique soyeux. Il fourre le Glock d'Hicham sans moustache et tout le reste dans un sac poubelle.

Hébert dispose une plaque métallique sous le crâne d'Hicham. Il allume le chalumeau. Il lui crame la face.

Dans les vapeurs de cochon grillé. Avec son treizième cadavre. Hébert enroule Hicham dans son sarcophage. Il traîne la momie plastifiée jusqu'au van. Il transbahute la momie dans le coffre.

Hébert scotche du film polyane.

Il est à quatre pattes. Il s'applique. L'entrepôt d'Aubervilliers – le glacis passé à l'aspiro – du ruban adhésif.

Le quatorzième cadavre – dans deux heures – pile poil.

Philippe est un bon chauffeur. Philippe est un homme de terrain efficace. Philippe sera un mort comme les autres.

Hébert devra renouveler son service action. Hébert devra encore tuer. Hébert a de l'expérience.

Du temps à gagner :

Au fin fond du trou du cul de Paname – bois de Vincennes – des tribunes métalliques de la Belle Époque.

Louis reçoit le ballon ovale. Il casse un placage. Il crochète l'arrière de l'équipe bleue.

Louis aplatit dans l'en-but. Ses copains lui sautent dessus. Son gamin est plus petit que les autres.

L'arbitre siffle la fin du match. Le coach réunit les U14 du Paris Université Club en arc de cercle. Il leur passe une soufflante. Le coach des Bleus fait la gueule. Son équipe a reçu une raclée.

Les parents descendent les gradins. Ils se postent au ras de la piste cyclable. Là où Eddy Merckx a célébré ses cinq Tours de France.

Le coach repère Gérald Hébert. Gérald a encore les cheveux humides. Il cocotte grave le parfum.

Louis a été sélectionné par la Fédération française de rugby. Il fera un stage à Pâques pour intégrer une académie. Gérald ne pipe rien à son charabia.

Le coach lui parle de pensionnat. Le coach lui dit que Louis a le niveau. Le coach assure qu'il peut évidemment rester au club même si de grosses écuries prendront contact avec lui. Il dit :

– Il est watté.

Gérald répond que Louis mesure un mètre soixante-sept et qu'il a quatorze ans. Il préférerait qu'il ait de bonnes notes à l'école. Son gosse n'est pas un morceau de barbaque.

Le coach lui fait remarquer qu'il est grand. Il dit que sa mère est grande. Il dit que Louis grandira forcément.

Le taxi gueule. Le gosse porte encore ses crampons. Le gosse est boueux.

Gérald rabroue le chauffeur. Il lui fourgue un supplément nettoyage. Un billet de cinquante.

Louis dit :

– Johan t'a dit pour le stage ?

– C'est si important pour toi, ce stage ? On voulait partir en Martinique à Pâques avec maman…

– Si je suis pris, la fédé m'enverra le package de l'équipe de France.

– Ah bon ?

– Le maillot, tout ça. Ils prennent que les cent meilleurs. De ma génération.

Gérald ne sait pas quoi répondre. Louis dit :

– On s'en fout de la Martinique.

– On s'en fout pas du tout. Tu ne connais même pas.

Gérald relance :

– Mais tu voudrais vraiment aller en pension, l'année prochaine ?

– Si j'ai le maillot, oui.

– On ira à Intersport, ils vendent les mêmes.

Louis monte le ton :

– C'est pas le même, frérot !

– Je ne suis pas ton pote. Tu ne m'appelles pas frérot.

Louis sort son iPhone de son sac à dos. Il demande à son père d'activer le partage de connexion. Gérald s'exécute.

– On fait quoi dans cette académie ?

– C'est pour faire rugbyman.

– À quatorze ans ? C'est moins dur d'être architecte, tu sais…

– OK, OK, OK.

– Tu veux vraiment faire autant de rugby, l'année prochaine ?

– C'est bon, tais-toi !

– Tu me parles pas comme ça !

– OK, OK, OK.

– Tu commences à faire chier avec tes OK. Essaie de passer en seconde, déjà. Ton deuxième trimestre est à chier. Ils vont te proposer le redoublement ou une seconde pro. Maman a pris rendez-vous avec le principal.

Les larmes montent dans la gorge de Louis. Gérald aimerait lui dire qu'il lui ressemble trop et qu'il l'aime pour ça. Mais il se tait.

Le taxi les dépose au pied de l'immeuble. Louis dégueulasse le hall d'entrée. Gérald appelle l'ascenseur. Son fils est mutique.

Gérald ouvre la porte d'entrée. Louis quitte enfin ses pompes. Gérald pénètre dans l'appartement.

– BOUH !

Gérald sursaute. C'est Maximilien. Le petit enfoiré s'est planqué derrière la porte. Il les attendait.

– Je t'ai bien eu, papa, avoue !

– Pas du tout, je t'ai vu à la fenêtre !

– Menteur, tu m'as pas vu. J'étais à quelle fenêtre, d'abord ?

Louis file à la salle de bains. Gérald hésite. Il dit :

– Dans la cuisine.

Maximilien bombe le torse. Il rétorque :

– Pas de bol, j'étais dans ma chambre.

– Bon, tu m'as eu.

– Tu as eu peur ?

– Un peu.

Maximilien part en trombe dans le couloir. Il lâche :

– J'étais dans la cuisine !

Son fils a du bagout. Il ne finira pas avocat fiscaliste. Il fera acteur ou millionnaire.

Gérald n'a pas le temps de lui demander s'il a marqué au tournoi de foot. Il aimerait lui dire qu'il ressemble trop à sa mère et qu'il l'aime pour ça. Il le garde pour lui.

Gérald pénètre dans la cuisine. Delphine se débat avec une gamelle. Gérald demande :

– Tu nous as fait quoi de bon ?

– Des quenelles au riz.

Gérald l'embrasse sur les lèvres.

– Des quenelles au riz… C'est équilibré ça, parfait !

Delphine fait sa bouche en cul de poule. Elle place ses poings sur ses hanches. Elle se sert un verre de rosé.

Le repas commence sans embûche. Maximilien envoie des piques à Louis. Louis envoie des piques à Maximilien. Ça dégénère au dessert. Delphine monte sur ses grands chevaux.

– Ça suffit les garçons ! Je vais sortir le martinet si vous continuez.

Louis et Maximilien échangent un regard. Ils scrutent leur père. Il se marrent comme des baleines.

Delphine demande :

– Qu'est-ce que tu as fait encore ?

Gérald répond :

– J'ai rien fait, je te jure.

– Vous vous foutez de moi dans mon dos ?

Louis dit :
– Il a rien fait.
– Alors pourquoi vous vous moquez de moi ?
Maximilien dit :
– On rigole pas de toi, maman.
Gérald dit :
– C'est juste que tu n'as jamais eu de martinet… Ça existe plus, ces trucs-là.
Delphine dit :
– Ah bon ?
Les gosses filent dans leur chambre. Ils prennent leur place respective dans les lits superposés. Ils naviguent sur leurs téléphones portables.
Gérald débarrasse la table. Il met Juventus-Roma sur Foot +. Delphine veut regarder le polar sur France 3. Elle le paie d'un sourire coquin.
Delphine réveille Gérald à 23 h 45. Elle a envie de baiser. Elle le traîne jusque dans la piaule. Elle le suce pour le remettre en selle.
Ils s'enlacent. Ils sont faits pour s'emboîter. C'est phéromonal.
Delphine lui roule une pelle. Elle recommence. Elle frotte son pubis sur sa cuisse.
Delphine passe une main dans ses cheveux. Elle passe les doigts derrière ses oreilles. Elle dit :
– Putain, tu saignes.
Gérald ne dit pas :
Ce n'est pas mon sang.
Gérald montre la fenêtre et dit :
– Regarde, il neige.

33

Lyon, 17 février 2013.

Traquenard :

Son mari a dix minutes de retard. Il est 16 h 45. Il fait déjà sombre.

Djamila devine la basilique. Elle discerne l'antenne blanche de la tour métallique. Elle est plantée sur une petite terrasse du jardin du Rosaire.

Jean-Michel Garrand descend la colline. Djamila aperçoit sa silhouette sur l'allée gelée. Son mari porte son manteau camel. Il a les mains dans les poches.

Son mari la repère. Il se poste à trois mètres. Il dit :

– C'est quoi ce plan ?

– Tu as pris le funiculaire ?

– Qu'est-ce que ça peut bien faire, en fait ?

– Je ne vis plus à l'appartement.

– C'est pour ça que tu ne réponds pas à mes messages ?

– Je vais demander le divorce.

– Je suis rentré hier.

– Je vais demander le divorce.

– Elle va demander le divorce…

Djamila désigne Abdel d'un mouvement de menton. Abdel est en contrebas. Abdel est adossé à un bâtiment délabré.

– Tu vois le type là-bas ?

Son mari pivote. Il voit le mec avec un blouson vert. L'Arabe.

– C'est quoi ce plan ?

– C'est mon cousin.

– Mais quel cousin ?

– Mon cousin flic, Abdel.

Djamila marque une pause. Elle respire bruyamment par le nez. Elle ajoute :

– Nassim doit déjà être incarcéré…

– Va te faire foutre à la fin. Tu me fais monter ici un dimanche après-midi alors qu'il fait moins deux !

– Tu as un dossier sur la campagne de 2008. Je suis prête à témoigner.

Jean-Michel Garrand s'esclaffe. Il tape dans ses mains. Le cuir de ses gants amortit le choc.

– Témoigner de quoi, à qui ?

– Que tu as les fichiers de la double comptabilité dans ton coffre. Que tu me les as montrés. Je balancerai pour Bastien Gobert aussi, la boîte de com, tout. J'ai plus rien à perdre.

Jean-Michel Garrand jette un coup d'œil à Abdel. Il plonge ses yeux dans ceux de Djamila.

– Abdel a un marché à te proposer.

– On n'est pas au souk, Mila. Tu sais à qui tu parles ?

Djamila regarde par-dessus son épaule. Jean-Michel Garrand tourne la tête. Il distingue deux ombres. Un homme et une femme. La grande bonne femme tient un nerf de bœuf dans la main. Elle a les cheveux rasés et une queue de rat. Le nerf de bœuf longe sa jambe.

– Ils sont avec moi.

– Tu as pété un plomb ?

Jean-Michel Garrand dodeline de la tête. Il marche sur dix mètres. Dubak fait un pas en avant.

Jean-Michel Garrand arrive à la hauteur de Mamy. Mamy fait deux pas chassés. Le nerf de bœuf monte. Mamy le fauche au niveau des cuisses.

Jean-Michel Garrand est à quatre pattes. Il examine ses gants en agneau plongé. Il hurle.

Mamy l'attrape par le colbac. Elle le redresse gentiment. Elle le soulève de terre.

Jean-Michel Garrand se débat. Il bégaie.

– Lâchez-moi, lâchez-moi, lâchez-moi.

Mamy lui met un coup de bocal. Sa cloison nasale cède sur-le-champ. Mamy le jette au tapis.

Le type se pince le nez. Du sang coule entre ses doigts. Il gémit.

– Tu sais qui je suis, connasse ?

– Toi, tu ne sais pas.

Djamila est terrorisée. Abdel se place à ses côtés. Il passe un bras autour de ses épaules. Il murmure :

– Ne t'inquiète pas.

Dubak dégaine son Beretta. Il avance sur Jean-Michel Garrand. Le type est assis sur la terre battue. Il est patraque.

– Soit tu la laisses en dehors de ça, soit on balance le dossier sur le dépassement du compte de campagne à la presse. On a enquêté sur chaque dépense. Vous êtes morts.

Jean-Michel Garrand se met à genoux. Il se relève, manque de perdre l'équilibre. Il hurle :

– C'est quoi ça, Mila ?

Abdel approche. Abdel le chope par le col de son manteau. Il le tracte sur dix mètres. Il le colle au mur de soutènement.

– La famille Boushaki n'a rien à voir avec ta merde. Nassim et Najat n'ont jamais préparé d'attentat.

Jean-Michel Garrand bafouille :

– Mais, mais, mais…

– Mila n'a rien à voir avec le compte que tu as ouvert.

– J'avais vingt-deux ans à l'époque, je bossais même pas en politique !

Abdel rajuste son col. Il lui tapote la joue. Il assène :

– Tu vas expliquer à ton patron qu'il a peut-être des barbouzes mais que ma cousine a une équipe. Et qu'on est aussi déterminés que vous.

Abdel désigne Mamy.

– Tu vois la vieille, là ? Elle aimerait te tuer. Donc, tu laisses ma cousine en dehors de ça. Et tu détruis les photos.

– Putain, mais de quoi vous parlez ? Quelles photos ?

– Les photos avec Reda Zouabri à la Part-Dieu, tu les détruis. Tout ce que tu as sur elle.

– Je ne sais pas de quoi vous parlez !

Dubak sort un micro de sa poche. Il le pince entre son index et son pouce. Il monte à hauteur de ses yeux. Dubak dit :

– Tu as fait équiper ton propre appartement.

– Je suis le chef de cabinet du ministre de l'Intérieur. Tu le sais, ça ?

– C'est un micro. Ton appartement en était truffé.

– Je vais porter plainte, OK? Je vais porter plainte!

Abdel échange un long regard avec Jean-Michel Garrand. Il se frotte les mains. Il parle en montant sa garde. Il remue les bras.

– Vous faites diversion avec ma cousine, on sort le dossier des municipales. Si ça ne suffit pas, on te fume.

Le direct du droit part au milieu de la phrase. Abdel le décoche au sternum. Jean-Michel Garrand entrouvre la bouche. Il ne peut plus respirer.

Jean-Michel Garrand s'effondre. Abdel lui distribue trois coups de lattes dans les flancs. Dubak le stoppe avant la perte de connaissance.

En chien de fusil. Du sang coule sous ses narines. Ses dents sont rouges.

Djamila cache ses yeux.

34

Paris, 20 février 2013.

Moins :

De shooting photo. De pose de mouchards. De voyages en avion.

Moins :

De croustillant. De voyeurisme. De pression.

La pression dans ses artères. La pression dans son muscle cardiaque. La pression dans ses hémisphères cérébraux. La pression, ça sera moins. La manœuvre, ça sera plus.

Plus :

De bobards. De coupables morts. De vérité céleste. Un feu d'artifice.

Hébert distingue le directeur de la sécurité de Winterry sous un halo de lumière. Une gueule des *sixties*. Du gras double.

Le bar anglais du Regina est particulièrement victorien. Hugues Corvoisier est avachi sur un fauteuil en cuir vermillon. Ils tchatchent des tenants et des aboutissants.

Boiseries dorées – plafond à caissons – un verre d'Alberta Premium Cask Strength à la main droite.

Hébert s'humecte les lèvres. Il a rarement avalé un liquide aussi langoureux. Hugues Corvoisier dit :

– Whisky de seigle, mon ami. Vingt-cinq ans d'âge. Le meilleur whisky canadien que je connaisse !

Hébert ne conteste pas. Il avale une lampée. Il repose son verre sur le plateau de la table basse.

– La démission interviendra rapidement. Dix, quinze jours.

Hugues Corvoisier scrute à droite et à gauche. Leur table est pourtant isolée. Il avance sur son fauteuil.

– Une tendance reste une tendance.

– La DCRI ne se trompe jamais.

– Nous sommes passés entre les gouttes jusqu'à présent.

– Selon toute probabilité, il avouera et se repentira. Il aura peut-être intérêt à coopérer et à donner le nom de ses fournisseurs.

Hugues Corvoisier avale de traviole. Il s'offusque.

– Je n'en suis pas certain du tout, Gérald ! La République n'y a pas intérêt.

– Il suffira d'activer en cas de grabuge. Au cas où…

Hugues Corvoisier reprend ses esprits. Il boit une gorgée. Il dit :

– Voilà, au cas où… Nous n'aurons qu'à appuyer sur le détonateur ! Mais pour l'instant, nous n'avons pas besoin de votre contre-feu, et c'est tant mieux.

Hugues Corvoisier sourit franchement. Il ajoute :

– Vous penchez vraiment pour les aveux et le repentir ?

– Ça sera orchestré comme pour DSK. C'est leur mode opératoire.

Hugues Corvoisier hoche la tête. Il donne son assentiment. Hébert siffle son verre comme du J&B.

– Je considère que ma mission est en *standby* ?

Hugues Corvoisier tapote l'enveloppe sur la table basse.

– Oui. En *standby*, c'est le terme exact. J'étais dubitatif mais vous êtes performant, Gérald. Très performant ! Votre mission a été rondement menée. Je vous félicite.

– Vous savez où me trouver.

– Et pour les fonds que vous devez nous rendre ?

– Ils sont en lieu sûr. Ça peut durer des années. Il y aura un procès.

– En lieu sûr ?

– La banque Léry & Cie et Singapour, vous connaissez plus sûr ?

Hugues Corvoisier se marre. Il sonde l'avenir au fond de son verre en cristal. Il se racle la gorge.

– J'aurais peut-être besoin de vous pour un petit à-côté. Rien de bien méchant.

– Genre ?

– Notre délégation monégasque, vous vous souvenez ?

– Les Qataris ?

Hugues Corvoisier scrute à droite et à gauche. Il avance sur son fauteuil. Il murmure :

– Un cousin du prince héritier.

Hugues Corvoisier ajoute :

– Il aime les garçons…

– Et vous voulez lui en offrir ?

– Vous lisez dans mes pensées.

– Vous voulez une photo de fellation ou de sodomie ?

– Pas de grossièretés, Gérald, pas de grossièretés !

Hébert sourit. Hugues Corvoisier fait rouler une gorgée de whisky entre ses joues.

– Je vous conseillerais la sextape pour le même prix.

– Pourquoi pas…

– Il faut vivre avec son temps.

Hébert demande :

– Quel délai ?

– Avant l'été.

– Je n'interviens pas à Doha.

– Bien sûr. Pas chez eux. C'est hors de question ! Nous négocions le déplacement d'une nouvelle délégation.

– Pas de problème, alors.

Hébert ne serre pas la main d'Hugues Corvoisier. Il ne paie pas l'addition. Il veut plus.

Plus d'alcool. Plus de ses fils. Plus de sa concubine.

Rue de Rivoli – place du Carrousel – quai François-Mitterrand.

Hébert marche. Il marche et il veut plus. Plus d'amour.

Un Africain passe le karcher dans le caniveau. Il suit une voiturette. Il porte des écouteurs surdimensionnés.

Hébert pense aux micros microscopiques. Hébert pense au flic. Il doit faire le ménage. Seul.

Hébert marche et il veut plus. Plus de morts. Plus de lui-même.

Hébert allume un cigarillo. Hébert souffle un nuage de fumée. Hébert chasse l'exhalaison.

Hébert distingue la lune gibbeuse monter le ciel transparent. Elle l'appelle. Plus haut.

Beaucoup plus haut.

35

Lyon, 25 février 2013.

Djamila est de retour.

C'est lancinant – c'est exténuant – c'est pour sauver sa peau.

La Vel Satis est garée en double-file. Aurélien est blanc comme un cul. Djamila est assise sur une banquette du Grand Café des Négociants.

Des avocats arrivistes – des patrons friqués – des mamies somnambules à caniches.

Le topo :

– Je suis dans la merde.

– Mais tu es sûre ?

– Oui, sa voix a été authentifiée, je te dis.

– Il ne pourra pas récupérer ton siège.

– C'est le sien. Il le voudra. Je ne suis que sa suppléante.

Aurélien alpague le serveur. Il commande deux autres cafés. Il se triture les méninges.

– Tu peux venir dormir à l'appartement, tu sais.

– C'est gentil, mais non.

– Je vais t'en trouver un. Tu ne peux pas rester à l'hôtel.

– D'accord. Merci.

Djamila a déjà fait les comptes. Mille fois. Elle n'en dort plus. Elle dit :

– Je dois te dire un truc…

– Quoi ?

– Je suis enceinte.

Aurélien ne retient rien. Il est excité comme une puce. Il la félicite.

– Putain, c'est génial !

– Oui. Enfin, c'est compliqué…

– T'inquiète. Dès que c'est officiel, on mettra la pression de l'intérieur. Il ne pourra jamais redevenir député. On va s'y atteler. L'important, c'est que tu n'interviennes pas.

Aurélien ne connaît pas Reda Zouabri. Aurélien ne connaît pas Nassim Boushaki. Aurélien ne connaît même pas Abdel. Il ne soupçonne pas leur existence.

Aurélien connaît le parti. Aurélien connaît les parlementaires. Aurélien connaît des ministres.

Aurélien dit :

– Tu retournes à l'Assemblée, cette semaine ?

Djamila ne répond pas. Aurélien ne dit pas :

Ton hôtel sera pris en charge, au moins.

Djamila a déjà fait les comptes. Mille fois. Elle n'en dort plus. Aurélien dit :

– Tu seras ministre au prochain remaniement.

Djamila répond :

– Prends-moi un billet pour demain.

– Le 6 h 48 ?

– Le 6 h 48.

Dans la berline. Pascal n'est pas d'humeur. Djamila n'est pas d'humeur non plus.

La journée à la Région se remplit de réunions. La journée à la Région se remplit de signatures. La journée à la Région se remplit de palabres.

Djamila reçoit un SMS de son mari. C'est le troisième message de la journée. Djamila ne le lit pas.

Dans la berline. Pascal n'est toujours pas d'humeur. Djamila n'est pas d'humeur non plus.

Djamila fume une cigarette. Pascal fume une cigarette. Djamila glisse une main sous sa veste.

C'est étrange – c'est puissant – c'est merveilleux.

Djamila se pince. Djamila ne rêve pas. C'est sûr et certain : le bébé a bougé.

Le bébé a bougé, le bébé a bougé ! Putain, le bébé a bougé !

Pascal dépose Djamila place Carnot et Mila veut que ça recommence.

Mila ne le sait pas vraiment. Mila ne le désire pas vraiment. Ça vient de l'intérieur. Ça vient de l'extérieur. Ça vient de nulle part.

C'est la foi – c'est une expansion. Mila ne sera plus jamais seule.

Mila rit et Djamila essuie ses larmes.

Béatrice Le Vert lui annonce le tarif. Djamila lui demande d'engager la procédure.

– Vous êtes certaine ?

Djamila rétorque :

– La voix a été authentifiée.

Béatrice Le Vert l'observe longuement. Djamila jurerait que l'avocate est tombée dans le panneau. Cette femme a un semblant de pitié. Elle dit :

– J'ai été auditionnée par les enquêteurs.

– Sa femme a été auditionnée. Tout le monde a été auditionné. C'est terminé.

– Oui, c'est terminé.

– Ils auraient dû auditionner sa fille, aussi.

Béatrice Le Vert ne relève pas. Elle ajoute :

– Vous savez, quelque part, je l'ai toujours admiré.

Djamila l'observe longuement. Béatrice Le Vert jurerait qu'elle est chamboulée. Djamila n'a aucune pitié. Elle dit :

– Pas moi.

Direction l'hôtel. Djamila ne dîne pas. Dubak frappe à la porte.

Djamila ouvre. Ils s'allongent sur le lit. Djamila dit :

– Parle-moi de toi.

Dubak lui raconte. Sa mère. Les roches millénaires. La noyade. Les cauchemars. Les podiums. Les premiers rôles. Sa licence de psycho. Le concours de flic. L'enterrement de maman.

Dubak lui raconte. Son premier amour. La fausse couche. Les Stups. La coke. La Crim. Les morts. La fille. Sa cicatrice frontale. Mamy. Les petits plats. La psy. Le sexe. L'abstinence.

Et Dubak lui raconte encore. Mais Djamila fait semblant de dormir. Alors Dubak dit :

– Tu es députée et je suis suicidaire. Ça ne pourra pas durer longtemps entre nous. Sans compter que j'ai vingt ans de plus que toi…

Dubak l'embrasse sur le front. Dubak ferme la porte. Et Djamila ouvre les yeux.

36

France, 4 au 8 mars 2013.

La sarabande :

Hébert livre un caisson métallique hermétique à Fos-sur-Mer. Il raque mille euros. Il adore l'idée de la dorsale océanique.

Ses hommes méritent une sépulture glorieuse. Ils ne sont pas morts pour rien. Philippe et Hicham disparaîtront à 7 700 mètres sous les mers.

Djamila longe les murs du palais Bourbon avec ses fantômes. Elle suit les traces de Reda Zouabri. Reda Zouabri n'existe pas. Nassim existe. Nassim est en prison.

Le bal des ministres dans l'hémicycle. Jean-Marc Ayrault. Michel Sapin. Jean-Yves Le Drian. Pierre Moscovici. Stéphane Le Foll. Serge Ruggieri. Ceux qui comptent. Une parité de façade. À part Taubira. Et peut-être un jour : ELLE.

Dubak gobe du bromazépam. Il pense à Djamila. Sa tête est son dernier chez-soi.

Hébert veut en avoir le cœur net. Il crochète l'appartement de la place des Célestins. Il cherche les micros microscopiques. Ils ne sont indubitablement pas réapparus.

Djamila ne peut pas éviter son mari. Jean-Michel Garrand la poursuit. Il la coince devant son bureau de l'Assemblée nationale.

Les micros – les photos – son frère.

Jean-Michel Garrand confirme. Nassim a été incarcéré.

Son mari jure ses grands dieux. Il n'était pas au courant. Il a d'autres chats à fouetter. Il demande :

– Ton cousin flic a vraiment trouvé des micros ? Ça sort pas de ton cerveau pervers ?

Son mari hurle. Il va s'occuper de son cousin. Oh que oui, il va s'occuper de toute la bande ! Il logera même la vieille.

Djamila dit :

– Sa voix a été authentifiée.

– Ferme ta gueule, ferme ta putain de gueule !

– Respecte les consignes qui t'ont été données. Plus de contact, rien. Sinon, ça va mal finir.

Jean-Michel Garrand s'esclaffe. Il renifle. Il dit :

– J'aurai un OS[1] avec moi vingt-quatre sur vingt-quatre, désormais. Encore une seule menace et je porte plainte contre toi. Pigé ?

Jean-Michel Garrand s'essuie les narines. Il déglutit. Il dit :

– Tu n'es pas faite pour ça. Tu ne supportes pas la pression. On n'est pas dans un film, là, Mila. On vit dans la vraie vie, tu sais. Comment veux-tu que je sois derrière tout ça ?

Djamila dit :

– Tu vas recevoir les papiers pour le divorce. Mon avocate est Béatrice Le Vert.

1. Officier de sécurité.

Jean-Michel Garrand serre le poing. Il lève le bras. Un huissier passe par là.

L'huissier s'interpose. Il lui demande de ne plus importuner Madame la députée. Jean-Michel Garrand gueule :

– Tu remets plus les pieds chez moi ! Sale pute !

Djamila demande à l'huissier de témoigner dans le cadre d'une procédure de divorce. L'huissier dit qu'il ne veut pas avoir de problème. Djamila note son nom et ses coordonnées.

Djamila signe des parapheurs. Djamila écoute les jérémiades de sa collaboratrice parisienne. Djamila l'informe qu'elle va la virer.

Dubak gobe du bromazépam. Il pense à Djamila. Sa tête est son dernier chez-soi.

Hébert se parque dans un bar de la rue du Bœuf. Il y passe deux jours. Il fume des Davidoff à Lyon.

Alain Dubak sort de chez lui. Hébert le file. Hébert enregistre la plaque de son véhicule au parking Saint-Jean.

Hébert court. Il enfourche sa BMW 1200 GS. Il ouvre plein gaz et rattrape le véhicule du flic pont de la Feuillée.

Bicylindre – cent dix bourrins.

La Peugeot se dirige vers le sud. Elle vire à l'est. Hébert le double sur l'A46.

Dubak arrive chez Mamy. Mamy picole. Dubak expose ses états d'âme.

Mamy se sert un autre pastaga. Dubak boit un deuxième soda. Ils ne jouent pas au Scrabble. Dubak dort sur le canapé.

Hébert rebrousse chemin. Il pénètre dans l'immeuble de Dubak. Il repère son nom sur les boîtes aux lettres.

Hébert escalade les escaliers en colimaçon. Il retourne la

turne du dernier étage. Dans la chambre. Dans la commode en pin.

Le dossier Ruggieri. Des barrettes de chon. Des pochons de cocaïne. La photo d'une femme. Dans un sachet plastique : les micros microscopiques.

La femme :

Brune – méditerranéenne – belle.

Hébert cherche du matériel informatique. Il n'y a aucun ordinateur. Il fourre trois pochons de coke dans la poche de son jean.

Hébert jette les micros microscopiques dans une bouche d'égout. Il jette le dossier Ruggieri dans une poubelle municipale. Il est libre comme l'air.

MAIS – le flic l'a vu.

Dubak rêve de Djamila. Djamila fusionne avec son premier amour. Dubak les aime. Sa tête est son dernier chez-soi.

La sarabande :

Djamila débarque chez Abdel. L'appartement est blindé de gosses. Ce sont ses nièces, ses neveux. Djamila ne les connaît pas.

Ils sont différents. Ils sont Arabes. Ils le seront toute leur vie.

Abdel doit transférer les enfants de Nassim à Pierre-Bénite. Najat Boushaki a été relâchée. Les filles vivront avec elle désormais.

Djamila demande :

– Tu veux que je vienne avec toi ?

Djamila sort une liasse de billets. Elle dit :

– Je l'aiderai. Dis-lui. Je gagne bien ma vie.

Abdel la toise. Il ne prend pas l'argent. Il embarque les gosses.

Gérald Hébert branche ses écouteurs. Il appelle ses enfants en FaceTime.

Louis ne veut pas lui parler. Maximilien lui fait des grimaces. Il dit :

– Au fait, papa.

– Quoi ?

– Feur.

– T'es con.

– Combre.

– Tais-toi.

– Lette.

Le gosse pourrait tenir une éternité. Gérald abdique.

– Passe-moi maman, maintenant.

– Non.

– Allez, passe-la-moi.

Delphine demande :

– T'es où ?

– À Lyon. Je rentre demain.

Dubak gobe du bromazépam. Il pense à Djamila. Sa tête est son dernier chez-soi.

Djamila est à l'hôtel. Dubak lui fait un SMS. Il écrit :

« Ils ont fouillé chez moi. »

Dubak n'écrit pas :

« *Ils ont volé le dossier et les micros.* »

Djamila ne lui propose pas de la rejoindre. Elle ne répond rien. Elle ne trouve jamais le sommeil.

Djamila somnole dans la Vel Satis. Pascal adapte sa conduite à son état vaseux. Ils se rendent à Saint-Chamond.

Gérald va chercher Louis à l'entraînement de rugby. Ils s'engueulent dans le taxi. Gérald fait une partie de Fifa avec Maximilien. Il choisit le PSG. Le gosse le détruit quatre à zéro. Il joue avec le grand Barça.

Dubak gobe du bromazépam. Dubak ne sait plus vraiment où il est. Sa tête n'est plus trop avec lui.

Djamila implore le ciel. Djamila veut qu'on l'épargne. Djamila réclame la miséricorde.

Gérald observe la poitrine de Delphine se soulever. Gérald ne croit pas en Dieu. Ça le soulage.

DOCUMENT EN ENCART : *09/03/2013. BLANC DE LA DCRI À LA PRÉSIDENCE DE LA RÉPUBLIQUE FRANÇAISE DESTINATAIRE : NÉANT ; ÉMETTEUR : NÉANT*

Voix ministre authentifiée à nouveau. Contre-expertise laboratoire de la police technique et scientifique positive. Procureur Molins en possession de l'information ce jour.

DOCUMENT EN ENCART : *14/03/13. Transcription mot pour mot d'une interception de correspondance SMS par la NSA.*
ENREGISTREMENT À LA DEMANDE DU DIRECTEUR – CLASSEMENT : CONFIDENTIEL 1-A ; DESTINATAIRES : LE DIRECTEUR / LE PRÉSIDENT DES USA ; Interlocuteurs : François Hollande, président ; Jean-Pierre Mignard, avocat de Mediapart *et ami du président.*

JPM – Edwy a deux sources qui confirment. Les analyses sont positives. SR est la voix sur l'enregistrement. Tu confirmes aussi ?
Pas de réponse (16 heures)
FH – Oui.

DOCUMENT EN ENCART : *15/03/13. Transcription mot pour mot d'une interception de correspondance SMS par la NSA.*
ENREGISTREMENT À LA DEMANDE DU DIRECTEUR – CLASSEMENT : CONFIDENTIEL 1-A ; DESTINATAIRE : LE DIRECTEUR ; Interlocuteurs : Serge Ruggieri, ministre ; Jean-Michel Garrand, chef de cabinet de Serge Ruggieri.

JMG – Voix authentifiée.
SR – Source ?
JMG – Cabinet Taubira.
SR – On garde la même ligne. Calomnie. Je ne suis pas abattu. Vois avec Coralie.
JMG – *Le Parisien* = seule entrée possible.
SR – OK. J'appelle Anne.

DOCUMENT EN ENCART : *15/03/13. Transcription mot pour mot d'une interception de correspondance SMS par la NSA.*
ENREGISTREMENT À LA DEMANDE DU DIRECTEUR – CLASSEMENT : CONFIDENTIEL 1-A ; DESTINATAIRE : LE DIRECTEUR ; Interlocuteurs : Claude Guéant, ancien ministre ; François Molins, procureur de la République de Paris (en charge de l'affaire Ruggieri).

CG – J'ai besoin de parler.
Pas de réponse (2 heures)
CG – J'ai vraiment besoin de te parler.
Pas de réponse (2 heures)

CG – Squarcini prétend que l'information de *Mediapart* a été confirmée par tes soins. J'ai besoin de certitudes pour NS.
Aucune réponse

DOCUMENT EN ENCART : *15/03/2013. Titre du* Point

RUGGIERI : L'ENREGISTREMENT *MEDIAPART* VALIDÉ

DOCUMENT EN ENCART : *16/03/13. Transcription mot pour mot d'une interception de correspondance téléphonique par la NSA.*
ENREGISTREMENT À LA DEMANDE DU DIRECTEUR – CLASSEMENT : CONFIDENTIEL 1-A ; DESTINATAIRE : LE DIRECTEUR ; Interlocuteurs : Serge Ruggieri, ministre ; Stéphane Fouks, vice-président Havas Worldwide/Euro RSCG.

(Enregistrement sur répondeur)
SR – C'est marrant que tu répondes plus à mes appels. C'est la vie, remarque, je m'attendais pas à autre chose. Mais tu devrais me rappeler.
Silence (8 s)
Qu'est-ce que t'étais toi, chef de cabinet ? C'était ça ta fonction, non ? Quand c'était ? 1984, 1985 ? Tu l'as pas suivi à Matignon ? T'étais déjà chez Havas, sans doute. Mais t'as aidé. Que je me souvienne, tu as toujours aidé. On a tous aidé, en fonction de nos spécialités, pas vrai ?
Analyse en cours

Silence (23 s)
SR – On va se prendre un gros caramel. On va se prendre un énorme caramel. Tu sais ce que c'est un caramel, au rugby ? C'est un coup dont on ne se relève pas.
Hurlements
SR – Tu rappelles ! Tu rappelles, bordel ! Rappelle !!

DOCUMENT EN ENCART : *17/03/2013. Titre du* Parisien

COMPTE AU LUXEMBOURG : RUGGIERI PAS IMPRESSIONNÉ PAR LES «ALLÉGATIONS « DE *MEDIAPART*

DOCUMENT EN ENCART : *17/03/2013. Titre de* L'Est républicain

AFFAIRE RUGGIERI : L'ÉPOUSE TÉMOIN CLÉ

DOCUMENT EN ENCART : *18/03/13. Transcription mot pour mot d'une interception d'une correspondance SMS par la NSA.*
ENREGISTREMENT À LA DEMANDE DU DIRECTEUR – CLASSEMENT : CONFIDENTIEL 1-A ; DESTINATAIRE : LE DIRECTEUR ; Interlocuteurs : Jean-Michel Garrand, chef de cabinet de Serge Ruggieri ; Coralie Bargoud, attachée de presse de Serge Ruggieri.

[...]
CB – On oublie cette histoire d'imitateur. Un vrai bide avec les journalistes de France Inter. C'est carrément ridicule.
JMG – Il y tenait...
CB – C'est n'importe quoi.
JMG – Je sais. Le déjeuner est confirmé avec *Libé* demain.
CB – Chez eux ?
JMG – Chez nous, à Beauvau.
[...]

DOCUMENT EN ENCART : *18/03/13. Transcription mot pour mot d'une interception d'une correspondance SMS par la NSA.*
ENREGISTREMENT À LA DEMANDE DU DIRECTEUR – CLASSEMENT : CONFIDENTIEL 1-A ; DESTINATAIRE : LE DIRECTEUR ; Interlocuteurs : Serge Ruggieri, ministre ; Pierre Moscovici, ministre.

SR – Je vais me prendre un caramel.
Aucune réponse

CINQUIÈME ROUND

Évacuation

19 mars-2 avril 2013

DOCUMENT EN ENCART : *19/03/13. Transcription mot pour mot d'une interception d'une correspondance SMS par la NSA.*
ENREGISTREMENT À LA DEMANDE DU DIRECTEUR – CLASSEMENT : CONFIDENTIEL 1-A ; DESTINATAIRES : LE DIRECTEUR / LE PRÉSIDENT DES USA ; Interlocuteurs : François Hollande, président français ; Serge Ruggieri, ministre.

SR – Je dois considérer que c'est ta position ou celle du PM ?
Pas de réponse (30 min)
SR – Je demande juste un délai. Taubira sera OK si ça vient de toi. C'est pas la mer à boire.
Pas de réponse (15 min)
SR – Alors ?
FH – Info Premier ministre : retour à Beauvau et lettre de démission.
SR – Mais je suis à Beauvau !
FH – Dont acte.

DOCUMENT EN ENCART : *19/03/2013. Titre et sous-titre de* Mediapart

« LE CONSTAT ACCABLANT DU PARQUET DE PARIS »
Le parquet de Paris a décidé d'ouvrir une information judiciaire visant Serge Ruggieri pour « blanchiment de fraude fiscale ». Il valide ainsi l'ensemble des informations publiées par *Mediapart.*

DOCUMENT EN ENCART : *19/03/2013. Titre du* Monde

SERGE RUGGIERI QUITTE LE GOUVERNEMENT EN RÉAFFIRMANT SON « INNOCENCE »

DOCUMENT EN ENCART : *19/03/2013. Titre du* Monde

LE PS SALUE « LE SENS DE L'HONNEUR ET DE L'ÉTAT DE RUGGIERI »

DOCUMENT EN ENCART : *19/03/2013. Titre sur Europe 1*

L'ÉLYSÉE MET FIN AUX FONCTIONS DE RUGGIERI

DOCUMENT EN ENCART : *19/03/2013. Titre sur Europe 1*

RUGGIERI : SILENCE DE L'ÉLYSÉE ET DE MATIGNON

DOCUMENT EN ENCART : *19/03/13. Transcription mot pour mot d'une interception d'une correspondance téléphonique par la NSA.*
ENREGISTREMENT À LA DEMANDE DU DIRECTEUR – CLASSEMENT : CONFIDENTIEL 1-A ; DESTINATAIRE : LE DIRECTEUR ; Interlocuteurs : François Hollande, président français ; Stéphane Le Foll, ministre.

SLF – SOS, Harlem Désir…
Pas de réponse
SLF – « Le sens de l'honneur… » Faut être con.
Pas de réponse

DOCUMENT EN ENCART : *19/03/13. Transcription mot pour mot d'une interception d'une correspondance téléphonique par la NSA.*
ENREGISTREMENT À LA DEMANDE DU DIRECTEUR – CLASSEMENT : CONFIDENTIEL 1-A ; DESTINATAIRE : LE DIRECTEUR ; Interlocuteurs : Stéphane Le Foll, ministre ; Pierre-René Lemas, secrétaire général de l'Élysée.

SLF – Alors ?
PRL – On marche sur des œufs, là.
SLF – Oui mais c'est pour quand ?
PRL – C'est dans les tuyaux.
SLF – Il faut accélérer le débit.
PRL – C'est un peu téléguidé…
SLF – Un ancien président mis en examen ?
PRL – Oui.
SLF – Il faut accélérer !

PRL – Le juge Gentil n'est pas vraiment de chez nous. Et il est très indépendant…
SLF – Justement, c'est une protection. Intransigeant, c'est tout ce qui compte.
[…]

DOCUMENT EN ENCART : *19/03/13. Transcription mot pour mot d'une interception d'une correspondance SMS par la NSA.*
ENREGISTREMENT À LA DEMANDE DU DIRECTEUR – CLASSEMENT : CONFIDENTIEL 1-A ; DESTINATAIRES : LE DIRECTEUR / LE PRÉSIDENT DES USA ; Interlocuteurs : Paul Bismuth alias Nicolas Sarkozy, ancien président français ; Bernard Squarcini, ancien directeur du renseignement (CEO Kyrnos Conseil, officine au service de LVMH et Bernard Arnault).

BS – Le juge Gentil prononcera ta mise en examen sous 48 h.
PB – Claude avait pronostiqué un non-lieu.
BS – Tu es leur épouvantail. Ils font diversion.
PB – Quand je reviendrai, je vais les épouvanter, tu verras.
BS – Excellent ! Ce qui ne tue pas rend plus fort.

DOCUMENT EN ENCART : *20/03/2013. Titre et sous-titre de* La Charente libre

« RUGGIERIGATE À L'ÉLYSÉE »
Le départ de Serge Ruggieri du gouvernement signe-t-il la fin de la « République exemplaire » de François Hollande ?

DOCUMENT EN ENCART : *20/03/2013. Titre et sous-titre du* Monde

« AFFAIRE RUGGIERI : COMMENT LE PROCUREUR MOLINS A GAGNÉ SON ASSURANCE-VIE »
En ouvrant une information judiciaire contre Serge Ruggieri, le procureur de Paris fait montre d'indépendance et devient du même coup intouchable.

DOCUMENT EN ENCART : *20/03/2013. Titre sur France 24*

BERNARD CAZENEUVE : « ON PEUT SUCCÉDER À SERGE RUGGIERI, PAS LE REMPLACER »

DOCUMENT EN ENCART : *21/03/2013. Titre et sous-titre des* Échos

« BERNARD CAZENEUVE, DÉJÀ DANS "L'EAU FROIDE" »
François Hollande a choisi un « ami », homme de dossier habile, mais ni un familier de Beauvau, ni un « poids lourd » politique.

DOCUMENT EN ENCART : *21/03/2013. Titre et sous-titre de* Libération

« "LE JUGE GENTIL A DÉSHONORÉ LA JUSTICE" SELON GUAINO »
La mise en examen jeudi soir de Nicolas Sarkozy pour « abus de faiblesse » dans le dossier Bettencourt a suscité la colère de l'UMP qui a dénoncé « un acharnement judiciaire ». L'Élysée, pour sa part, a opposé un non catégorique aux demandes de réactions.

DOCUMENT EN ENCART : *21/03/13. Transcription mot pour mot d'une interception d'une correspondance SMS par la NSA.*
ENREGISTREMENT À LA DEMANDE DU DIRECTEUR – CLASSEMENT : CONFIDENTIEL 1-A ; DESTINATAIRES : LE DIRECTEUR / LE PRÉSIDENT DES USA ; Interlocuteurs : Nicolas Sarkozy, ancien président français ; Henri Guaino, député, ancien conseiller spécial du président Sarkozy.

NS – Bravo !
HG - C'est dans les tempêtes que l'on reconnaît la valeur d'un capitaine et le courage de son équipage.

DOCUMENT EN ENCART : *22/03/2013. Titre de* Lyon Capitale

SERGE RUGGIERI, NICOLAS SARKOZY : SI PROCHES, SI DIFFÉRENTS

DOCUMENT EN ENCART : *22/03/2013. Titre et sous-titre du* Nouvel Obs

« RUGGIERI, LE POISON DU SOUPÇON »
De la direction d'EPAHD au ministère de l'Intérieur, en passant par les négociations avec les industriels du BTP, enquête sur les multiples vies d'un homme politique déchu.

DOCUMENT EN ENCART : *22/03/2013. Titre du* Nouvel Obs

SARKOZY MIS EN EXAMEN : « INFAMANT » ET « GROTESQUE » SELON L'UMP

DOCUMENT EN ENCART : *23/03/2013. Titre et sous-titre de* Mediapart

« FRANÇOIS HOLLANDE, C'EST À VOUS ! »
L'effarante semaine qui s'achève doit sonner l'alerte générale chez les responsables politiques. François Hollande, qui s'adresse jeudi au pays, a encore l'opportunité de lancer un appel à une lutte implacable contre la corruption qui menace tout notre système politique.

DOCUMENT EN ENCART : *25/03/13. Transcription mot pour mot d'une interception d'une correspondance SMS par la NSA.*
ENREGISTREMENT À LA DEMANDE DU DIRECTEUR – CLASSEMENT : CONFIDENTIEL 1-B ; DESTINATAIRE : LE DIRECTEUR ; Interlocuteurs : Jean-Michel Garrand, chef de cabinet de Serge Ruggieri ; Djamila Garrand-Boushaki, députée.
(Madame est la suppléante de Serge Ruggieri à la chambre des représentants.)

JMG – Ai reçu papiers pour divorce.
Pas de réponse (35 min)
JMG – Madame la députée suppléante, je vous informe que

Serge Ruggieri reprendra sa place à l'Assemblée nationale dès que possible.
Pas de réponse (30 min)
DGB – Pour les affaires privées : avocate. Pour les affaires politiques : dans tes rêves.

DOCUMENT EN ENCART : *25/03/13. Transcription mot pour mot d'une interception d'une correspondance SMS par la NSA.*
ENREGISTREMENT À LA DEMANDE DU DIRECTEUR – CLASSEMENT : CONFIDENTIEL 1-B ; DESTINATAIRE : LE DIRECTEUR ; Interlocuteurs : Serge Ruggieri, ministre ; Diane Ruggieri, fille de Serge Ruggieri.

SR – Ma très chère Diane. Je n'ai pas le courage d'entendre le son de ta voix. Cependant, je voulais te dire que j'ai pris la décision d'avouer. Cette nuit, j'ai écrit une lettre à mes juges pour leur livrer la vérité. Ils l'auront demain. Tu es la seule personne à être au courant. À voler trop haut dans le firmament, je me suis brûlé les ailes. Je me suis laissé aspirer par le tourbillon du mensonge et j'en porte la responsabilité exclusive. Ce fut une folie. J'ai honte de t'avoir mêlée à l'opprobre qui va s'abattre sur moi. Je te présente des excuses du plus profond de mon cœur, même si elles ne valent rien au regard de mes actes passés. Malheureusement, je le sais. Et je sais que tu es une grande chirurgienne et que tu portes mon nom, le nom des maudits maintenant. Je serai toujours fier de toi. Quelles que soient tes décisions. Quelles qu'elles soient. Je t'aime. Papa.
Pas de réponse

37

Lyon, 25 mars 2013.

Le tumulte, de l'embrun et un scintillement.

Djamila quitte le siège de la Région. Pascal la dépose rue de Brest. Aurélien fume une clope sur le trottoir.

Djamila s'installe derrière la table ovale. L'interview du *Progrès* est imprimée sur un feuillet A4. Aurélien a surligné les passages problématiques. Aurélien dit :

– L'interview est placée en encadré. Le titre ne sera pas très bon.

– Ah bon ?

– « Démission, passion et tension. »

– Pardon ?

– On ne pourra pas les faire bouger là-dessus. C'est leur titre.

– Mais c'est une interview…

– Non, c'est « Trois questions à ». Ton interview accompagne l'article.

– Fait chier. Pourquoi on a le titre et pas l'article ?

– On n'aurait pas dû l'avoir, déjà…

Djamila lit rapidement. Elle susurre :

– « Serge Ruggieri, ministre de l'Intérieur démissionnaire, doit décider avant le 19 avril s'il réintègre les rangs de l'Assemblée nationale. Pouvez-vous nous confirmer qu'il reprendra son siège au palais Bourbon ? »

Djamila lit rapidement. Elle susurre :

– « Non, absolument pas. D'autant que nul n'est propriétaire de son siège de député. C'est le peuple souverain qui vous charge de cette responsabilité. Je n'ai aucune information à ce sujet et je me prépare donc à servir les habitantes et les habitants de la deuxième circonscription du Rhône pour quelques jours encore ou pour toute la durée du mandat parlementaire. »

Djamila lit rapidement. Elle susurre :

– « L'autre option est que Serge Ruggieri choisisse aussi de démissionner de son poste de député et qu'une élection partielle soit organisée ? Auquel cas, vous ne seriez plus députée vous non plus... Vous présenteriez-vous alors à cette élection ? »

Djamila lit rapidement. Elle susurre :

– « Je ne fais pas de politique-fiction. Il y a une question de légalité : Serge Ruggieri peut effectivement démissionner de son mandat de député. Et il y a une question de morale : il jugera s'il est encore en capacité ou s'il est préférable que je sois la députée de la circonscription. »

Le mot « Serge » est surligné. Djamila dit :

– C'est quoi le problème avec Serge ?

– Ça fait intime.

– Tu proposes quoi ?

– Monsieur Ruggieri.

– C'est *too much*, non ?

– Juste la lettre M, avec un point.

– Non, on laisse Serge Ruggieri.

Djamila lit rapidement. Elle susurre :

– « Quelle est votre volonté, à vous, Djamila Garrand-Boushaki ? »

Djamila lit rapidement. Elle susurre :

– « Ma volonté dépend de celle de Serge Ruggieri qui est mis en examen pour blanchiment de fraude fiscale et encore présumé innocent puisque aucune condamnation n'a été prononcée. C'est à lui de déterminer en son âme et conscience s'il peut exercer cette fonction au service de l'intérêt général et de notre territoire. À titre personnel, je le ferai avec dévouement, simplicité et passion. »

Le mot « encore » est surligné. Djamila dit :

– Tu veux virer le « encore », c'est ça ?

– Ouais.

– Et « blanchiment de fraude fiscale », c'est utile ?

– Il est mis en examen pour ça.

Djamila raye le mot « encore ». Son portable vibre. « Diane » s'affiche sur l'écran. Djamila décroche. Elle dit :

– Excuse-moi, une seconde.

Djamila s'adresse à Aurélien :

– C'est OK pour moi.

Djamila tapote son index et son majeur sur ses lèvres. Aurélien lui tend son paquet de Dunhill. Elle mime l'allumage d'un briquet. Aurélien allume sa cigarette.

Djamila dit :

– Je reviens.

Djamila s'adosse à la vitrine. Elle salue Diane Ruggieri. Elle dit :

– Je n'ai de nouvelles de personne. La procédure de divorce avec Jean-Michel est enclenchée. Et je ne serai plus députée le 19 avril, donc…

– Tu le seras encore. Il va avouer.

– Ça m'étonnerait bien…

– Il va écrire aux juges demain pour leur dire qu'il va passer aux aveux. Je suis la seule personne au courant. Et il y a toi, désormais. C'est normal que tu le sois aussi.

Djamila aspire une taffe. Elle soupire. Elle rétorque :

– Alors, il démissionnera de son poste de député.

– Pourquoi ça ?

– Parce que Jean-Michel voudra se venger et que ton père pense toujours qu'il pourra se représenter et gagner.

– Je ne crois pas. Il est contrit. Il a conscience de ce qu'il a fait.

Djamila sourit nerveusement. Elle s'exclame. Elle dit :

– Je sais que c'est ton père, Diane. Mais si c'est pour me raconter des conneries comme ça, n'appelle pas.

– Mais…

Djamila la coupe :

– Je ne peux pas te donner les tenants et les aboutissants. Ton père est fou. Jean-Michel est fou. Ils sont capables de tuer.

– Djamila…

– Je dois te laisser. Merci pour l'info. *Bye.*

Djamila raccroche. Elle pense à Nassim. Elle pense à son père. Elle ne pense pas au commandant Alain Dubak.

Djamila n'a plus de nouvelles de lui depuis une semaine.

38

Grigny, 26 mars 2013.

AUCUNE TRACE :

Le commandant Alain Dubak a déjà ingéré huit comprimés de bromazépam. Hébert l'a ligoté aux chevilles et aux poignets avec des bandes Velpeau. Il l'a fixé au poteau EDF.

Quatre mètres de long – dix centimètres de large – crêpe en coton. LA BANDE VELPEAU N'ABÎME PAS LA PEAU.

La Peugeot du flic est stationnée sous le bois. Entre la voie ferrée et le Rhône.

À quelques encablures – dans la nuit rouge.

Hébert connaît le coin. Il venait déjeuner au cabanon enfant. C'est l'unique souvenir qu'il a de sa mère.

Sa mère s'appelait Jacqueline. Son père l'appelait Jacotte. Ils ont dû mourir quand il avait douze ans. Un accident domestique.

Son ange gardien n'était qu'un homme comme lui. Un homme d'amour. Un homme qui servait le pays.

Hébert a douze ans. Il entend l'alarme du passage à niveau. Il admire la locomotive. Il dévore la friture d'éperlans.

MAINTENANT.

L'amour – le sang du pays.

Hébert craque un pochon de cocaïne. Il fait couler la drogue dans le creux de son gant. Il procède par pichenette.

Hébert réitère l'opération poudre blanche jusqu'à ce que le flic ait inspiré un gramme de coke.

Hébert place l'entonnoir entre les dents du flic. Il dévisse le bouchon de la bouteille de Żubrówka . Il vide vingt-cinq centilitres d'alcool blanc.

Le flic s'étouffe. Le flic dégueule des borborygmes. Sa poitrine est secouée de convulsions.

La vodka glisse sur le col de sa parka. La vodka glisse dans sa gorge. Les coulures de vodka imprègnent sa chemise.

L'amour – le sang du pays.

Hébert réitère l'opération alcool blanc. Il ajoute deux comprimés de bromazépam à chaque dose. Jusqu'à ce que le flic ait ingéré six nouveaux cachets et un litre de vodka.

Hébert allume un Davidoff. Le flic est dans les vapes. Hébert lui tapote la joue.

Chopin débarque – opus 9, numéro 2 – Hébert sifflote.

Derrière – le fleuve débagoule entre la rive et l'îlot sablonneux. Devant – les arbres noirs bruissent. En face – le commandant Alain Dubak, SRPJ de Lyon, encore vivant et bientôt mort.

Hébert dit dans la nuit rouge :

– Tu as le cœur solide, petit pédé du cul.

Hébert s'éloigne. Il entre sous le bois. Il pénètre dans l'habitacle de la Peugeot. Il observe ses traits à la lumière du plafonnier.

Ses yeux sont dans le rétroviseur central. Ses yeux n'ont aucune expression. Ses yeux ont la forme de ceux de Louis et la couleur de ceux de Maximilien.

Hébert allume le contact. Il fait une marche arrière. Il place le véhicule à un mètre du poteau EDF.

Hébert décroche le flic. Il le charge sur le siège passager. Il enclenche la marche avant.

Le véhicule passe des maisonnettes au ralenti. Hébert décrypte l'inscription du passage à niveau. C'est écrit : UN TRAIN PEUT EN CACHER UN AUTRE.

Incidemment, c'est un signe du ciel. Nonobstant, Hébert ne croit pas en Dieu. Alors, ce n'est rien.

Hébert coupe les feux. Il passe la seconde. Il ne traverse pas le passage à niveau. Il s'enfile sur la voie ferrée.

Nord toute – le long du fleuve - dans la nuit rouge.

Le véhicule cahote sur cinq cents mètres. Hébert l'immobilise après une courbe. Il sort la carcasse du flic de l'habitacle.

Aussi bien, le commandant Alain Dubak est déjà mort. En tout état de cause, le commandant Alain Dubak va mourir. Bientôt, un train de marchandise compressera la calandre, broiera le moteur et propulsera la Peugeot en contrebas.

Hébert installe le flic derrière le volant. Il répand de la coke sur son jean et sur le tapis de sol. Il tamponne la bouteille de Żubrówka avec ses doigts et la place entre ses cuisses.

Hébert monte un talus. Il s'assoit dans l'herbe haute. Il tripote les bandelettes sanguinolentes.

Hébert inhale deux traces de cocaïne. Hébert rêve de Delphine. Hébert rêve des enfants.

Dans la nuit rouge – rouge, toute rouge.

Hébert a quarante-sept ans. Il pressent le clignotement du passage à niveau. Il devine la locomotive. Il reconnaît le goût de la friture d'éperlans.

Depuis le fleuve violent – avec ses souvenirs d'enfants – dans l'air moite de la nuit rouge, rouge, toute rouge.

La locomotive attaque la courbe. Le chauffeur ne discerne pas encore l'obstacle. Il actionne les freins à quinze mètres de la cible.

Un crissement conspuant – un impact tonitruant – une compression hallucinée.

La Peugeot du commandant Alain Dubak, SRPJ de Lyon, faux acteur adolescent et suicidaire des grands jours, absorbe le choc.

Chhhhhh-PAM – des étincelles.

Le pare-brise explose. Les plastiques craquent. Le métal se froisse.

Les sièges avant deviennent la banquette arrière. Le moteur s'enfonce dans le bas-ventre du flic. Le corps humain est un matériau moins résistant que les autres.

Chhhhhh-HI – des étincelles, des débris, les éclats de verre qui tranchent le visage.

Le train de marchandise traîne impudemment le cercueil. L'habitacle se referme. Le bas de caisse remonte. Le capot vole dans la nuit rouge. Le toit écrase la tête. La nuque se brise.

Douze mètres plus loin, Hébert s'essuie le nez. Il ferme les yeux et déglutit.

Durant la déglutition, le cercueil métallique est projeté à cinq mètres. Il passe par-dessus la locomotive. Il rebondit sur le premier wagon.

Chhhhhh-CLANG-CLING-CLANG – des étincelles, des objets célestes qui volent dans la nuit rouge, des débris de plastique, de verre, des dents humaines.

Sous les paupières – Hébert voit rouge. C'est le rouge de l'amour – c'est le sang du pays. TOUT ROUGE.

DOCUMENT EN ENCART : *26/03/2013. Sondage en ligne* Le Journal du dimanche

« SELON VOUS, LA MISE EN EXAMEN DE SARKOZY L'EMPÊCHERA-T-ELLE DE REVENIR EN POLITIQUE ? »

DOCUMENT EN ENCART : *26/03/2013. Titre et sous-titre du* Progrès

« SUICIDE SUR LA VOIE FERRÉE À GRIGNY »
Un commandant de police du SRPJ de Lyon a placé son véhicule sur les rails à proximité du Rhône dans la nuit de lundi à mardi. Le policier est mort sur le coup et son véhicule a été projeté jusqu'au fleuve. Il s'agit du huitième suicide d'un policier en France depuis le début de l'année.

DOCUMENT EN ENCART : *27/03/2013. Titre et sous-titre de* Lyon Capitale

« LA JUSTICE SE RAPPROCHE DU COMPTE LUXEMBOURGEOIS DE SERGE RUGGIERI »

Alors que le dossier Ruggieri est désormais entre les mains de deux magistrats du pôle financier de Paris – Roger Le Loire et Renaud Van Ruymbeke – et que nous écrivions le 22 mars sur la piste des industriels du BTP, *Paris Match* avance aujourd'hui l'hypothèse selon laquelle le présumé compte luxembourgeois de l'ex-ministre de l'Intérieur aurait été fermé fin 2010, confirmant ainsi les propos tenus dans l'enregistrement mis en ligne par *Mediapart*, qui date de la même époque. L'hebdo suggère que le compte aurait été transféré vers « Léry & Cie, un établissement financier en pleine expansion », fondé par Anthony Léry. Ce dernier n'est autre que le demi-frère du gestionnaire de fortune de Serge Ruggieri, André Worms, l'« autre voix » supposée de l'enregistrement.

DOCUMENT EN ENCART : *28/03/2013. Titre et sous-titre du* Nouvel Obs

« RUGGIERI : "JE RENTRE À BEAUVAU ET JE DÉMISSIONNE" »
Quand il a appris que le parquet ouvrait une enquête, l'ancien ministre de l'Intérieur a sollicité l'Élysée et Matignon pour qu'un délai soit demandé au procureur. En vain.

DOCUMENT EN ENCART : *28/03/2013. Titre du Lab-Europe 1*

RUGGIERI A-T-IL DEMANDÉ À L'ÉLYSÉE ET À MATIGNON DE FAIRE PRESSION SUR LA JUSTICE ?

DOCUMENT EN ENCART : *28/03/2013. Interview officielle*

du président de la République François Hollande par David Pujadas
(Après 25 min d'ITW)

DP – La démission de Serge Ruggieri a sans doute été un coup dur pour vous et pour le gouvernement. Est-ce que vous maintenez votre estime à Serge Ruggieri ou que vous estimez d'une certaine manière avoir été mal informé ?
FH – J'ai confiance en sa parole. Quand il y a eu les premières révélations, il m'a dit qu'il n'avait pas de compte, il l'a d'ailleurs répété devant l'Assemblée nationale. Maintenant, un juge est saisi, plusieurs d'ailleurs et en principe – je le redirai pour toute autre affaire – c'est l'indépendance de la justice et la présomption d'innocence.
DP – Pourquoi, dans ce cas-là, avez-vous accepté sa démission ?
FH – Parce que j'ai considéré que, dès lors qu'il y avait une procédure judiciaire, il n'était pas possible qu'un membre du gouvernement puisse être soumis à quelque influence que ce soit, donc soumis à une convocation chez un juge. C'était l'exemplarité que je voulais réaffirmer, chaque fois qu'il y a un membre du gouvernement qui est dans une procédure, il n'est plus membre du gouvernement.
DP – Cela vous a heurté, cela vous a troublé, vous qui défendiez « la République irréprochable » ?
FH – Je ne peux pas préjuger. Je n'ai pas d'ailleurs dit qu'il partait parce qu'il était coupable. Ce sera à la justice de le dire. Mais ce que j'avais déterminé, et ce n'est pas la jurisprudence précédente, ce n'est pas ce qu'on appelait la jurisprudence du mis en examen, il n'est pas mis en examen, Serge Ruggieri. Mais dès lors qu'il y a une procédure, il ne pouvait plus rester au gouvernement.

DP – La mise en examen de Nicolas Sarkozy, c'est une bonne nouvelle pour vous ?
FH – Pourquoi j'aurai un jugement à porter ? Ce serait d'ailleurs inqualifiable comme président de la République ! D'abord, il y a la présomption d'innocence, Nicolas Sarkozy est présumé innocent. Pas parce qu'il a été président de la République ou qu'il pourrait, demain, je ne sais pas, être de nouveau candidat – c'est à lui de le dire, le moment venu d'ailleurs que, pour autant, il devrait être accusé, avant même qu'un juge ait prononcé un verdict. Il est mis en examen, il est présumé innocent. Le deuxième principe, c'est que les juges doivent être respectés pour leur indépendance.
DP – On ne peut pas critiquer une décision de justice ?
FH – J'en suis moi-même le garant comme chef de l'État. Je suis garant de l'indépendance de l'autorité judiciaire. Chaque fois que quiconque met en cause un magistrat, je suis moi-même, en tant qu'institution, d'une certaine façon, obligé d'agir. C'est la raison pour laquelle j'ai demandé à la garde des Sceaux de saisir le Conseil supérieur de la magistrature par rapport à des propos qui avaient été tenus à l'égard du juge Gentil. Car, je ne peux pas accepter, quelle que soit la personne qui est mise en cause ou mise en examen, qu'un juge puisse être suspecté. [...]

DOCUMENT EN ENCART : *30/03/2013. Interview d'Edwy Plenel, directeur de* Mediapart, *par Laurent Ruquier à « On n'est pas couché », France 2*-Le Parisien

EP - Je tutoie François Hollande que j'ai connu – que je ne vois plus –, membre de cabinet, il y a trente ans, avec qui j'ai fait un livre. Pourquoi ? Parce que, vous savez que, souvent les meilleures sources, ce sont les membres de cabinet. Peut-être qu'au moment de l'affaire des Irlandais de Vincennes, François Hollande était une bonne source ! Mais y a le secret des sources... Pardon, ouh là là !

DOCUMENT EN ENCART : *31/03/2013. Titre du Lab-Europe 1*

FRANÇOIS HOLLANDE ÉTAIT-IL L'INFORMATEUR D'EDWY PLENEL DANS L'AFFAIRE DES IRLANDAIS DE VINCENNES ?

DOCUMENT EN ENCART : *01/04/2013. Titre et sous-titre du* Temps

« MÉDIA À PART »
Lancé il y a cinq ans par Edwy Plenel et deux autres anciens journalistes du *Monde*, *Mediapart* reste un objet singulier dans le paysage médiatique français. À l'origine des affaires Bettencourt et Ruggieri, ses enquêteurs traquent avant tout les conflits d'intérêts et la corruption politique.

DOCUMENT EN ENCART : *01/04/13. Note interne de la NSA*
CLASSEMENT : CONFIDENTIEL 1-A ; DESTINATAIRE : LE DIRECTEUR

Objet : Panne du système d'interceptions en France

Notre système d'interception des télécommunications via notre poste danois a subi une panne générale en France suite au trafic trop important généré par les cibles françaises sur écoute.
L'origine de cette augmentation soudaine et exponentielle du trafic est identifiée. Il s'agit d'un tweet de @canard-enchaine (compte Twitter officiel du *Canard enchaîné*, journal anarchiste) :

« DEMAIN DANS LE CANARD
Ruggieri passe aux aveux. Il a pris rendez-vous avec les juges pour parler de ses comptes au Luxembourg et à Hong Kong. »

DOCUMENT EN ENCART : *02/04/13. Billet du blog de Serge Ruggieri*

Par lettre du 26 mars 2013, j'ai demandé à Messieurs les juges d'instruction Roger Le Loire et Renaud Van Ruymbeke de bien vouloir me recevoir afin que, délivré des obligations de ma fonction, je puisse enfin donner les explications qui s'imposent au regard de la détention à l'étranger d'un compte bancaire dont je suis le bénéficiaire depuis une vingtaine d'années.
J'ai rencontré les deux juges aujourd'hui. Je leur ai confirmé l'existence de ce compte et je les ai informés de ce que j'avais d'ores et déjà donné les instructions nécessaires pour que l'intégralité des actifs déposés sur ce compte, qui n'a pas

été abondé depuis une douzaine d'années, soit environ 600 000 euros, soit rapatriée sur mon compte bancaire à Paris.
À Monsieur le président de la République, au Premier ministre, à mes anciens collègues du gouvernement, je demande pardon du dommage que je leur ai causé. À mes collègues parlementaires, à mes électeurs, aux Françaises et aux Français j'exprime mes sincères et plus profonds regrets. Je pense aussi à mes collaborateurs, à mes amis et à ma famille que j'ai tant déçus.
J'ai mené une lutte intérieure taraudante pour tenter de résoudre le conflit entre le devoir de vérité auquel j'ai manqué et le souci de remplir les missions qui m'ont été confiées et notamment la dernière que je n'ai pu mener à bien. J'ai été pris dans une spirale du mensonge et m'y suis fourvoyé. Je suis dévasté par le remords.
Penser que je pourrais éviter d'affronter un passé que je voulais considérer comme révolu était une faute inqualifiable. J'affronterai désormais cette réalité en toute transparence.

39

Paris, 2 avril 2013.

Djamila quitte la séance en ébullition. Elle traverse le salon Delacroix, autrefois appelé « salon du Roi ». Sur les murs, l'allégorie des fleuves répond à l'agitation des députés socialistes. Comme si Eugène Delacroix avait pensé à tout.

À cet instant, Ruggieri a avoué et s'excuse auprès d'eux sur son blog astral. Toutes et tous sont immanquablement offusqués. L'atterrement collectif est à la hauteur de leur aveuglement complaisant. Comme si ce fils de pute les avait pinés profond alors que toutes et tous étaient au mieux obséquieux, au pire, complices.

D'aucunes et d'aucuns pointent le bout de leur nez dans la salle des Quatre-Colonnes. Toutes et tous préfèrent traîner leurs guêtres entre les quatre murs du palais opulent dont les peintures sont dédiées à l'industrie, à l'agriculture, à la justice et à la guerre. À la justice et à la guerre.

La guerre – la guerre – la guerre. Toujours la guerre.

À Paris-ville lumière, il fait 9 degrés Celsius. Les députés socialistes quittent le radeau de la République à la queue leu

leu. C'est l'embouteillage sur les longs escaliers qui desservent la cour d'honneur verdoyante. Les journalistes grillent des clopes dans la cohue. Tranquillou au milieu des rats.

Djamila se fraie un chemin. Elle allonge direct les foulées sur les pavés brillants. Elle sort du palais rue de l'Université.

En transe – et avec les quidams.

Djamila prend un taxi G7. Elle se rend à l'hôtel Saint-Germain. Elle observe son profil dans le miroir rectangulaire de la salle de bains. Son bas-ventre est légèrement renflé.

Djamila enfile son short de l'Olympique lyonnais, un T-shirt blanc et une paire de Nike Air. Elle branche ses écouteurs sur son iPod et sélectionne la playlist électro. Ses cheveux sont encore humides et étrangement froids.

Djamila pénètre dans le jardin du Luxembourg à 17 h 15. Elle court. Elle accélère même la cadence.

À 17 h 16, la salle des Quatre-Colonnes est toujours vide. Le député socialiste Olivier Faure fait face à la presse dans les jardins de l'Assemblée. Il dit :

– Sidéré, je suis sidéré. On a tous voulu croire ce que nous disait Serge.

Il dit :

– Il a choisi un modèle de défense suicidaire. On ne peut pas se défendre comme ça. Mais maintenant, c'est l'affaire d'un homme qui soulage sa conscience et qui est face à lui-même.

Il dit :

– Je salue la rapidité de décision du Président et du Premier ministre : la République exemplaire a été respectée.

Djamila avale la boucle de trois kilomètres en vingt-et-une

minutes. Elle passe d'un jardin à l'autre. La sueur perle sur son front.

Djamila court. Elle court et elle maintient la cadence.

À 17 h 27, le député socialiste Daniel Goldberg est exténué. Un journaliste dit :

– Serge Ruggieri vient d'être mis en examen.

Daniel Goldberg en bave des ronds de chapeaux. Il lâche :

– Vous me l'apprenez.

– Il vous a donc menti ?

– En tout cas, il n'a pas dit la vérité.

Daniel Goldberg se taille et Djamila court encore. Elle court et elle maintient ardemment la cadence.

Son système nerveux perçoit la contraction du temps. Autour – partout.

À 17 h 39, le député UMP Éric Ciotti twitte :

« La question se pose désormais de savoir si Hollande et Ayrault ont voulu protéger Ruggieri avec cette pseudo-attestation bancaire luxembourgeoise. »

À 17 h 50, le député européen du Front de gauche Jean-Luc Mélenchon est assis à l'arrière d'un van anthracite. Le van se dirige vers le siège de RTL. Jean-Luc Mélenchon twitte :

« Où s'arrête la chaîne du mensonge ? Qui savait et n'a rien dit ? #Ruggieri »

À 17 h 55, le député UMP François Fillon est assis à l'arrière d'une berline de la République. La berline se dirige vers son domicile parisien. François Fillon relit son communiqué de presse. C'est écrit :

« Le président de la République doit mesurer l'étendue

des dégâts et prendre ses responsabilités politiques. Après seulement onze mois de présidence, la situation devient dangereusement anormale. »

À 18 heures, le ministre socialiste Arnaud Montebourg boucle sa visite du musée des Civilisations d'Europe et de la Méditerranée. Le cortège de journalistes qui le suit depuis le matin se tamponne des prouesses architecturales. À Marseille, Arnaud Montebourg déclare à la presse :

– Les bras m'en tombent.

Djamila court. Elle court et elle maintient furieusement la cadence. Dans ses écouteurs, le nouveau titre des Daft Punk. Djamila entend : *Like the legend of the Phoenix, hu ; all ends with beginnings ; what keeps the planet spinning, ah ; the force from the beginning, hm, love.* Et le temps se contracte pernicieusement. Et Djamila le sent.

À 18 h 15, dans la salle des Quatre-Colonnes, le député écologiste Pascal Durand répond à un journaliste de BFM TV. Il dit :

– Le mensonge de monsieur Ruggieri est bien plus grave qu'un petit mensonge.

Il dit :

– C'est un mensonge d'État qui décrédibilise la parole collective des politiques et la représentation de l'État. Il est comptable du recul de la capacité des politiques à être entendus lorsqu'ils portent une parole forte. C'est un drame pour la démocratie.

À 18 h 19, à quelques mètres et toujours à l'Assemblée nationale, le député UMP Christian Jacob se fait alpaguer. Il déclare à la presse :

– J'ai du mal à imaginer que Hollande et Ayrault n'aient pas été au courant de la situation. C'est inqualifiable, car il a menti sciemment et de manière éhontée devant la représentation nationale.

Djamila court. Elle court et elle accélère encore.

Encore – et encore.

À 18 h 21, Djamila sprinte dans les allées du jardin du Luxembourg. Son muscle cardiaque crépite à cent cinquante-deux pulsations par minute. Le temps se dilate enfin et galope bien plus brusquement que son souffle.

À 18 h 23, Edwy Plenel a le cul posé sur le plateau de son bureau. La moustache du directeur de *Mediapart* dissimule mal son sourire radieux. Edwy Plenel distribue un clin d'œil à Fabrice Arfi et règle son heure de gloire quelque part dans le réseau.

Au téléphone, la journaliste de l'AFP s'attend à un couronnement de matador. Edwy Plenel a intériorisé chaque figure de la danse trotskiste. Il les mobilise à l'instinct jusqu'au grand soir. Aujourd'hui, il exécute commodément le contrepied.

Edwy Plenel dit :

– Accabler Serge Ruggieri ne sert à rien.

Il dit :

– Il vaut mieux s'interroger sur ce qui s'est passé depuis quatre mois. Il faut s'interroger sur ce mensonge, avec la complicité du monde politique et médiatique.

Il dit :

– Il faut s'interroger sur ce qui s'est passé pendant ces quatre mois, sur ce retour de boomerang qu'avait prévu *Mediapart*.

Le monde politique et celui des médias doivent se poser la question.

Il dit :

– À *Mediapart*, nous n'avons jamais douté de nos informations.

Il assure :

– Ce qui fait le malheur de la démocratie ne rend pas heureux les journalistes.

Djamila reprend son souffle sur un banc. Une bombe thermonucléaire pourrait bien la souffler en dehors de l'espace. Cependant, la sueur lui brûle les yeux.

À 18 h 24, au siège de l'UMP, le directeur de cabinet Jérôme Lavrilleux rature le communiqué de presse de son patron, Jean-François Copé.

C'est écrit :

« Le mensonge de Serge Ruggieri signe définitivement la fin de la gauche morale et donneuse de leçons. »

C'est écrit :

« Le président de la République doit prendre ses responsabilités face à ce mensonge d'État et s'en expliquer lui-même devant les Français. »

Djamila respire. Son muscle cardiaque réduit l'afflux du sang. Elle sera bientôt raccord avec l'univers.

Dans sa chambre d'hôtel, les dépêches AFP tombent en vrac sur sa boîte mail. Dans sa chambre d'hôtel, Aurélien l'appelle. Dans les jardins du Luxembourg, Djamila sue et les alentours fusionnent avec elle.

À 18 h 31, la ministre socialiste Dominique Bertinotti est attablée sur le plateau de Public Sénat. Elle répond aux questions de Sonia Mabrouk. Elle dit :

– Je viens de prendre connaissance du texte que Serge Ruggieri a adressé. J'ai lu cela avec une certaine stupéfaction.

Elle dit :

– Je me refuse à employer des mots excessifs. C'est désormais à la justice de faire son travail.

Elle dit :

– C'est une affaire entre lui et lui.

À 18 h 39, rue de Solférino, le porte-parole du Parti socialiste David Assouline organise un point presse. Il dit :

– Notre premier secrétaire, Harlem Désir, est stupéfait et choqué par ces faits inacceptables et le mensonge de Serge Ruggieri. Les députés socialistes ont été trahis. Il ne peut pas prétendre revenir comme député à l'Assemblée nationale.

Djamila descend maintenant la rue de Tournon. Son T-shirt colle à ses omoplates. Son T-Shirt flotte par-dessus son bas-ventre.

Djamila est belle comme jamais et un étudiant rouquin la reluque.

À 18 h 44, le président du MoDem François Bayrou déclare :

– Les dégâts provoqués par ce scandale sont considérables et dévastateurs pour le monde politique français. Ce qui a été frappant depuis des mois dans cet épisode, c'est le soutien que monsieur Ruggieri a reçu de la part d'une partie de la presse et d'une partie très importante de l'opposition, comme de la majorité.

Il déclare :

– On a l'impression que les solidarités à l'intérieur du monde politique dépassent le simple respect de la réalité et de ses évidences.

À 18 h 45, le communiqué de presse de Matignon tombe sur les boîtes mail de toutes les rédactions. C'est écrit :

« Monsieur le Premier ministre exprime sa tristesse et sa consternation face à un homme qui a menti devant le président de la République, le Premier ministre et la représentation nationale. »

C'est écrit :

« Un homme politique doit être irréprochable. Il doit, plus que tout autre citoyen, respecter la loi. »

C'est écrit :

« Le mensonge n'est pas acceptable en démocratie. »

Djamila marche et elle marche en paix. Elle se rend à l'hôtel Saint-Germain. Elle monte dans sa chambre.

Djamila a reçu quatre-vingt-quatre SMS. Douze appels sont signalés en absence. Djamila active le mode avion de son iPhone.

Djamila observe son profil dans le miroir de la salle de bains. Et le temps se matérialise désormais à l'intérieur de son ventre.

Pa-pam – pa-pam – pa-pam.

À 19 h 02, le député européen du Front de gauche Jean-Luc Mélenchon pénètre dans les studios de RTL, avenue Charles-de-Gaulle, à Neuilly-sur-Seine. À l'antenne, il dit :

– Je suis comme tout le monde, sidéré, parce qu'on a tous envie que les choses ne soient pas aussi lamentables qu'elles le sont. Ensuite je suis triste, parce que tout cela va porter un coup large, beaucoup de gens vont dire, ce sont tous les mêmes menteurs, et je partage leur colère.

Il dit :

– Un salopard, c'est ça, c'est quelqu'un qui n'assume pas sa responsabilité personnelle, qui ment à tout le monde et qui n'a aucune conscience personnelle.

La vapeur est asphyxiante. L'eau est bouillante. Néanmoins, Djamila respire et Mila a bizarrement froid.

À 19 h 41, le communiqué de presse du Front national tombe sur les boîtes mail de toutes les rédactions. C'est écrit :

« Le président de la République et le gouvernement ne pouvaient ignorer le fond de cette affaire et ses conséquences prévisibles. »

Djamila enfile un peignoir. Elle place une cigarette entre ses lèvres. Mila ne l'allume pas.

En simultané, sur le plateau de BFM TV, le vice-président du Front national Florian Philippot dit :

– Évidemment que François Hollande savait.

Il dit :

– Ils le savaient pertinemment bien, aussi bien le président de la République que le Premier ministre.

À 19 h 42, le communiqué de presse du président de l'Assemblée nationale Claude Bartolone tombe sur les boîtes mail de toutes les rédactions. C'est écrit :

« Serge Ruggieri a reconnu sa culpabilité devant les juges. La parole prononcée dans l'hémicycle est sacrée. Au-delà de ma consternation et de ma colère, avoir menti devant la représentation nationale est impardonnable. »

Djamila s'allonge sur le lit. Elle ferme les yeux. Mila place quant à elle les mains sur son bas-ventre.

À 20 h 15, sur le plateau de France 2, le Premier ministre socialiste Jean-Marc Ayrault déclare :

– J'ai effectivement échangé rapidement avec lui. Je lui ai expliqué qu'il avait menti et trahi.

Il ajoute :

– Je demande à Serge Ruggieri de tirer toutes les conséquences de ce mensonge particulièrement grave, à l'égard de la République, à l'égard de l'État républicain, à l'égard des Français, et de ne plus exercer de responsabilité politique, quelle qu'elle soit.

Il dit :

– Je n'avais aucune raison de ne pas le croire, je ne savais rien car nous n'avions aucun élément qui pouvait nous prouver le contraire [...] Le gouvernement que je dirige s'appuie sur une justice totalement indépendante pour que la vérité éclate [...] Je n'ai pas à distribuer les récompenses ou les sanctions. C'est la justice qui se prononcera.

Il affirme :

– Je n'ai pas la responsabilité de donner un pardon, d'autres fonctions peuvent y conduire.

Djamila a toujours les mains sur son bas-ventre. Son iPhone est toujours en mode avion. Il ne vibre pas.

Djamila ne lit pas le SMS d'Aurélien. Pourtant, Aurélien lui a écrit :

« Le PS va taper fort. Matignon dit que le PM lui demandera de ne plus exercer aucun mandat. »

Djamila a les mains sur son bas-ventre. Elle ne lit pas le SMS d'Aurélien. Pourtant, Aurélien lui a écrit :

« Tu resteras députée. »

Aurélien lui a écrit :

« L'Élysée va t'appeler. »

Aurélien lui a écrit :

« François Hollande veut te parler. »

Mila aimerait que le bébé bouge. Mais le bébé ne bouge pas. Alors Djamila reprend le dessus.

Djamila connecte son iPhone au réseau. Son iPhone vibre et sonne durant vingt-trois secondes. Djamila n'ouvre aucun message. Elle ne rappelle aucun correspondant. Elle s'en tirera.

D'une manière – ou d'une autre.

Djamila fait défiler les contacts de son répertoire. Le contact est enregistré en capitale. Une seule lettre : D.

Hong Kong, New York, Dubaï – des galeries d'art par-delà le monde.

Dominique Gaudrier est l'assurance-vie de son fils. Dominique Gaudrier est le père de l'enfant. Dominique Gaudrier est un millionnaire qui s'est fait tout seul. Il est l'homme qui a couvert son corps de baisers par une nuit de novembre.

Djamila ne pense plus à la nuit aux mille baisers avec l'homme marié. Djamila ne pense plus à Nassim et à Abdel. Djamila voit sa petite maman.

Djamila entend la voix fluette de *baba* Ahmed. Et *baba* Ahmed parle en arabe. Et *baba* Ahmed murmure qu'elle est belle dehors et belle dedans et qu'elle est douée d'un talent qui assurera sa richesse.

Et Djamila sait que son père a toujours eu raison. Alors, Djamila pense à Mila et elle écrit :

« Je suis enceinte. »

Mila pense à son fils et elle écrit :

« Notre fils s'appellera Zaïm, c'est le nom des princes et des gagnants. »